近代科学はなぜ東洋でなく西欧で誕生したか

－近代科学から現代科学への転換とその意義－

菅野礼司

吉岡書店

まえがき

　近代科学の成立の意義は、その誕生自体が人類の文明史における一大エポックであるばかりでなく、それが以後の人類史を転換し発展させる原動力となったことを思えば、これほど大きな歴史的事象はないと思う。

　それゆえ、このテーマはこれまでに多くの科学史家の重要な課題として関心が寄せられ、研究されてきた。筆者は物理学が専門であり科学史が専門ではないが、科学論の研究とともに、興味をもってこの問題に取り組んできた。その一環として、文系・理系分野の仲間と長年研究会を続け、研鑽を重ねてきた。そのなかで、東洋と西洋との科学に関する文化を比較検討することにより、近代科学成立の経緯と意義を考察した。その成果を不十分ながら『東の科学　西の科学』（共著）（東方出版１９８８）として上梓した。

　その考察を通し改めて認識したことは、科学は文化であり、かつ思想であるということである。

　その延長として、筆者はその後も「近代科学はなぜ東洋でなく西欧で誕生したか」を考察してきた。だが、この課題は非常に広くかつ奥が深いので、限られた人数で一次資料を探索しながら進めることはおそらく無理であろう。まして語学において非力な筆者にはそれは不可能である。幸いに日本では優れた科学史家や科学論研究者によってまとめられた著作や論文があり、また海外著作の翻訳もある。そこで、これまでの科学史家の努力の諸成果を二次資料として用い、筆者の科学観（序章参照）に基づいて科学史的に妥当と思われるそれら資料を採択することにした。その資料に頼りながら当時の文明とその歴史的動態を分析することで、筆者なりの推論と解釈を重ねてきた。それによって古代から東洋と西洋における科学の発展過程を辿り、なぜ近代科学が東洋でなく西欧で誕生したのかについて、その特徴的と思われる理由を取り上げてまとめたのが本書である。

　さらに最後に、近代科学から現代科学への移行過程を概観し、自然観や論理の転換の特徴とその意義を考察する。それに基づいて、近代および現代の

科学・技術に対する批判を踏まえ、今後の科学のあり方を論ずる。

　科学・技術の性格は、社会制度に規定された科学の目的と科学の担い手に依存する。科学の内容と形式には、それが築かれた文化圏（あるいは民族）の自然観と思考形式が反映している。そして重要なことは、科学の進歩、発展は一つの文化圏に閉じていては限界があり停滞するということである。科学の進歩には、その発展段階に応じた自然観と思考形式が求められるが、それに応えうるには新たな自然観と思考形式を持った異なる文化圏（民族）にその科学が移行し継承されてこそ可能である。そのことが科学の発展史を通して明らかになる。

　西洋では古代ギリシアからアラビア（イスラム圏）、ラテン、西欧へと、科学の発展段階にマッチした文化圏によって引き継がれ、近代科学が誕生した。東洋では、中国、インドともに、科学・技術の継承はそれぞれの文化圏内に閉じていたために、尚古主義に陥って自然観と発想が固定化された。そのために、中世まで先進的であった科学・技術の進歩は停滞した。

　科学の進歩、発展には、ある局面では発想の転換が必要である。そのためには、科学文明がそれまでとは異なる自然観と思考形式の文化圏（民族）によって継承され、新たな発想と思考形式によって研究が進められる必要があることを強調したい。現代科学は基本的には、西欧的近代科学の論理と方法を引き継いでいるが、新たな自然観と論理をもってそれを超克し、世界科学になりつつある。

謝辞　末筆ながら、拙稿に何度も目を通し、わかりにくいところやミスタイプのご指摘を頂いた吉岡書店 吉岡誠氏に深く感謝の意を表します。

2018 年 10 月

目次

序章   **1**

第1節   はじめに   **1**

第2節   科学・技術の社会的機能   **1**
（1） 現代科学・技術に対する批判
（2） 近代科学の論理と方法に対する批判について
（3） 科学批判に対する問題意識

第3節   「科学」とは何か   **6**
（1） 科学の定義について
（2） 科学と自然観の相互依存
（3） 自然科学の本質：「科学は自然自体の自己反映活動」

第4節   アプローチの方法   **12**
（1） 風土論
  （i） ユーラシア大陸の代表的三地域
  （ii） 風土と人間の相互依存性
（2） 対象とする東西の文化圏
（3） 比較項目
  （i） 自然観：宇宙観、物質観、生命観、自然と人間との関係
  （ii） 思考形式：論理学と数学
  （iii） 科学の方法：分類法、実証法、数学記述
  （iv） 科学の社会的地位：科学・技術の役割と担い手
  （v） 科学と宗教との関係
  （vi） 科学・技術の伝承と発展の経緯

第5節　近代科学の特徴：方法と論理　　　　　　　**31**
　（1）観察・実験による実証性
　（2）数学による記述
　（3）公理論的演繹理論の体系化

第1章　古代文明における科学と技術　　**35**

第1節　古代の四大文化圏における自然観と技術　　**35**
　（1）エジプト文明
　（2）メソポタミア文明
　（3）インダス文明
　（4）黄河・長江文明

第2節　古典科学の誕生：技術から科学への進展　　**45**

第3節　中国文明と古典科学　　　　　　　　　　**48**
　（1）中国の自然観
　（2）中国の宇宙観・天文学
　（3）中国の物質観
　（4）中国医学と本草学
　（5）中国の思考形式
　（6）中国の伝統数学
　（7）中国の物理学的科学と技術
　（8）科学の社会的地位：科学・技術の役割と担い手

第4節　インド文明と古典科学　　　　　　　　　**74**
　（1）インドの自然観

iv

（2）インドの科学・技術の性格

（3）インドの物質観：元素論、原子論

（4）インドの物理学的科学：運動論

（5）インドの錬金術

（6）インドの生命観と医薬術

（7）インドの思考形式：論理学

（8）インドの数学

（9）科学の社会的地位：科学・技術の役割と担い手

第5節　ギリシア文明と自然哲学　　　　　　　　　　92

（1）古代ギリシアの自然観

　（i）　第1期 イオニア的自然観（自然学）

　（ii）　第2期 アテナイ期の自然観（自然学）

　（iii）　第3期 ヘレニズムの自然観（自然学）

（2）古代ギリシアの宇宙観・天文学

（3）古代ギリシアの物質観：元素論と原子論

（4）古代ギリシアの医学

（5）古代ギリシアの思考形式

（6）古代ギリシアの数学

（7）古代ギリシアの科学と技術

　（i）　物理的科学

　（ii）　技術

（8）アリストテレスの総合

（9）自然学の社会的地位と担い手

（10）ローマ帝国の科学・技術

第6節　古代科学文明のまとめ　　　　　　　　　　124

v

第2章　中世における科学・技術　126

第1節　中国の自然観と科学・技術　126
（1）中世中国の自然観
（2）宇宙論、天文学
（3）中国の技術
（4）中国の思考形式
（5）中国数学の黄金時代

第2節　中世インドの科学　132
（1）インド数学
（2）インドの運動論
（3）インド科学の停滞理由

第3節　アラビア科学（イスラム圏の科学）　135
（1）ギリシア・ヘレニズム科学のアラビアへの移行
（2）イスラムの自然観
（3）アラビア科学の特徴
（4）アラビアの天文学
（5）アラビアの物質論と錬金術
（6）アラビアの物理的科学：観測・実験科学の芽生え
（7）アラビアの医学
（8）アラビアの数学
（9）アラビア科学の貢献

第4節　中世西欧の科学・技術　149
（1）12世紀ルネサンス
（2）中世西欧の自然観
（3）数学的実験科学の方法：グロステスト

（4）１４世紀西欧ルネサンスとその影響
（5）中世西欧の科学
　（i）　静力学
　（ii）運動論
（6）天文学・宇宙論
（7）コペルニクスの地動説
（8）空間革命
（9）中世西欧の技術

第5節　まとめ：中世における科学の継承と発展　　**168**
（1）異民族による学術文化の受容と発展
（2）学術の継承、発展の条件

第3章　近代科学の形成　　174

第1節　近代物理学誕生の前夜　　**174**
（1）新たな科学のための哲学
（2）デカルトの自然哲学

第2節　近代物理学の形成　　**177**
（1）ガリレオの功績
　（i）　地動説の力学的擁護
　（ii）　自由落下法則
　（iii）慣性法則の発見

第3節　近代科学の基礎となる自然観　　**181**
（1）真空の存在
（2）原子論的自然観
（3）機械論的自然観

（4）数学的自然観

第4節　デカルト物理学　　189

第5節　惑星に関するケプラーの法則　　192

第6節　学協会の設立　　193

第7節　ニュートンの総合　　194
（1）ニュートン力学の成立
（2）『プリンキピア』とその意義
（3）ニュートン派とデカルト派の対立：万有引力をめぐる論争

第8節　第一科学革命　　201
（1）科学革命は二段階で達成
（2）自然法則概念の転換
（3）ニュートン力学成立の社会的影響

第9節　近代物理学の完成へ　　206
（1）ニュートン力学の整備から解析力学へ
（2）微分積分学の誕生：数学革命と科学
（3）力学的決定論

第10節　科学の前線が拡大：物理、化学、生物学　　211
（1）電磁気学
（2）光学
（3）熱学から熱力学へ
　（i）熱素説
　（ii）熱の運動論
　（iii）熱機関：カルノー機関

viii

（ⅳ）エネルギー保存則

（ⅴ）エントロピー増大則

（4）熱（分子）統計力学

（ⅰ）熱力学の 実体的基礎づけ

（ⅱ）時間反転不変性とエントロピー増大則の矛盾の問題

（5）原子論に基づく近代化学の形成

（6）生物学の新展開

（ⅰ）解剖学・生理学

（ⅱ）細胞学の形成

（ⅲ）リンネの近代分類学

（ⅳ）ダーウィンの進化論

（7）近代科学の完成

第11節　西欧近代科学の性格と論理的特徴　　　**229**

（1）近代科学の基礎にある三つの自然観と世界像

（2）「絶対性」の概念を骨格とする理論体系

第4章　現代科学－20世紀の科学の特徴　　**233**

第1節　20世紀における科学の展開　　　**233**

（1）科学の新展開

（2）現代科学は世界科学となった

第2節　第二科学革命　　　**236**

（1）物理学革命の始まり：相対性理論

（ⅰ）特殊相対性理論

（ⅱ）一般相対性理論

（2）量子力学の誕生：最大の物理学革命

（ⅰ）前期量子論の意義と役割について

（ii）量子力学の成立
　（3）素粒子論：究極物質を求めて
　　（i）　相対論的場の量子論と反粒子
　　（ii）　素粒子論の始まり
　　（iii）　素粒子の複合模型：クォーク
　　（iv）　物質の階層性
　　（v）　相互作用の統一理論
　（4）進化する宇宙：膨張宇宙論
　（5）量子化学と物質科学
　（6）生物学革命
　（7）情報科学の誕生

第3節　現代科学の論理の特徴　　　　261
　（1）絶対概念から相対概念へ
　（2）物理学の理論構成にみる質的変化
　（3）新たな概念による自然界の再分類

終章　２１世紀の科学：第三科学革命　　267

第1節　自然科学は「人類による自然自体の自己反映」　267
　（1）自然、人類、科学の関係
　（2）科学の不完全性：自己言及型の論理
　（3）自然との共生を目指す科学・技術

第2節　２１世紀の科学　　　　273
　（1）第三科学革命：複雑系科学、認知科学の誕生
　（2）２１世紀の科学は名実ともに「世界科学」となりうるか

文献　　　　280

序章

第1節　はじめに

　歴史は人類の営みが変化と発展を重ねてきた過程を、総合的に記述すべきものであろう。人間の営みは多面的であり、物質的生活面においても精神的生活面においても多くの要素を包含しており、それらが相互に関連しあって進展する過程で人類の歴史は形成された。その歴史において、科学・技術は古代から重要な役割を果たしてきた。特に西欧で誕生した近代科学は広く世界中で受容され定着することにより、科学・技術は社会を動かす強力な原動力となった。それゆえ、近代科学の誕生と成立の過程をつぶさに辿り、それが「なぜ、いかにして」東洋でなく西欧で築かれたかは、おおいに関心のあるところである。と同時に、現在問題になっている近代科学および現代科学のあり方に対する批判を踏まえて、今後２１世紀以降の科学のあるべき姿を考える上でも、この課題の研究は必須のものであろう。

　それゆえ、筆者はかねてからこの課題に関心を持ち、考察を重ねてきた。それを不完全ながらもまとめる意思を持つに至った理由は以下に述べる通りである。

第2節　科学・技術の社会的機能

　社会的生産力とそれに見合う生産関係は人間社会の下部構造として重要視されている。その生産力を底辺から支え、発展させてきたのが科学・技術である。また、上部構造としての学術、思想など精神文明にも科学は大きく寄与してきた。それゆえ、科学は文化の一部である。

　科学の社会的機能は大別して二つある：
1）精神文明への寄与：自然観、哲学、人生観などの形成に不可欠である
2）物質文明への寄与：技術を通して生産力となり物質的な豊かさをもたらす、また自然の脅威から身を守る

1）は社会の上部構造への、2）は下部構造への寄与である。科学の社会的機能として、この二つの役割は強調されるべきであろう。

上部構造と下部構造ともに社会の重要な構成要素であり、それらは相互規定的に依存しつつ発展してきた。そのことを思えば、科学・技術の役割を無視してまともな人類の歴史は語れないはずである。それにもかかわらず、これまでの歴史教科書では科学・技術の役割は軽視されてきた。この歴史観の歪みを正す歴史教科書を、歴史家と科学史家との協力で作るべきことを、筆者は以前から主張してきた。しかし、残念ながらまだ実現されていない。

（1）現代科学・技術に対する批判

現代科学・技術の社会的機能、および科学の論理と方法といった科学のあり方に対する批判が台頭してから久しい。20世紀以降、科学・技術の存在は肥大化し、その影響力は社会的活動ばかりでなく、個人の日常生活においても隅々まで浸透してきた。そして、現代ではその力は政治経済を動かすまでになった。

しばしば指摘されるように、科学・技術の急速な発展にもかかわらず、人文、社会学などの精神文明の発達が立ち遅れ、社会に歪みが生じた。人類の自然支配の思想と過度の物質文明の突出により、自然破壊と環境汚染は深刻であり、他方、原水爆などの大量殺戮兵器の開発、生産競争と相まって、このまま進めば人類破滅の危機をもたらすまでに至った。

このような状況において、科学の存在意義と科学のあり方について、「科学とは何か」という、その本質に立ち戻って検討すべきであるとの批判が強くなっている。

科学・技術にはそれが育成された時代と地域の気候風土と自然観が反映され、そして科学の理論形式はその自然観が培われた思想や思考法に依存している。近代科学は17世紀に西欧で誕生し、その後も西欧を中心にして20世紀には現代科学に発展した。したがって、近代および現代科学は西欧の自然観と論理に強く依存している。

それゆえ、科学に対する批判の矛先が向けられるのは、科学の論理と方法

に関していえば、主として近代科学と現代科学のよって立つ西欧思想と分析的方法（特に要素還元主義）である。つまり、批判されるのは、その科学思想の基礎にある西洋合理主義であるというわけである。

　また、科学・技術の社会的機能の面では、批判の対象は科学・技術の力による自然支配の思想、それに基づく自然破壊と環境汚染、および行き過ぎた物質文化の歪みによる精神的荒廃である。

　その結果、科学・技術に対する不信が感情的反発にまで高まって生まれたのが、２０世紀後半における「反科学主義」であった。それは科学・技術そのものが悪であるといって、その存在を否定するまでに至った。それほどまでの極論ではないにしても、現代の巨大技術による自然破壊に対する批判や、現代科学・技術のあり方への批判と反省は様々な形でなされている。２０１１年の福島原子力発電の事故を契機にして、日本では科学・技術への不信がまた台頭している。これらの批判は、科学と技術を混同して「科学＝技術」との誤解から生じたものが多く、本来は技術に向けられるべき批判まで、科学に向けられていると思う。

（２）近代科学の論理と方法に対する批判について

　近代科学の根底にあるといわれる西洋的合理主義のどこが問題なのか、そして分析的認識法のどこが悪いのかは、ここで詳しく論ずるのは本書の目的ではないので、批判意見の要点だけ述べる[1]、[2]。

　「ポストモダン」派の科学批判は主として次のようなものである。近代科学の成立以降、自然科学のよって立つ思想は西欧合理主義であり、その論理と方法は機械論的自然観と原子論的自然観に基づく分析的要素還元主義である。その分析を容易にするために、現実の実在自然から副次的な要素を切り捨てて、理想化された形で認識対象を分離抽出し、数学を用いて記述する数量主義とみる。この方法は、自然の一部であるはずの人間が自然の外に立ち、自然を対象化して客観的に認識する方法である。これでは複雑に絡み合った現実の真の姿、全体像は把握できないというのである。その結果、認識対象は細分化され、科学も細分化と専門化が進んだ。そのために、専門科学者の

視野は蛸壺に入ったように狭くなり、他のことは見えなくなった。

そして、このような限界をもった西欧的合理主義に代わって、東洋思想、あるいは東洋的自然観に着目し、その中に現代科学を超克する道を見いだすべきだと批判した。東洋思想の典型として挙げられるのは、分析的方法に代わる直感的理解の方法と、人間と自然との一体感および東洋医学に見られる相互連関を重視した全体論（holism）である。

西洋的近代科学の論理と方法を批判するする人たちは、このような近代・現代科学の思想、および論理と方法を超えた新しい知的体系としての科学を追究すべきだと主張した。

このような科学批判や提言の多くは、個別科学の内容について的確な理解の上になされたものでなく、誤解によるところがある。科学の内実を的確に理解した批判でなければ、現代科学を克服する正しい道は拓かれない[3]。

それら批判には正当な面もあると思うが、近代・現代科学の性格をこのように割り切ることはできない。だが、現代科学の有するこれらの問題を再検討してみることは有意義であり、かつ必要であろう。しかし、東洋思想の何をどのように摂取するのかという点に関しては、これまで主張されたものは漠然としていてあまり明確ではない。この課題については深い考察が要る。

（3）科学批判に対する問題意識

これらの課題への答えを見いだすためには、東洋と西洋の文明の発展過程のうちで、科学のみでなく、それと関連する分野も含めて比較し、その内容と特徴を明らかにする必要がある。それによって、問題点が解明されるなら、批判点の克服方法も見いだされるであろうと考えた。近代科学の成立までの東西の科学とその様相を比較し、両者の特徴を理解し明らかにすることは、以下の事柄の考察に資するであろう。

1）なぜ近代科学が西欧で成立し、東洋で生まれなかったのかを解明すること

2）現代科学を批判的に発展させるための指針を見いだすこと

3）そのために東洋思想（自然観）のなかで摂取すべきものは何かを検討
　　すること

　この種の課題と意義についての考察は[4]、これまでに比較文明論として
部分的に、あるいは別の観点からなされているが、そのテーマは莫大過ぎる
ので、筆者の知る限り、きちんと纏まったものはないと思う。
　このような問題意識をもって、筆者たちはかって長年の研究会を重ね、東
西の自然観、思考形式、科学・技術、および社会制度などについて、それら
の特徴を比較検討したことがある。その成果を不十分ながら『東の科学　西の
科学』[5]として上梓した（１９８８）。
　その課題の継続として、筆者は「近代科学がなぜ東洋でなく、西洋で誕生
したのか」を考察し、その概略を綴った[6]。それを敷衍してまとめたいと
いうのが、筆者のかねてからの願望であった。そうすることにより、現代科
学の性格が一層はっきりするだろうし、さらに今後の新しい科学のあり方を
考えるための指針となると思ったからである。

　古代および中世初期までの中国やインドでは、科学と技術がかなり発達し
ていて、ある面では、特に技術分野では西欧よりも進んでいた。にもかかわ
らず、その後の進歩が停滞して近代科学を築くことができなかった。その理
由について、これまで部分的に指摘されたものはあったが、総合的かつ体系
的な検討と考察はないであろう。
　この課題を考察するには、科学の進歩に関する内的要因と外的要因につい
て検討する必要がある。この二つの要因は当然ながら相互に関連していて、
両者を明確に裁断できないが、一応の区別をした方が論点を整理して考察し
やすいと思う。この課題に対する回答は複雑であり、唯一完全なものはない
だろう。それゆえ、ここに述べるものは、まだ概観、見取り図のようなもの
であり、筆者の見解であって不完全ではあるが、それが試論として今後の研
究の一助となれば幸いである。

第3節　「科学」とは何か

　本論に入る前に、この後の話を進めるにあたり必要となる「科学とは何か」、すなわち「科学の規定」を行い、次に西欧近代科学の特徴について、簡単にまとめておく。科学の性格、内容、方法などは文明の進歩とともに変化してきたので、本書で想定する科学像、特に近代科学のそれをできるだけ明確にしておく必要がある。それは本題の考察のための指針ともなるからである。

（1）科学の定義について (5)

「科学（science）」という言葉の意味するもの、その描像や内容は文明圏により異なるし、時代とともに変わってきた。人類史の初期における科学と近代以後の科学とでは随分異なった様相を呈している。「科学」が扱う対象の範囲も方法も、したがって理論形式も、文化圏と時代により異なっていた。しかし、「科学」という言葉で括れるものである限り、探究の対象と方法、および論理構造とには共通点があるはずである。

　古代エジプト、メソポタミア、バビロニア文明などのなかに、科学と呼ぶに相応しいものがあったかという問いに対する答えは、科学史家によって異なるようである。たとえば、「科学」を近代科学以後のものに限定して、ギリシア科学すらも「自然学」あるいは「自然哲学」であって、本当の意味の科学ではないとする立場もある。しかし、近年に起こった近代科学以後の科学に対する批判とともに、東洋の科学にも注目して「科学」を広く捉えるようになった。すなわち、「科学」の形式は唯一つではなく、時代と地域を異にするごとに独自の「科学」があったという見解が容認されるようになったわけである。それゆえ、「科学」というものをやや広義に規定する方がよいであろう。

　１７世紀に西欧で近代科学が誕生してからの自然科学は、この後に述べるように、いくつかの明確な特徴を備えているが、それとは異質の古代文明のなかに見られる「科学」をも含みうるような科学の定義が問題である。J.D.バナールは『歴史における科学』(7)において、「科学」の定義についておおよそ次のように述べている。

「科学は各時代と地域における諸々の社会活動に繋がっていて、どのような定義も一面的かつ不完全であり、定義など厳密には通用しない。科学は独り立ちしてから長くたっていない。文明の夜明けの時代には魔術師や料理人や鍛冶屋の仕事の一面に過ぎなかった。科学は１７世紀になってようやく、一つの独立の地位を獲得し始めた。この独立そのものは一時的なものに過ぎないかも知れない。将来、科学的知識と科学的方法が全社会生活に浸透して、その結果、科学が再びはっきり区別のつく存在でなくなってもよいであろう。定義が内在的に不可能である以上、唯一の途は外延的に展開した記述にならざるをえない」と主張して、次のような定義を与えている。

科学が現代の世界に見せている主要なものは、①一つの制度（社会的組織）として、②方法として、③知識の累積的伝承として、④生産の維持と発展の一要因として、⑤宇宙と人類に対する信条と態度を作り直す最も強力な影響力の一つとしての諸側面である。

このようにバナールは「科学」というものを、技術を包括した非常に広義にかつ境界のはっきりしない知的営みと捉えている。人類の諸々の社会的営為は相互に絡み合っているから、その中の一つである科学は、このように漠然とした性格を有するものという立場もあろう。だが、それでは今日の姿に成長した「科学」の本質を捉えることはできないと思う。

このバナールの外延的定義に反対して、牧二郎は科学の本質的規定を提唱した(8)。彼は武谷技術論と同様に、まず科学の本質的規定を行い、三段階論に従って、科学を本質－実体－現象として立体的に捉えるべきだという。その本質的規定を「科学とは物質（自然および社会を含む）を認識し、その構造、その運動法則を人間がその意識に反映させることである」とし、さらに科学を単に反映論、模写論としての静的知識とするのでなく、社会的実践概念として把握すべきことを強調している。牧の科学論における「実体」の主要なものは、認識活動の主体である科学者と科学・技術体制であり、さらにバナールのいう①の制度、③の知識体系、⑤の信条、イデオロギーなども実体化されたものとみなされる。そして科学が社会的過程に現象して歴史的、

社会的存在となるために必要な上記のさまざまな実体的契機を科学の本質的規定により媒介されたものとして位置づけねばならないと主張している。

このように、科学を「本質－実体－現象」のように立体的構造として捉えることに、基本的には肯定できるし、バナールよりは前進していると思う。科学の本質は人間の社会的実践による認識活動であるが、その認識の対象と方法、および成果としての知識体系を実体とすべきであろう。

そこで、以上の事柄を踏まえて、古典科学から現代科学までを通して適応できるように、「科学」とは何かを規定してみよう。本書においては、科学というものを次のように規定しておく[5]。ただし、ここでは「科学」は「自然科学」を意味するものとする。

（１）科学は人間の社会的営為において、物質（生物も含む）と時間、空間の存在様式、および物質の運動と発展、進化の原理、法則を認識する実践活動である

（２）歴史的、社会的に蓄積された実証的知識体系であり、それを用いて合理的かつ整合的に自然の仕組みを説明することを目指す

（３）その知識体系、すなわち理論体系は予言能力を有し（演繹的体系）、その結果は直接あるいは間接的に検証可能であること

この規定に補足説明が要るだろう。

物質の存在様式とは、何がどのように存在するかであり、物質の構造や階層性も含む。さらに物質の運動と歴史的発展、進化の法則と仕組みも対象となる。（２）の「（科学は）歴史的、社会的に蓄積された知識体系」の内容は、科学は社会制度や生産力に依存するから歴史的かつ社会的条件に制約されて発展するというばかりでなく、それは個人の主観によるものではなく、言語によって表現し他人にも伝達可能な知識であることを含意する。この意味で、科学知識は普遍性と客観性を有し、社会的にも歴史的にも蓄積可能ということである。科学的知識といえども、最初から十分合理的かつ整合的であることは望めないが、時代の推移とともに徐々にそれを獲得してきた。この点が、科学が宗教や芸術とは異なるところである。

さらに、科学的認識活動は、対象（自然）からの情報を受動的に取り入れる「受け身の反映、模写活動」だけではなく、認識対象に働きかけ能動的に情報を獲得しつつ、対象（自然）を認識し、説明する活動でもある。この仕組みはサイバネティクスの行動と類似している。サイバネティクスはN．ウイーナーが自動機械や動物活動における通信と制御の機構を体系化したものである。サイバネティクスは周囲から新たに取り入れた情報と既得の情報とを合わせて自らの行動目標を決定し、その結果をフィードバックしながら進むことのできる制御システムである。能動的に行動するために、科学には予言、予測能力がなければならない。

　最後の（3）の検証可能性は、実証科学であるための要請であると同時に、運動の原理や自然法則の成立根拠を超自然的原因に求めるのでなく、自然自体のうちに求めることを意味する。

　しかし、科学の規定の中の「合理的」とか「客観的」とか、また「自然自体のうちに」という言葉を突き詰めて考えると問題があろう。経験や観察によりそれらの存在が検証されないから、それらは観念的超自然物であるといって排除できそうであるが、必ずしもそう単純にはいかないところがある。直接的手段によって実証できなくとも、多くの経験、観察から間接的にしか検証されないものの実在を信じていたことは科学史上にもよくあった。それゆえ、合理性や客観性はその時代の知識レベルに依存する。

　すると、合理的であるか否か、超自然的なものであるか否か、真の判定は後世にしかできないということになりそうである。しかし、肝心なことは、科学理論は予言能力を有するがゆえに検証可能であり、その検証活動は理論のテストにもなっていることである。それゆえ、長い目で見ればいつかは直接、間接的検証を重ねて総合的に正否を判定できるということである。この意味でも、「歴史的、社会的に蓄積された知識体系」という規定が必要かつ肝要なのである。

　バナールのいうように、古代の科学は呪術的、神秘的要素と渾然一体となっていて、どこまでが科学であると画然と区別できないところがあるが、徐々に非合理的要素を払い落としつつ洗練されてきた。近代科学の成立以前と

後の科学は、その内容や方法に明らかな相異がある。

　さきにあげた三つの規定は、細かいことをいうと不完全であり問題があるかも知れないが、大筋において妥当なものであろう。

（2）科学と自然観の相互依存

　古代の自然学（科学）は、その時代の自然観と一体であった。人類の社会的営為は、政治、経済、思想、宗教、科学、技術、文化、芸術、など多面的であり、それらは相互に依存しあって進歩発展してきた。これらすべての営為は、自然観と深く関わっている。そのなかでも、科学と自然観の相互依存性は特に強い。近代西洋科学の論理と方法には、古代から当時までの西洋的自然観が強く反映されている。

　「自然観」とは、自然とは何かという問いに対する「自然像」であり、また自然の存在様式についての包括的な観念である。それの内実は人知の進歩とともに深まってきた。したがって、自然観は、自然の一部である人類の営為において、価値判断の根底にあり、すべての価値観の基準となるものである。自然観は文化の差によって大きな違いがあるが、各文化圏（あるいは民族）の思考形式にも反映されている。それゆえ、自然科学の形式と内容には自然観が反映され、逆にその自然科学によって描かれる自然像は自然観を規定する。

　このように自然観は、人類文化の形式を規定するものであるが、ではその自然観はいかにして形成されたのであろうか。その答えは単純ではないが、いずれにせよ、それぞれの文化圏における自然観や思考形式は、その文化圏が生まれた地形や風土に深く影響されていることは否めないだろう。文化、文明の性格はその地域の風土に依存して決まるというのが「風土論」である。日本では和辻哲郎が早くから風土論を強く主張した[9]。和辻はそのことを強調して、生活様式から社会制度や自然観まですべて風土によって規定されると力説した。「風土一元論」ともいえる和辻の風土論は、極論のように思えるが、かなり本質を突いており大筋において肯定できるだろう。それゆえ、以下でもう一度風土論について考察する。

10

（3）自然科学の本質：「科学は自然自体の自己反映活動」

　自然の一部である人間の営為は、自然認識の活動も含めて、すべて自然の自己発展の一環である。自然科学も当然その一つである。すると、”自然科学とは自然自体が人類を通して自らを解明する自己反映（自己認識）活動”だということになる。

　それゆえ、自然科学を単に人間の側からの自然認識としてのみ捉えるのでなく、自然の側から視た「自然の自己反映（認識）」という観点からも捉え直すべきであるというのが、筆者のかねてからの主張である(10)。このように科学を規定すると、これまでの科学観では気付かなかった新たな科学の側面が見えてくる。

　自然科学は、人間が自然の外に立ち、自然を対象化して観照的に認識するもの、という科学観が西洋ではギリシア科学以来、近代科学までに形成されてきた。だが、この科学観に立つならば、人間が自然の内部に在って共感的に自然を認識するということになる。自然との共生を目指す今後の科学研究はこの立場からなされるべきである。

科学の不完全性：自己言及型の論理

　自然科学は自然の自己反映活動という科学観に立てば、自然科学の理論は自然が自らについて記述する「自己言及型」の論理となる。すると、20世紀最大の発見の一つと言われるゲーデルの不完全性定理(11)（１９３０）の制約を受けざるをえない。K．ゲーデルの不完全性定理によると、矛盾のない理論体系（厳密には自然数論を含む一階の述語論理）は不完全であり、説明できない命題（現象）や真偽が定まらない決定不能命題が存在する。それらの問題を説明、あるいは解明するために、仮説を加えて新理論を作ることができる、それが科学の進歩、発展である。だが、その新理論も無矛盾な体系である限り、また新たに説明不可能な現象や決定不能命題が現れる。この過程は永久に繰り返されるから、自然科学は原理的に不完全であって、人間は自然を完全に知り尽くすことはできないことになる。このことは同時に、科学には終わりはなく、無限に発展しうることも意味する。たとえば、科学理

11

論の基礎原理は説明も直接実証もできない仮定であるが、その原理をさらに高度の論理で説明するためには、新たに高次の原理を必要とするように、この連鎖は尽きることはない。

また、ゲーデルの不完全性定理の帰結として、無矛盾な論理体系は自らの完全性をその内部で証明できないというものがある。すると、科学理論は自らの理論の真偽をその理論によって論証（検証）することはできない。それゆえ、自然科学理論の検証には自然に問いかける実験・観察が不可欠なのである。

本節のこれらの事柄については終章で、もう一度詳しく論ずる。

第4節　アプローチの方法

東洋と西洋における自然科学の特性とその発展過程を比較し、近代科学が、東洋でなく西欧で誕生した理由を明らかにするには、単に自然科学自体の検討のみにとどまることはできない。科学・技術は人類営為の総合的所産であるから、人間の社会活動のすべてのものと直接あるいは間接に関わっている。だが、考察の範囲をあまり拡げすぎると手に余るので、科学と密接に関連する領域に限定して、次の諸項目を考察の中心にして進めることにするが、それらは近代科学の誕生にとって内的要因と外的要因に分類される。

　　内的要因：科学の目的、自然観、思考形式、科学の論理と方法
　　外的要因：科学の社会的地位、科学・技術の歴史的伝承、文化（芸術、宗
　　　　　　　教など）との関係
内的と外的事項の境界は微妙なところがあり厳密に区分できないが、一応このように分類できるであろう。これらのすべての要因を形成した基礎には「風土」があるだろう。

それゆえ、これらの事項について東西の様相と特徴を比較検討する前に、風土論を論じたい。考察の骨子は和辻哲郎の『風土』[9]によるが、風土論のみでは律しきれないという中村元の『東洋人の思惟方法』[12]を考慮して、私見を加えて論ずる。

12

（1）風土論

　人間は地球上の限られた地域の中で生活を営んでいるから、日常の生活はその土地の気候、地形、地質などの自然環境に強く規制される。その生活習慣はそこに住む人間集団の社会形態にも、さらには自然観やものの考え方にも影響するだろう。したがって、人類の営みすべての事柄には風土が反映され、それに規制されることは当然である。

　人間存在の風土的規定：和辻によると「風土」は単なる自然現象ではなく、人間がその中で自己を見いだすところの対象であり、文芸、美術、宗教、風習などあらゆる人間生活の表現がそこに見いだされる。つまり、風土は人間の「自己了解」の方法であるという。

　この地球上の全人類は、「地球」という共通の風土に生活しているから、生物として基本的なところでは共通している。だが、風土の異なる地域には、それぞれその土地の風土に則した異質の社会、文化が生まれるというわけである。

　さらに肝要なことは、<u>人間存在は個人と社会との二重構造であること、つまり時間と空間の二重構造として捉えるべきだ</u>ということである。時間とは「歴史」であり、空間とは「風土」である。この人間の存在論的構造は、時間性として把握すると同時に、空間性が根源的存在構造として活かされるべきだというわけである。これが和辻の風土論の根拠である。この指摘は適切であり肯ける。

　人間存在にとって風土は「自然界の場」であり、個人間の経験、交流の間柄は「社会の場」である。衣食住の形式は風土における自己了解の表現であって、風土に規定される。また、芸術、宗教、習慣も同様である。時間と空間は相即不離の関係にあり、歴史と風土とは不可分である。こうして<u>人間存在の空間的、時間的構造は風土性、歴史性として現れてくる</u>。歴史は風土的歴史であり、風土は歴史的風土である。

　主体的な人間存在が自らを客観化する契機は風土にある。人間に及ぼす自然的負荷は過去を背負うにとどまらず風土をも背負う。それゆえ、風土的規定は人間の自由なる発動、思想や思考形式にも一定の性格を与える。種々な

風土における種々な人間が、その存在表現においてそれぞれ顕著な特性を有する文化圏を構成するのはそのためである。

それぞれの風土に根ざした地域社会の形成は、空間的要素と時間的要素の統一である。それを筆者流に表現すれば、空間的要素とは広地域内部における相互交流による「共時的同調」である。時間的要素とは時間経過による歴史的継起を通しての「通時的統合」である。さらに、異文化圏の関係においても、諸文化圏の間の交流による文化の移動と受容、および先進文化の伝承とその発展は、それぞれ共時的同調と通時的統合に対応する。この観点が本書における考察の基本である。

科学・技術の進展過程において、東西文明圏の間の交流による相互反映は無視できない。特に近代科学誕生までのオリエントとヨーロッパにおいて、異民族（異文化圏）による科学・技術の伝承と発展の歴史にそのことがいかに重要であったかが明瞭に見て取れる（後述）。それゆえ、科学の発展史も古今東西を通して空間と時間の二重構造として、風土的かつ歴史的に見なければならない。

そして、「科学は自然自体の自己反映活動」という上記の科学観からしても、風土論は本書の課題の考察に欠かせないであろう。

この科学観は「自然誌」と「自然史」に対応する複眼的観点である。「自然誌」は博物学的記述であり空間的視点である。それに時間の視点（進化の概念）を取り入れたものが「自然史」である。西欧では「自然誌」と「自然史」のいずれも"natural history"である。だが、科学の発展史にはこの複眼的観点が不可欠であろう。

(i) ユーラシア大陸の代表的三地域

和辻はその風土論に基づき文化圏ごとの特性を比較考察した。具体的例として、ユーラシア大陸におけるアジアから中東、ヨーロッパまでの三つの文化圏を挙げる。彼はそれらを、モンスーン地帯(南アジア、東アジア地域)、砂漠地帯(西アジア地域)、および牧場地帯(ヨーロッパ地域)に区分した。そ

して、それぞれの類型地域における人間と文化のあり方を把握しようとした。その要点は下記のごとし。

1．モンスーン地帯： 東アジア沿岸、インド、中国

インド洋に接する地域は、熱帯の大洋からの風が運ぶ熱暑と湿気の湿潤地帯である。湿潤は自然の暴威となるが、恵みも与える。この忍従を強いる気候、自然の猛威に耐えて活きるための力が培われ、人間は受動的忍従的となる。

モンスーンは人間に自然との対抗を断念させ忍従を強いるので、能動的気力、意志の緊張を萎縮させる反面、感受性の敏感、感情の横溢となる。

インド：繁茂した森林自然には変化はなく時間的移り行きはない。植物分布の変化により空間的には移り行きはある。それゆえ、時の移ろい、歴史的感覚の欠如がみられる。

インド的特徴は、歴史的感覚の欠如（時代考証が困難）、感情の横溢、芸術作品は細部の豊富さに圧倒されるが全体的統一性がないこと。想像力と思考形式は情的であって論理性がない。思考形式は比喩的で類型概念を用い、不変概念がない（輪廻転生、無常観）。

2．沙漠地域（ **desert** ）

この「沙漠」は単なる「砂漠　sand desert」ではない。広い意味の desert である。自然としての沙漠は抽象的なものである。自然科学的なる沙漠に達するには歴史的、社会的な具体的沙漠、あるいは沙漠的なる人間社会から人間的性格を捨象する抽象の立場に立たねばならぬ。このような抽象化された地盤としての歴史的社会的沙漠の姿、「乾燥」は岩骨の山脈（死せる山）、砂の海、岩片の海であり、これらは死との対峙である。これに属する地域はシナイ半島、アラビア砂漠、シリア、メソポタミア砂漠である。

沙漠的人間：自然との戦い、他の人間との戦いの日常、対抗的、戦闘的関係の中で共同態を形成した。荒涼たる茶褐色の地に対して、人工物は純白。アラビア風装飾模様は自然から乖離的である－自然への対抗。ピラミッドも沙漠的象徴で、形は単純かつ抽象的である。

部族社会は戦闘で守る防護団体であるから、個人は全体に対して忠実、服従的にならざるをえない。沙漠人間は服従的、かつ戦闘的である。沙漠的人間の世界支配は宗教によって現代にも生じている（キリスト教、ユダヤ教、フイフイ教、イスラム教）。

　自然は死、生は人間の側にのみ存する。「自然と対峙する人間」の全体性の自覚が神－人格神である。それゆえ、自然は神の下に立たねばならぬ（ギリシアでは反対に自然の中に神がある）。

３．牧場地帯（ Wiese, meadow 　の訳語だが、当たっていない）

　Wiese（家畜用草の草原）に当たる言葉は日本語にない。家畜飼育の場であり日本の畑に対応する。

　地中海には生物（魚貝類）はいない「死の海」であるから漁業は成り立たず、肉食が主となった。だが、陸も海も風向は規則的で海は穏やか、島々が多く航行に適しているため航路が発達した。地理的には、陸の岸壁や島は赤土、岩の多い乾いた海、南にサハラ砂漠、東にアラビア砂漠に接する地域である。

　夏の乾燥期には雨は少なく雑草がほとんどない。秋の雨期に冬草（牧草）が成長し牧場となる。雑草取りは不要で、農業に自然との戦いはない。自然は従順で耕す必要もなく、麦と果樹に適している。

　気候は年間を通して穏やかで、洪水や暴雨はまれである。風も穏やかゆえ樹木の形は真っ直ぐで対称的、規則的である。自然の形は整然として人工的であり、合理的にできている。それゆえ、自然的なものと合理的なものが結びつき易い。自然の従順さ、規則性から自然の中に合理性を見いだす。これがギリシアの思考形式であり、西欧自然科学にも反映されている。

ギリシア的文化：乾燥的だが晴天が多く明るく穏やかな天候ゆえ、従順な自然と融合し、自然の拘束から解放される。それがやがて人間に従順な自然を支配しようとする傾向が生まれた。

　ギリシア人の海への進出は、人口増から食料争奪競争が原因であるという。海への進出（一部海賊化）で、生活が闘争的となり戦士の増強が計られた。

戦争に勝利するたびに領土、財宝、奴隷を略奪した。

　こうして農牧から開放され、ポリスが形成されると、ポリスは競争社会となり互いに切磋琢磨して創造活動が活発となった。「牧場はその否定であるポリスを通じて人間的創造活動に進展した。」奴隷社会においては、市民は生活物資を自分では作らぬゆえ、労働から開放された。その結果、人間は自然を観察し主体的存在を発展させ、観照的学問が発達した。ギリシアの文化は風土の似たイタリアへ移植された。イタリアは牧場的な地中海文化の発祥の地であり、ギリシアの影響を受けた文化が栄えた。

(ii) 風土と人間の相互依存性

　以上は和辻の風土論に基づき、それに一部私見を交えた三地域の特徴の要約である。和辻の風土論とそれに依拠した文明圏の分類、およびその考察は基本的には優れたものであり、興味ある観点である。このような風土論は基本的なところで肯定できるであろう。

　日本の場合、四面海に囲まれて地理的には山野の変化に富み、規則的な四季の移り変わりという環境にあって、美しい風土に恵まれている。そのために、日本人は自然の仕組みに思いを致す前に、自然の変化と多様さの美を感受するという、論理的思考よりは繊細な感性豊かな民族となった。それゆえ、「花鳥風月」に象徴されるような自然美を愛でる自然観が育成され、自然の仕組みについての科学的な関心が低かった。これがその風土によって培われた日本人の特徴であろう。（和辻は日本もモンスーン地帯に入れたが、それは適切ではないだろう。）

　しかし、自然界における物事の関連性や、自然と人間との相互関係は、一方的に規定したり、規定されたりするものではなく、互いに作用と反作用によって影響し合う相互規定的なものである。人類の発生以来、各民族は誕生したその地域に永住してきたのではなく、現生人類は２０万年ほど昔にアフリカで誕生し、８万年ほど前にそこから出て世界に進出し、分散移住してきたといわれている。それゆえ、発祥地であるアフリカ風土の気質を引きずりながらも移住地の新風土に依存した生活スタイルを築いてきたはずである。

17

そして、移住地の新風土に対応するばかりでなく、逆に自然に働きかけて環境を変えていったであろう。たとえば、農耕地の開拓、過度の森林伐採による砂漠化はその典型である。また先住民との争い、征服、あるいは融合もあったろう。それゆえ、歴史の経過とともに、人類は風土以外の要素にも規制される。ただし、人類が誕生する以前から自然は存在していたのであるから、風土と人間社会の相互依存関係は対等ではなく、風土の方がより基本的な存在であることは否定できない。だが、人間社会のあり方をすべて風土が規定するとは限らず、それ以外の要因も複雑に絡んでいる可能性を考慮すべきであろう。人類社会と自然との関係は一方的ではなく、相互規定的関係にある。

それについて、中村元は『東洋人の思惟方法』[12]において、和辻の風土論を肯定しながらも、民族の思考方法は風土以外の多くのものに依存して形成され、そして変化してきたことを指摘している。中村は、民族により異なる思考形式を生む認識根拠と実在根拠を、自然的条件と社会的条件から考察した。

それによると、民族の思考方法と血統には深い関係はない。たとえば、アーリア民族は東西に別れ、インド人とヨーロッパ人になったが、それぞれ異なった思考法の特徴を示す。また、気象、気候、地味、景観などの自然的な「風土的環境」（和辻の「風土」概念と区別）は一要因となりうるがすべてではない。社会的条件として物質的、経済的条件は思考方法の実在的根拠となりうるが決定的ではない。唯物史観によれば、生産関係などは社会構造の要因となりうるだろうが、思考方法に関しては部分的要因である。たとえば、アジア的生産様式といわれる地域内でも、インドと中国では思考方法は非常に異なり、アジアの諸民族にも差異があると。また、東洋地域では都市の未発達が指摘されるが、その内でも民族の思考方法の違いがある。この他、宗教、社会の歴史的成立過程、言語（文法、文章法）についても言及し、いずれも思考方法を規定するが絶対的ではないという。そして思考方法を決定する唯一の基本的原理は存在しないと結論している。さらに、歴史的必然性と偶然性（異民族の接触など）があるが、歴史を超えて保持される特徴も存在することにも言及している。民族の特徴を具体的、かつ多面的に分析した

上でのこの結論は尊重されるべきであろう。

　人類は地理的、歴史的にそれぞれ異なる文明圏を築いてきた。その特徴は自然的風土に依存しているだろう。それぞれの文明社会には特有の自然観や宗教、言語や思考形式などが存在する。文明を特徴付けるそれら要素は、そこに住む人間の精神活動を規制する。それゆえ、和辻の「自然風土」を「一次的風土」とすれば、その上に形成されたこの社会的「精神風土」は「二次的風土」といえるであろう。中村の考察はこの二次的風土に目を向けたものといえるだろう。

　学術、特に科学の性格は、この二次的風土である精神風土のなかの自然観や思考形式に強く依存する。

（2）対象とする東西の文化圏

　検討の対象とする東西の代表的文化圏として、東の中国とインドを、そして西はギリシア、ラテン、西欧をとる。さらに、中東の文化圏（メソポタミア、エジプト、アラビアなど）の存在も大きな意義を有するが、以下に示す理由によって、中東は西の文化圏の方に入れる。

　科学史的に見ると、西の文化圏は閉じておらず、ギリシアーアラビアーラテンー西欧を科学文化の伝承圏として一つに括らねばならない。西の文化圏をこのように括る理由は本論の中で明らかになるが、近代科学の誕生にはこれら文化圏による伝承と発展の過程が最大要因の一つと見られるからである。中世における中東、特にアラビアの役割は大きい。それに対して、東洋の中国とインドの文化圏は、それぞれ比較的に独立し閉じた文化圏を保っていた。

　これら古代の中国、インド、ギリシアの三大文化圏の出現前に、中東のメソポタミア、エジプト、インダス文明や、黄河文明の文化は、科学以前の技術主導の色彩が強いものであったが、それらが継承され発展して生まれた古代技術と自然学はギリシア、インド、中国科学の発生に不可欠な文化であった。これら三大文化圏の古典科学、技術は期せずしてほぼ同時期に始まった。

　東西文明の比較において、一口に東洋といっても古代インドと中国では文

化や科学の性格にかなりの違いがある。インド圏は中国と西欧の中間的色彩を有し、中洋とすべきかも知れないが、ここではインドを東洋として括ることにする。

　中国とインド文化圏の場合も、他の近隣文化圏との交流は当然あったが、この両文化圏はそれぞれ固有の文化圏として終始独自の性格を保ち続けたので、独立したものとみなせる。これに対して、ギリシアから西欧までの科学文明の流れは、科学の発展段階に応じてそれに適応した民族の文化圏が次々に科学を継承し、それぞれの個性を活かして科学の進歩発展に寄与した。この異民族による文化の継承、発展は近代科学の成立に非常に大きな意味をもつと思われる。

（3）比較項目

　科学の形式、内容とその進歩発展に関連のある上記の諸事項について、東西文明の特色を比較するための項目を挙げておく。それは、この課題を追究するための方法を示すものでもある。

(i) 自然観：宇宙観、物質観、生命観、自然と人間との関係

　自然観とは、自然について価値判断の根底にある自然像のことで、自然の仕組みに関する理解の様相に従って形成される。それは特に精神、生命、物質、宇宙についての存在論的理解の様相に強く依存する。それゆえ、自然観は地域風土に依存し、東西文化圏でかなり異なる。また人知の進展により時代とともに変わってきた。自然観には、神話的自然観、宗教的自然観、科学的自然観などがある。本書で考察の対象にするのは、主として科学的自然観である。

　神話時代を抜けだして、宗教と自然学の分離が始まる頃、初期の自然観は程度の差はあれ自然との一体感から始まった。後にそこから脱皮して自然の外に立って客観的に自然を見る態度が生まれた。

　東西に共通した古代からの自然観のうち、自然科学に繋がる中心的テーマは、宇宙観、物質観、および生命観であった。これらの自然観に対応する古

典的自然学の分野は、主として次のようになるだろう。

　宇宙観―宇宙模型、天文学、暦術

　物質観―物質の起源、元素論、原子論、錬金術

　生命観―生命の起源、博物学（動植物、鉱物）、医薬術

　これら自然観は当然ながら相互に関連していて、古代では渾然一体となって一つの自然学の体系をなしていた。なかでも、宇宙観と物質観は密接に関係していた。また、医薬術には動植物と鉱物に関する本草学（博物学）が、そして錬金術、煉丹術も絡んでいた。さらに天文、暦術には数学と運動論が強く結びついていた。

　これら諸項目とそれら相互の関連は、現象的（形式的）には東西ともにほぼ共通であるが、それぞれの文化圏の自然観が異なるので、それに伴って内実はかなり異なるところがある。

　たとえば、宇宙、物質、生命の起源は、神の創造によるものか、あるいは混沌のなかから自生したものか、など異なる考え方がある。物質の根源に関しても、原子論を認めるか否か、また元素論にしてもその様式はそれぞれの文化圏で多様である。これら初期の自然観はその後の科学の発達過程に反映されている。

　自然界と人間との対応関係をみると、自然を大宇宙、人体を小宇宙とみなして、両者を相互に対照させる宇宙観は東西に共通している。この対応関係は、当然ながら医術ばかりでなく、天文学、占星術と密接に結びついていた。大宇宙―小宇宙を対照させる自然観も東西に普遍的に見られるもので、近代科学の誕生の頃まで残った。だが、宗教や自然観の違いにより、その詳しい内実は文化圏によって異なるものであった。

(ii) 思考形式：論理学と数学

　人類の思考法は住む環境、風土に依存して培われるから、同じこの宇宙、地球に住む人間なら、基本的なところでは同じ思考形式をとるであろう。しかし、風土と社会制度に規制されて、民族の思考形式にはそれぞれの特色がある。それは自然理解の様相において、着想、発想、論理の違いとして現れ、

それがさらに科学の理論形式や科学の方法に反映され影響を及ぼした。

　よくいわれるように、ギリシアの思考形式は概して合理的、論証的であるのに対して、インドのそれは比喩的、類比的であるが、反面現実超越的である。中国のそれは具象的、直感的である。このような思考形式の違いは、論理学や数学の形式に見事に現れている。

　古代人は一般的傾向として、物事を比喩的に理解し判断したといえるだろう。まだ自然理解が浅いうちは、現象の表面的な類似性に囚われて物事を判断する傾向があるからである。類比による比喩的推論は物事の仕組みを、現象を通して表面的理解にとどまることが多い。

　ギリシアでは早くから比喩的思考法から抜け出して、分析的かつ論理的推論を磨き上げた。ユークリッド幾何学やアリストテレスの形式論理学はその典型である。これに当たるものが東洋には見あたらない。インドの論理学（因明論）は比喩的であり、その後の展開も不十分のままで終わった。中国では論理学はほとんど生まれなかった。名家の公孫竜たちの「弁証法論理」は詭弁とされ、その後の発展を見なかった。

　比喩論理に対して、物事の成り立つ根拠を探究するのが分析的論理である。近代科学の方法の基礎に「分析と総合」があるが、古代ギリシア以来、西欧では分析的思考法が強いのに対して、東洋のそれは分析よりも、総合的（全体論的）思考法が強い。東洋の自然観の「自然論（じねんろん）」はまさにその好例であろう。自然の運動、変化は「自ずから然る（しかる）」、「自ずから成る」ものと理解する。この自然観は森羅万象が「成るべくして成る」という自然観、すなわち、超自然的なものを持ち込まず、自然自体の自発的運動として理解するものであるから、この点では勝れたものであろう。だが、自然の仕組みや運動の原因をそれ以上に掘り下げて追求しようとしない立場である。この自然理解の態度は、悪く言えば達観した「思考停止」である。このままでは科学的思考は芽生えず、近代科学的な自然法則の概念や科学的論理は残念ながら生れない。

　思考形式の差異はそれぞれの文化圏で生まれた科学の論理と方法にも反映

されている。自然認識における着想や発想、つまり問題意識が東洋と西洋で、また民族によってかなり異なる。科学的知識が具体的な現象論的段階から抽象的普遍理論へ上昇する過程で、その知識水準と理論構造に適応した思考形式がある。その思考形式が抽象的か具象的か、直感的か論証的か、また帰納的か演繹的かの違いは、科学の性格と内容を左右する。

さらに論理学の様式（推論形式）は、自然科学の理論形式や方法ばかりでなく、数学の理論形式とも深く関連している。ユークリッド幾何学に代表されるように、古代ギリシアにはすでに演繹体系の論証数学が生まれた。対して東洋、なかんずく中国では実用数学がかなり発達したが、計算法や問題解法に重点が置かれて、論証に繋がる抽象化や体系化がみられなかった。インドもゼロの発見や、位取り法による数表現に見られるように、数の概念や記述形式と計算法の開発に独創性が見られるが、論証数学には至らなかった。この点で、論証（証明）ということを古代に発見したギリシアがむしろ特殊なのかも知れない。論証（証明）するということは、素晴らしい思考形式であり、この時代にこの発明はまさに驚異的である。

風土によって培われた民族の思考形式は、簡単には変わらない。時代が代わっても、また異文化の受容で文明の様式が変化しても自然観や思考形式は以前のものを根強く引き継ぎ、そこから抜け出して本質的に変化をすることはないといっても過言ではないだろう。これが同一文明圏（あるいは民族）で、科学の発展が停滞する理由であろう。

（iii）科学の方法：分類法、実証法、数学記述

分類法の意義

自然界に多様に存在する物質や生物の種類と性質は一見種々雑多に見える。また、自然現象も複雑多様である。だが、無数に生起する自然現象の様相や物事の存在様式を観察すると、それらの状態や性質に共通点（あるいは類似性）と差異がある。それらの特徴的構造や性質を捉え、同質性と異質性によって物事を分類すると、それら対象に関する知識が整理されて見通しがよくなる。それゆえ、そこにある種の規則性と法則が見いだされる。この方

法が分類法である。したがって、分類法は帰納法による分析法の一種であり、物事の認識の第一歩である。科学的な自然認識の方法においても分類法は重要な役割を果たしてきた。古代の原子論や元素論の背後には分類的思考法が働いているといえるだろう。

　科学の研究において分類法の意義を適切に述べた言葉に、「科学研究の手順は分類に始まり分類に終わる」というものがある。その意味は次のように理解される。

　まず、素朴な経験からえられる初歩的分類概念を基に、初歩的な規則性や法則が見いだされる。次に、その規則性や法則を用いてさらに探究を進めると、その規則性や法則に合わない例外のものが発見される。そこで、その例外にも適応できる新しい分類概念を見いだすことが要求されるわけである。その要請を満たす新分類概念の発見は、同時に新しい規則性や法則の発見に導くゆえ、それは科学理論の進歩である。このように分類概念の更新によって新理論が構築されてきた。すなわち、新分類概念によって対象を分類し直すことで研究過程は一段落するのである。この探究過程の一サイクルが、「科学の研究過程は分類に始まり分類に終わる」という意味である。ただし、このサイクルは一回で終わるのでなく、何回も繰り返される。つまり、第二の分類概念と理論は、次のサイクルの出発点となり、次の探究へと進む。

　科学の発展過程において、それぞれの段階でえられた概念、法則による分類は「自然誌」に対応し、次の分類段階へのサイクルは科学の「発展史」に対応する。このように、分類法は科学的探究の最も一般的かつ基礎的な方法である。

　分類による自然認識は古代から始まったが、自然界の何に着目して分類を始めるか、つまり最初の分類対象は何であったかは文化圏により多少異なるが、総じて身近な物質や生物の分類から始まった。日常生活においては、身近な食物と薬草に最も関心があるので、それは当然であろう。

　いかに初歩的分類でも、必ず何らかの概念に基づいてなされる。たとえば生物の分類では、動物と植物に分け、さらに植物なら花と実の有無、その形

24

や性質など、単純な概念で分類を進める。その際、いかなる分類概念を設定するかは、関心や分類目的に依存する。たとえば、薬草の分類ではどの病気に効くか、病名と効能が分類概念となる。

　自然科学における分類の場合、初期の段階では分類概念は自然を見る目（着眼点）に依存する。科学の方法として大切なことは、分類概念の選択と分類法の形式である。自然界の何に着目するかによって分類概念の選択と分類法が決まる。分類法は分類概念の間の関連図式である。分類法には自然観と思考形式が反映される。

　合理的な分類概念と分類法を一つに体系化したものが分類学である。単純概念を用いて分類しただけで、分類法が意識的に適用され体系化されなければ分類学にはならない。分類学の創始はアリストテレス（前4世紀）とされている。中国、インドでは医薬と関連して生物、鉱物の分類はなされたが、分類学にまでは至らなかった。階層的分類法（種、属、科、目、綱、門）を確立して、近代分類学を築いたのはスエーデンのカール・フォン・リンネ（18世紀）である。

　分類法の進歩は、生物学や鉱物学などに限らず、すべての自然科学の分野に見られ、科学の方法として重要な役割を持っている。近代科学は、自然の仕組みを物理学、天文学、化学、生物学などの「分科」の学として分類し、自然科学全体の理論体系を構成した。分類概念と分類法の更新は現代科学においても引き続き行われている。

　古代の中国、インド、ギリシアにおいては、それぞれ異なった分類法が生まれた。それについては次章で比較することにする。

科学の形成と方法：実証、数学記述、理論の体系化

　自然科学の原始形態は技術との区別が明確ではなく、天文・暦術、運動学、錬金術、医薬術などが渾然となった体系であって、神秘的、呪術的色彩を帯びており、科学と呼べるものではなく「自然学」であった。その理論を用いて、それぞれの文化圏における自然観と少数の原理を基にして、それなりに統一的に自然現象を説明していた。それが神秘的、呪術的要素を払拭しつつ

合理性を獲得していく過程で、各分野が互いに分離しそれぞれの理論体系を形成していった。その結果として、物理学、化学、生物学に分類され、それらの原型が形成された。その理論内容と形成過程を比較検討せねばならない。

　近代科学の方法のなかで重要なものは実証性と数学による記述である。古典科学といえども観察・実験がなされないわけではなかった。多くは間接的ではあったが観察・測定を通して実証性を獲得していった。やがて実証性は認識の確実性と理論の有効性を保証するものとして要請されるようになり、西欧近代科学の形成過程では、それが直接的実証法として実験にまで意識的に高められたわけである。だが、東洋ではそこまで到達しなかった。

　数学と自然科学との結合は、古代ギリシアのピタゴラス学派に始まったといわれている。それは「数的調和」を宇宙の原理とし、あるいはプラトンの幾何学による自然理解に見られるように、実証による論理的な結合ではなく、自然観として観念的に数学と科学が結合されたのであった。だが、アルキメデスの数学的科学の方法は正確かつ論理的であり、その後アラビア科学を通し、西欧において数量科学へと進展した。他方、中国、インドでは、古代からかなり数学が発達したにもかかわらず、その数学の理論は、天文学を除いては、技術として利用されても、数学的自然観に基づく原理として自然学と結合することはなかった。

　数学を用いた記述法は定量化によって表現の語彙を豊富にするばかりでなく、数学の論理を援用することにより厳密な理論体系が可能となる。逆に、自然科学との結合の仕方に依存して、数学自体の形式と内容が進歩発展する。それゆえ、自然科学と数学との関連の仕方は、科学の理論内容と形式を左右する。

　近代科学の方法においてもう一つ重要な要素は、少数の原理により多くの対象を統一的に説明する演繹的理論の体系化である。たとえばアリストテレス自然学のように、古典科学からそのような理論の体系化は志向されてはいたが、基礎原理の選択や演繹論理の組み立てが不完全であったり、あるいは無理があったので、現代から見れば非常に不満足なものであった。満足な理論体系が最初に形成されたのは、１７世紀以降における西欧近代科学である。

このような理論の体系化がなされた背景には、数学論理や論理学の発達と、それらと科学との連繋がある。この後、「近代科学の特徴」のところで詳しく述べるが、数学記述と科学理論の演繹的体系化とは、実証科学にとって不可欠なものである。

(iv) 科学の社会的地位：科学・技術の役割と担い手

これまでは科学の内的要因に着目してきたが、外的要因も考察対象として欠かせない。まず、自然科学がその文化圏においていかなる社会的身分、地位を占めていたかは、その科学の目的と内容をかなり規定する。そして、その社会において科学がいかなる役割を果たすか（目的）により、その科学の担い手（伝承し発展させた階級）も決まってくる。

たとえば、古代ギリシアでは普遍的かつ究極的「自然の原理」を求めた。自由都市を中心にして知識層が交流し、自由闊達に議論した。したがって、科学の担い手は自由市民の知識層であった。

それに対して、古代インドではヴェーダ補助学として数学、科学の発達が促された。それゆえ、宗教的自然観に基づく自然の「輪廻からの解脱」を志向し、そのための自然の原理が追究された。科学は宗教に奉仕させられる存在であったので、その担い手はバラモン層、クシャトリヤであった。だが、古代インド科学は人類の知的営為の一環としてその中に繰り込まれ、通常の科学のように内容が明確なものではなかった。

古代中国では政治、倫理など現実的実践を重視し、科学・技術は経世済民に役立つものとして、その限りにおいてその存在意義が認められたといわれる。したがって、科学は政治権力に奉仕するものであり、その主な担い手は当然ながら官僚士大夫であった。この体制は科挙制度によって永く支えられた。

科学・技術の役割と担い手によって、その社会における科学の地位と目的が制約されるので、科学の発展の方向が規定されることはいうまでもない。したがって、自由闊達な議論が可能であった自由都市の果たした役割は見逃せない。これら古代の三大文明における自然認識の目的と社会的地位に見ら

27

れるこの差異は、その後の科学の進む方向を示唆している。

　中世のイスラム圏ではインドやギリシアの学問を継承し発展させた。マホメットの「知は宝なり」との教えにより学問を奨励し、図書館や研究所を造って学者を優遇した。そのため、広く各地から知識人が集まり、特色のあるアラビア科学が生まれた。アラビアの学問研究所は官製ではあったが、科学者、知識人は尊重され自由に交流ができた。そのなかで、ギリシア科学の理論偏重から脱し、理論と実学を結合させた独自の科学が発達した。そのアラビア科学が１２世紀ころからラテン、西欧に引き継がれ、そこで近代科学として開花したわけである。

　科学と技術の繋がりは密接で、切っても切れない関係にある。両者は相互に影響しつつ進歩、発展した。しかし、科学と技術は常に並行して発達したわけではない。古代の経験的知識の蓄積による技術の先行時代から、その技術を理論化し体系化した理論重視の古典科学時代へ、次に技術と科学の結合による実証科学の誕生へと進んだ。

　科学と技術の担い手は各文化圏における科学・技術の目的と関連して決まり、科学・技術の進歩の方向と速度に影響する。古代ギリシアでは科学の担い手は商業都市の自由知識人であるが、技術の担い手は労働する奴隷であった。インドでは科学の担い手は主に上流階級のバラモン層、クシャトリアであり、技術の担い手はカーストの下層階級であった。中国では官僚、士太夫が科学知識を、技術は主に農工庶民が担った。このように、いずれも科学と技術の担い手が分離していたがゆえに、科学と技術の結合が脆弱であり進歩はやがて停滞した。

　その停滞から抜け出し発展させたのは、中世ではアラビア（イスラム圏）の科学であった。他方、西欧においては同業職人のギルドが解体して、商工業中心の商業都市でマニュファクチュアが興隆した。この状況のなかで、１４世紀ルネサンス以降の新たな知識、科学の芽生えとともに、芸術、建築、機械など技術者と科学者の交流が盛んになった。それによって、科学の急速な進歩が促された。

(v) 科学と宗教との関係

　古代から科学と宗教の関係は深く、近代科学の成立を考察するには欠かせない事項である。それは科学と宗教の対立関係というばかりではなく、協調的な面も見るべきだからである。

　自然科学は、人類が生きるための生産技術を通してえられた経験的知識と自然に対する知的好奇心から、知的欲求によって抽出された論理的な知識体系である。科学は経験的知識と実証性を拠り所とするが、抽象的かつ合理的理論体系を築き、科学的自然観を形成するという意味で、高度の精神活動である。

　それに対して、宗教は、死の恐怖や自然の脅威などと関連して自然に対する畏敬の念から、最初は自然宗教として生まれたであろう。自然を超越した「神」を創造したり、生と死を通して人間の存在意義を考えたりする「教義宗教」は、これもまた人類の高度の精神活動の所産である。迷信などと結びついた世俗的宗教は別として、本来の宗教教義は宗教的自然観である。

　宗教は古代からすべての民族や文化圏で普遍的に創生された。宗教の信仰そのものは個人の主観的行為であるが、教義に基づいて集団的宗派を形成して宗教活動を行うから社会的には大きな存在であった。宗教教義と宗教的自然観は人類の感情、思想、思考形式などの精神活動を、古代から長期にわたり規制してきたばかりでなく、社会的にも権威をもって国家を支配してきた。したがって、科学は精神的にも社会的にも永く宗教の下にあり続けた。

　人類史の初期には科学は技術や芸術と一体であり、宗教的神秘主義とも結びついていた。まだ自然に関する知識が乏しい時期には、自然科学も思弁的要素を含み形而上学的な自然哲学の色彩が濃かった。科学、技術、芸術、宗教などは渾然一体となって、全体で一つの形而上学的自然観を形成していた。そのような状態の中から、自然科学は経験に基づく確かな知識を獲得する科学的方法を工夫開発することによって抜け出していった。その過程で、呪術的神秘主義を払拭しつつ実証科学として合理的知識の体系を築いた。

　人類史の中で、宗教的自然観が人間の思考を束縛していた時期が最も長いから、文化圏ごとの宗教の違いが、どのように科学の発生と発達に影響した

かを見る必要がある。たとえば、東洋では宗教と科学は互いに矛盾することなく融和していたので、そのためにかえって自然学の分離独立を遅らせたとの指摘もある（中村元）[12]。

西欧近代科学の誕生にはキリスト教の自然観が深く関わっていて、その影響は大きい。キリスト教の階層的自然観「神－人間－自然」により、絶対神の創造した世界は合理的であり理路整然としていると考えられていた。例外を許さない自然法則のもとで、斉一的に運行する機械論的自然観が生まれ、自然の仕組みは人間によって認識可能であるとの思想が芽生えた。この自然観はやがて近代科学の誕生へと繋がった。

(vi) 科学・技術の伝承と発展の経緯

古代から科学は、その発達レベルに適した自然観や思考形式をもった文化圏（または民族）によって担われ維持、発展されてきた。これまでに述べたように、科学の進歩発展には自然観、思考形式、数学理論、科学観、そして社会制度が深く関わっている。それら要因と科学レベルとがうまく適応した文化圏が、その特性を活かして科学を継承し発展させてきた。特に古代ギリシアからアラビアーラテン－西欧まで、異文化（異民族）による科学・技術の継承発展は近代科学の成立に大きな役割と意義をもった。

科学の論理と方法、したがって科学の内容も、その発展に従って時代とともに変容し、それに応じて科学を継承発展させた文化圏（民族）も移り変わってきた。古代ギリシアはエジプト、メソポタミア、バビロニアなどの進んだ科学的技術の知識および数学を学んだ。その先行知識はまだ経験的、現象論的なものであったが、それを一般化、抽象化して理論的自然学と論証数学を築いた。それがさらにアラビア（イスラム圏）に引き継がれると、東洋文化との融合が起こり、理論偏重のギリシア科学を軌道修正して独特のアラビア科学が栄えた。その成果が、新たな自然観と思考形式をもったラテン－西欧に移入されて、やがて近代科学が誕生した。

それに対してインドではアーリア人を中心に、中国の場合は漢民族を中心に、概して単一文化圏（同一民族）の内に閉じたままであったために、尚古

主義に陥り訓詁解釈学に止まった。その結果、単一な発想と同一思考形式のために思考や発想の転換が起こらず、古代思考の欠陥を克服して進む妨げとなった。これが、中世以降のインド、中国で科学や数学が停滞した重要な要因であろう。

　ここに述べた考察対象と方法は、問題意識の共通性からして、『東の科学　西の科学』のそれと共通したところが多いが、加筆して読者の便宜に供するようにまとめた。

第5節　近代科学の特徴：方法と論理

　次に、近代科学の特徴として、科学の性格、および論理と方法を概観しておく。それは近代科学がなぜ西欧で築かれたかを考察する上で欠かせないので、前もってここで簡単に述べておくのがよいだろう。

　科学の論理と方法にもそれを築いた文明の基礎にある自然観が強く反映しており、また時代とともに変化してきた。

　１７世紀に誕生した西欧近代科学の始まりは、物理学（力学）からであった。まず自然科学の対象を物質の空間的拡がりと運動などの第一性質に限定し、固さ、色、臭いなどの感覚的性質、すなわち第二性質を排除した。この概念による区分と発想こそが近代科学の初頭に、先頭を切って物理学が築かれた大きな理由である。このことは西欧近代科学の性格を象徴する注目すべきことである。そして、その物理学の方法論的主柱として、観察実験による実証法、数学による記述、および演繹的理論の体系化の三要素があげられる。これら方法論の基礎には当時の西欧における機械論的自然観、原子論的自然観、および数学的自然観がある。

　近代科学が誕生する以前の西欧では、アリストテレスの目的論的自然観が支配的であった。この擬人的自然観から脱皮する過程で、自然の物質自体の中に運動変化の原理をおく上記三つの新たな自然観が生まれ、その上に近代物理学が築かれた。これらの自然観は独立ではなく相互に関連して全体で一つの自然像を形成する。その自然像に基づいて、近代科学の基礎概念や原理、法則が形成された。その特徴を物理学、特にニュートン力学の形成過程を通

31

して概観してみよう。

近代物理学には際だった一つの特徴がある。それは理論の枠組みと、その理論を構成する基本概念とを貫いている「絶対性の論理」である。その骨格をなすのが次のような絶対的概念である。まず、自然の存在様式に関しては、物質の究極要素としての不変・不滅の実体である原子、元素、そして物質とは独立な等方等質の絶対時間・空間、および絶対的に不動で空虚な真空などである。「絶対性の論理」は、これら絶対概念をベースにして、機械論的因果律に基づく絶対的自然法則の存在を前提とする必然的決定論である。こうして築かれた物理学理論は絶対的真理とみなされた。

この絶対性の論理には、絶対時間・空間、不変実体など形而上学概念がまだ多く内包されていた。後に現代科学はこれら形而上学的絶対概念を崩して「相対的概念」で置き換えていくのである。この相対化は、階層的自然観と進化的自然観への転換とともに、科学的概念や法則を相互連関の観点から捉え直すことである。

近代物理学の方法として、観察実験による実証性、数学による記述、および演繹的理論の体系化をあげたが、その意義を簡単に述べる。

（1）観察・実験による実証性

観察・実験によるこの実証法は理論の確実性と客観性を保証するものとみなされるが、実証法には間接的実証と直接的実証とがある。間接的実証法というのは、現象からえた経験的知識でも、それによって多くの類似現象を論理的かつ整合的に説明できるならば、それは間接ながら実証となりうるというものである。古典科学では、主として観察・経験によってこの間接的実証に依拠していた。近代科学では、理論の確実性を増すための観察・実験を考案して直接的実証法を築いてきた。

観察・実験による実証は理論の確実性を保障すると考える背後には、自然現象は機械的に反復可能なものであり、自然は斉一であるとの自然観がある。この種の何度も繰り返される非歴史的現象は、条件さえ同じならば常に同一結果が現れるという因果的法則が、この実証法の前提となっている。そして、

この観察・実験の方法は自然を対象化して自然に問いかけ、答えを引き出すものである。特に、近代科学では、自然との間接的応答ではなく、できるだけ直接的実証となるように実験条件を工夫した。それによって可能な限り純粋、確実と思われる証拠を抽出する方法を意識的に追究したのである。このような発想や強烈な意識は東洋では生まれなかった。

（2）数学による記述

　　質を数量化することは古代からなされていた。しかし、近代科学以前の数学的記述は、幾何学に見られるように主として静的なものであった。近代物理学の形成過程では、代数学と幾何学を結合した座標幾何学（解析幾何学）のように、動的数学が開発されそれが積極的に活用されるようになった。

　　数学的記述の方法は、量的表現によって語彙を無限に豊富にし、理論の精密化を可能にするばかりでなく、数学の論理を援用することで理論の厳密化が進みうる。数学理論は観察・実験の分析と法則の定式化に役立つばかりでなく、演繹にも大変有効である。

　　原理、法則など自然の論理と数学の論理とは互いに照応するかという問いはアリストテレス以来の懸案であった。また、両者が照応するならば「なぜか」、その理由、根拠が問われてきた。しかし、それに対する答えはないままうち過ぎ、近代科学前夜のガリレオに代表されるように、「自然という書物は数学の言葉で書かれている」という数学的自然観が西欧で台頭し、定着した。特に、動力学と解析的数学の対応からニュートン、ライプニッツによる微分・積分学の誕生はその成果であり、数学と科学にとって画期的なものであった。

（3）公理論的演繹理論の体系化

　　自然科学の理論は個々の原理や法則の単なる集合系ではなく、基礎概念と基本原理、法則を関連づけて、一つの演繹的体系に組み上げたものである。こうした演繹的体系は、最初から満足な形式のものではなかったが、そのような体系に築きあげることを目指してきた。古典科学も、原理、法則と内容、

33

形式ともに誤りがあったが、不完全ながらも演繹的体系をなしていた。アリストテレス自然学はその典型である。

このような演繹的理論の体系化は、実証法と数学による記述の方法とともに、近代科学の方法の重要な柱である。物理学において、この演繹的体系化の意義を認識し、最初にそれを行ったのはデカルトであった。その発想の背後には、自然を機械的仕組みとみなす機械論的自然観があった。と同時に、最も確実かつ明晰判明なものと彼が信じた数学論理とその体系（ユークリッド原論）に科学の理論形式を近づけることによって、物理学を確かなものにしようと考えた。

理論の演繹的体系化の方法は「原理（仮設）－演繹－実証」という実証的科学にとって不可欠なものである。この演繹の論理を支えるものは合理的推論規則であるが、その主力は数学の論理である。

現代科学の基礎にある自然観と科学論理は近代科学のそれとは異なるが、これら三つの科学の方法（実証性、数学による記述、演繹的体系化）は、基本的には現代科学に引き継がれている。

本書の展開は、中世から近代科学の成立とそれ以降では、物理的科学が主軸になっている。その理由は、自然科学の要は物理学と思うからである。このようにいうと、「物理学帝国主義」だとよくいわれる。しかし、「要」というのはすべての自然科学の上に君臨し、自然界の現象はすべて物理学によって説明可能という意味ではなく、物理学は自然科学という理論体系全部の基礎、基本ということである。

自然の存在様式に関する知識の基礎は物理学である。なぜならば、宇宙の仕組みの根底にあってすべての自然現象を担っているものは物質と時空であり、それらの起源と存在様式および運動、変化の法則を追求するのが物理学だからである。しかも、自然科学の論理と方法を一番早く切り開き、理論形式を整えたのも物理学であった。したがって、近代科学の形成過程は物理学が中心とならざるをえないわけである。

第1章　古代文明における科学と技術

第1節　古代の四大文化圏における自然観と技術 [1]

　素朴なものにせよ「科学的知」の体系をもつ以前の古代の自然観は、いずれの文化圏においても擬人化して自然を理解する神話的自然観か、すべての物に霊魂が宿るとするアニミズム的な自然理解から始まっている。これらの自然観は自然との一体感を示すものである。

　神話的自然観では、自然は神々や英雄などとして人格的に表現されており、そこにはそれぞれの民族の歴史が含まれている。神話やアニミズムは原始宗教の教義でもあり、したがってそれら自然観は宗教的色彩をおび呪術的要素を内に宿していた。また、自然を構成するすべての物には生命が宿り自ら活動しているという物活論がその自然観の基底にあるだろう。

　人類はやがて神話的、あるいはアニミズム的自然観から脱して、程度の差はあれ、自然を客観的な対象として合理的に理解するようになった。やがて、それが「自然哲学」に成長したが、神秘的、呪術的な要素をかなり後々まで引きずっていた。

　古代の自然観にはこのようにすべての文化圏に共通するところがあるが、風土の異なる文化圏、または民族によりそれぞれの特色が見られる。その違いは後世の科学・技術に反映されていく。それゆえ、主な古代文化圏における自然観の特徴を比較してみることにする。

　ユーラシア大陸とアフリカ大陸における古代文明の発祥の地域は、通常次の四大文明とされている。アフリカのエジプト文明、中東（オリエント）のメソポタミア文明（シュメール文明）、インドのインダス文明、および中国の黄河・長江文明である。いずれも河川の中流や下流を中心に発達した文明である。流域の肥沃な土地に定住の農耕生活が始まり、文明が生まれ栄えた。

　ここではまず、古代オリエント文明のなかでも重要な位置を占めた西方の古代エジプト・メソポタミア文明における自然観を、次いでインダス文明、

東の黄河・長江文明の自然観を概観し、それらの特色を見ることにする。

（1）エジプト文明

　ナイル河を中心に、前５０００年頃から発生したというエジプト文明は前
３世紀ころまで栄え、その後の地中海沿岸やオリエント地方の文明に大きな
影響を与えた。

　古代エジプト人は太陽神ラーを第一神として太陽を崇拝した。太陽崇拝は
単一神教である。それゆえ、エジプトの宗教観には太陽が強い影響力をもっ
ていて、呪術的色彩は比較的少なく、むしろ経験的、合理的な要素を多く含
む。この太陽崇拝はエジプトの技術と自然学を規定したといえるだろう。

　古代エジプト第１８王朝のアメンホテプ４世は、伝統的な太陽神アメンを
中心とした多神崇拝を廃止し、古の太陽神アテンの一神崇拝を行ったといわ
れる。

科学・技術

　科学というよりも生活経験に基づく技術が発達した。ナイル川の氾濫に対
処する要請から土木、灌漑、測量技術が進んだ。それは運河工事とともにピ
ラミット建設の技術（運搬用船舶の運航など）にも不可欠であったろう。

　測量と数学（計算術）は古代エジプト文明においてはなくてはならないも
のであった。ナイル川の氾濫のたびに、耕地の区画や広さの測量が必要であ
ったし、そこからとれる農作物の収穫量の推定、配分などのために計測術が
発達した。また、天文、気象を把握し、正しい暦を作ることは農業と日常生
活にとっても重要なことであった。すでに前２５００年頃、太陽崇拝から太
陽暦（シリウス暦）を先駆けて採用したといわれている。

　エジプト王朝の晩期（前７８１～３３２）には、バビロニア、ギリシア系
の天文学的知識が占星術とともに移入されたが、（黄道１２宮など）惑星運
行の観測はなかったようである。

　これらの技術は国家経済を支えるための基本的技術であり、また、その計
算術は、ピラミッドや神殿といった巨大な建造物を造るときの正確な計算に

36

も欠かせなかったろう。数学は幾何学（測量学）、四則計算、単位分数を使用した具体的計算術が主流であり、一般的体系化へは進まなかった。

医学

呪術的、宗教的色彩は比較的少なく、医術としては経験的、合理的な要素を多く含むものであったという。特に、外科術（手術）が優れていたことが残された器具から推測される。それは、死後遺体の保存技術と関連して解剖術が進歩したためであろう。だが、病気の原因については、悪魔によるもの（「病魔論」）とされ、悪魔を追い払う呪文が見られるそうである。

ヘルメス主義と錬金術

ヘルメス主義は、2、3世紀に地中海東部で成立し、前3〜後3世紀頃「ヘルメス文書」として、伝道師ヘルメス神が弟子に教える形式を取ったといわれている。

ヘルメス主義（Hermeticism）はエジプトではトート（Thoth）、ギリシアではヘルメス・トリスメギスト、ラテン語でメルクリウス・トリスメギストと呼ばれた神の教えであると信じられてきた。「トート」はエジプト神話では時計を司り、文字や法律を創案し、医術など技術的知識を人々に与えたといわれている神である。ヘルメス主義は古代エジプトの自然観の一つである。

「ヘルメス文書」の内容は、天と地、および宇宙と人との共感と感応を知って宇宙と一つになろうとする神学的側面と、占星術、錬金術の科学的・技術的側面をもつものである。

ヘルメス主義は、エジプト錬金術を通してイスラム神秘主義（スーフィズム）にも流れ込み、アラビア科学者たちに大きな影響を与えたという。さらに錬金術は、近代化学誕生まで西欧文明において、科学・技術的側面ばかりでなく精神的にも重要な意義を脈々と持ち続けたので、その存在の意味とそれが果たした役割は無視できない。

（2）メソポタミア文明

メソポタミア（ギリシア語で「複数の河の間」の意）は、チグリス川とユーフラテス川の間の沖積平野であり、現在のイラクの一部にあたる。前3500年前頃にメソポタミア文明が築かれたといわれる。

　古代メソポタミア文明 は、メソポタミア地方に生まれた複数の文明を総称する呼び名で、世界最古の文明であるとされてきた。この文明初期の中心となったのはシュメール人であり、地域的には、北部はアッシリア、南部はバビロニアである。南部の下流域であるシュメールから、上流の北部に向かって文明が広がっていった。土地が非常に肥沃であったが、過度の森林伐採などで上流の塩気の強い土が流れてくるようになり、やがて農地として使えない砂漠化が起きたといわれる。シュメール人の文明がメソポタミア文明の源流であるという[2]。

　古代メソポタミアは、多くの民族の興亡の歴史であった。たとえば、シュメール、バビロニア、アッシリア、アッカド、ヒッタイト、ミタンニ、エラム、古代ペルシャ人の国々があった。古代メソポタミア文明は、紀元前4世紀、アレクサンドロス3世（大王）の遠征によってその終息をむかえ、ヘレニズム世界の一部となった。

　チグリス、ユーフラテス両河は水源地帯の雪解けにより定期的に増水するため、運河を整備することで豊かな農業収穫がえられた。初期の開拓地の文化から始まり、エジプトなどよりも早く農業が行われた地域として知られている。

　ジッグラトと呼ばれる階段型ピラミッド（聖塔といわれているが詳細は不明）を中心に、巨大な都市国家を展開した。また、農耕の面でも肥沃な大地、整備された灌漑施設、高度な農耕器具により単位面積当たりの収穫量はかなり多かったという。

バビロニアの歴史と文明

　バビロニア文明は新しく生まれた文明というよりも、チグリス川とユーフラテス川に囲まれた肥沃な三日月地帯（現在の南イラクを含む土地）を国土にし、都市ウルで興ったシュメール文明の再復興といったほうが正しいよう

である。バビロニアはおよそ１０の都市国家によって形成されていた文明であり、その文明の名前は首都のバビロンからとったものである。

地形と風土：バビロンは、二つの川に囲まれた三日月地帯に位置していた都市国家である。肥沃な三日月地帯とは、西は地中海から南は現在のイスラエルに広がる大地のことで、二本の川からもたらされる栄養と水の恩恵を受けている地域である。この場所は、アフリカ、アジア、ヨーロッパの、３大陸を結ぶ地点でもあるため、それぞれの大陸特有の動植物が共存する土地となっている。そのため、この地域の生物相は世界に類を見ないものとなり、多種多様な動植物の育成が可能となった。このことがこの地域の文化が急速に発展した理由だといわれている。

旧バビロニア文明

前１７世紀に、指導者ハンムラビのもとで、バビロンおよびバビロニアがこの地域の文化や交易、および宗教の中心として発展した。そのなかで天文学や数学をはじめ科学・技術が進んだ。特にハンムラビ法典は有名で、これにより市民は、何が適法で何が違法なのかを判断でき、気まぐれな裁判官や貴族たちに翻弄されることがなくなった。ハンムラビ法典は非常に広範にわたる法典であったため、１２００年続いたバビロンの歴史の中で、その法や制度は存続し続けた。

楔形文字の発明：楔形文字の発明は特筆すべきものである。文字の発明の意義は、人類史において最も画期的な事の一つであるのはいうまでもない。

バビロニアはその前身に当たるシュメール文明と同じく、記録を非常に大事にする文明であった。楔形文字と記録の保管が盛んで、ハンムラビから始まった文字による記録は、ペルシャ皇帝、大キュロスの手によって滅ぼされるまで続けられた。

粘土板には、ハンムラビ法典に従って行われた財務取引や契約が余すことなく記され、日常生活全般に渡る法をもとに非常に多くの記録が残された。バビロニアに住む人々の教育水準は非常に高いものであった。

バビロニア天文学：メソポタミア地方で発達した天文学の総称で、バビロニ

ア独自の天文学は後期のペルシャ、ヘレニズム期に展開されたという。その天文学は暦と占星術として発達した。占星術は最初は国家行事と関連していたが、後に個人の運命を占うホロスコープ占星術へと拡がった。

　前２０００年頃から前４００年頃までバビロニアで行われた天文学は当時としては数学に裏打ちされた高度なもので、後のギリシア文明に引き継がれた。その主なものは、太陽、月、惑星などに対する天空上の運行記録や、星の出没に関する観測結果などがあげられる。惑星の不規則な運行の観測は、運命を占う宿命占星術に役立てられた。バビロニアでは太陰太陽暦が採用され、１９年間に７回の閏月を置くものであった。天球の記法としては、周天を３６０度に分割する工夫がなされ、１０進法に加えて６０進法も使用され、太陽、月、５惑星の運行を、定量的に記載するようになり、お互いの周期関係も解明された。そして、惑星等が動く星座として、獣帯とそれを分割した黄道１２宮も考案された。その星座の知識はギリシアに伝えられ、今日の星座の起源となったといわれる。

バビロニア数学（前２０００～前１６００）：早くから高度の計算法が開発されていた。残された数学文献は「表テクスト」と「問題テクスト」に大別される。その内容は「表テクスト」には乗法、逆数（除法）、平方、開平、開立などの表が書かれており、「問題テクスト」には算術的問題、代数的問題、幾何学的問題が具体的数値を用いた問題とその解法手続きが示されている。

　表記法は１０進法と６０進法を用い、幾何は直角三角形に関するピタゴラスの定理の実例を挙げている。解法の一般的公式や定理はなく、類型問題を扱っているが公式を作るところまではいかなかった。「６０進法」による技術開発は、時間や方位角度のように現代にも残っている[3]。

　ここに見られるように、バビロニア文明、特に天文と数学は後世に引き継がれ注目すべきものがある。

バビロニアの科学・技術：前３０００頃から都市国家として栄え、灌漑、運河水路網、神殿建築などの技術が発達した。各都市の中心地には支配者の権威を象徴するためのジッグラト（階段状の高い聖塔）が建てられた。農業

と占星術の要請で天文、暦術が進んだ。バビロニアでは、数学を除いては、科学というよりも技術文明といえるであろう。

バビロニアの自然観 ：旧約聖書に基づく天地創造の自然観である。神が最初に光を、次いで天空、大地、海を、そして太陽、月、星を創った。最後に動物と神に似せた人を創ったという神話的自然観である。

宇宙は、金属（錫）で作られた天空のドームであるとされた。星は天空ドームの下方に埋め込まれ、太陽、月はドームにある「門」を出入りする。陸地の周りの海は現在の地中海、ペルシャ湾、紅海、陸地の下は清水の海とみなされた。

新バビロニア文明

前６２７年バビロニアは反乱を起こし、再びアッシリアからの独立を果たすことに成功した。この反乱を引き起こしたナボポラッサルの息子ネブカドネザル２世は諸都市の活性化プロジェクトを推し進め、特にバビロンの都市の発展に尽力した。彼の政権下のバビロンは、"ルネッサンス"を経験したとまでいわれている。ネブカドネザルは古代の寺院や建造物の再建、さらには大規模な城壁の建築なども行い、土木、建築技術が発達した。

バビロン文明は、別名メソポタミア文明、またはシュメール文明ともいわれる世界最古の文明であり、後のどの文明もバビロンの影響を受けているといわれる。バビロン文明発祥のものといえば科学、数学、天文学、文字、金銭、暦、印鑑、魔術、占い、偶像礼拝などが挙げられよう。こうしてみると、現代文明の源流をさかのぼれば、古代バビロン文明に突き当たるといえよう。

バビロニアの凋落：ネブカドネザルの後３０年も経たないうちにバビロニアの力と威信は弱体化した。前５９３年にペルシャのキュロス２世に侵攻されバビロンは落とされたといわれている。前３３１年までペルシャの支配下に置かれたバビロンは、次にアレクサンドロス大王に治められた。

（3）インダス文明

インドに最初に生まれた文明がインド大陸北西部のインダス文明である。

パキスタン、インド、アフガニスタンのインダス川及びそれと並行して流れていたとされるガッガル・ハークラー川周辺に栄えた文明で、考古学上はハラッパー文化と呼ばれている。

インダス文明が栄えたのは前２５００年から前１８００年の間である。メソポタミア文明と同じく多くの都市国家が栄えていたようである。モヘンジョ＝ダロ、ハラッパー、ロータルなどの都市が有名である。

インダスの文化

様々な都市遺跡からは、多くの「インダス式印章」が出土した。インダス文字とともに動物などが刻まれている。犀、象、虎などの動物のほかに、後のインドの文化にとって象徴的な動物、牛が刻まれているのが目立つ。印章は商取引に使用されたと推測され、メソポタミアの遺跡からもこのような印章が出土している。

インダス文字は現在でも未解読である。表意式と表音式文字のいずれの可能性もあるという。解読できないので詳細は不明だが、かなり進んだ文明が発達していたようである。

各地にある都市は城塞と市街地とからなり、碁盤目状に街路が走る計画性のある整備された都市であった[4]。

農業：中心はインダス川の流域である。その流域は冬作物地域であり、氾濫による肥沃な土壌を利用した農耕を行った。河川から離れた地域では、地形を利用した一種の堰を築き、そこへ雨期の増水を流し込んで貯水したと推察されている。

商業：水運を広く利用し、メソポタミアとの盛んな交易があったことが知られている。商業に用いられたと思われる石製、銅製の各種の分銅や秤が残っている。

度量衡：統一された度量衡が制定されていた。長さ、重さ、時間に関して可成り正確な測量技術（測定器）が発達していた。

技術：整備された都市計画で知られるように建築技術に優れており、建築物には縦：横：厚みの比が４：２：１で統一された焼成煉瓦が広く使われている。

工芸：金属、貝類などの装身具などの工芸品が出土。土器やビーズなど出土

品には均質性が見られる。また、金属技術は青銅器が用いられていた。

　発掘された土器に画かれた各種の幾何模様や整った都市設計が示すように、幾何学的知識が進んでいたと見られる。インダス文明は、土木、建築や、工芸が進んでおり、天文、薬学、医学は後のヴェーダ時代のインド文明に影響を与えた。

　このインダス文明が滅ぶのは前１８００年頃であるが、滅亡の原因は不明である。前１５００年頃、アーリア人は東北のガンジス川流域まで進出し定住した。アーリア人も含めてインドにはいろいろ民族系統があって、それらをまとめてインド人と呼んでいる。

　アーリア人が全インドに拡がっていく過程で、宗教や身分制度（カースト）など現在に繋がるインド文化が生み出されたようである。アーリア人はモンスーン気候の厳しい自然環境のなかで、自然に対する畏敬の念から自然現象を神々として崇拝し讃える歌を作った。その自然讃歌をまとめた歌集が『リグ-ヴェーダ』といわれる。『リグ-ヴェーダ』は数多くあるヴェーダ聖典群のうちの最古のもの（前１２世紀）で、宇宙創造と自然賛歌を述べた古代インドの神話的自然観である。

　この自然観はウパニシャッド哲学（「梵我一如」の思想）を唱え、後のインド思想の主流となった世界観の萌芽といわれている。

　このヴェーダを詠って神々を讃え、儀式をとりおこなう祭主がバラモンと呼ばれる僧侶階級である。この宗教がバラモン教である。バラモンたちは神々に仕えるために複雑な儀式を編みだし、祭礼の方法を独占した。こうしてバラモンは特権階級になっていった。バラモン教の儀式についての形式は、ヴェーダ補助学として後のインドの科学・技術や数学（幾何学）にも強い影響を与えた。

（4）黄河・長江文明
黄河文明
　黄河の中、下流域で前５０００年頃から栄えた古代の中国文明の一つである。黄河の氾濫による原野で畑作農業を開始し、やがて黄河の治水や灌漑を

通じて政治権力の強化とともに都市の発達を成し遂げ、一大文化圏を築いたといわれる。代表とされるものは仰韶文化（ぎょうしょう）、竜山文化（りゅうざん）の二つである。

仰韶文化は前５０００年ごろに始まったもので、黄河の上流域で栄えたようである。その特徴としては綺麗に彩色された土器があるので彩陶文化と呼んでいる。

竜山文化は仰韶文化が終わった後の前２５００年ごろに始まったもので、王朝が発達した（夏王朝）。

その特徴は黒い土器なので黒陶文化と呼んでいる。この文化の終わりごろになると銅器も作られるようになった。中国文明が青銅器時代に入ったのはエジプトや西アジアに比べてかなり遅く、前２０００年紀の前半の二里頭文化期からであるといわれる。

殷王朝（前１４〜１１世紀）の時代にすでに文字が生まれ、占いのために亀の甲羅や鹿、牛の肩甲骨等に甲骨文字が刻まれ、それが漢字の原型となった。現在確認できる中国最古の象形文字である。殷とは異なり、周では占いばかりでなく、記録や契約等の記述としてすでに使われ始めていることが明らかになっている[5]。

長江文明

黄河文明は「世界四大文明」のうちの一つとして挙げられていることが多いが、現在は長江文明や遼河文明などさまざまな文明が中国各地で発見されているため、四大文明に黄河文明のみを取り上げることは適切ではない。その中でも長江文明は長江（揚子江）流域で起こった古代文明の総称である。長江文明は黄河文明と共に中国文明の代表とされる。その時期は前１４００年ごろから前１０００年頃までといわれる。初期から稲作が中心であり、稲作の発祥の地と推定されている。農耕も独自の経緯で発展したものと見られ、長江文明は黄河文明とは異なる系統と推測されている。しかし、黄河・長江文明が後の中国文明に最も強い影響を与えたことは確かであろう。

この時代はまだ神話的自然観によって宇宙創生や自然現象を理解してい

た。殷時代には天を人格神として、天が天象と自然現象を支配するとされた。周代になると、人格神の概念を脱して抽象的な「天の思想」が生まれた。すなわち宇宙を支配する統一原理を天に求めるようになったといわれている。

春秋・戦国時代へ

　黄河・長江文明の後に王朝が栄え、春秋時代に移行した。春秋時代は前７７０年から４０３年頃までを指す。周の統一時代が終わって分裂状態になり、春秋時代には周王朝に代わって、春秋の初期は五覇王たちの時代、中期の小国乱立の時代を経て、七つの大国が競合する戦国時代に入った。戦国時代は前４０３年頃から前２２１年に秦が全国を統一するまで続いた。

　春秋時代はそれ以前の黄河・長江文明を引き継ぎながらも、そこから抜けて画期的展開をした時期である。この時代は古代における中国文明で最も注目すべきものであろう。春秋時代からいわゆる諸子百家が排出して、それぞれの学派を作り学問、思想、および科学・技術が開花し栄えた。春秋・戦国時代は、本格的中国文明の始まりであると同時に、後代までの中国思想や自然観の基礎を築いた。

　春秋時代に多くあった国々は次第に統合されて、戦国時代には七つの大国（戦国七雄）がせめぎ合う時代となっていった。諸侯やその家臣が争っていくなかで、富国強兵をはかるために、諸侯は身分に関係なく知識を有する者を食客としてもてなしその意見を取り入れた。政策を提案する遊説家が登場し諸侯の中には斉の威王のように学問所のようなものを整備して、学者たちに学問の場を提供するものもあった。これが諸子百家の排出した背景と思われている。

第２節　古典科学の誕生：技術から科学への進転

　古代四大文明の次の時代に、世界を合理的に把握しようとする古典科学が生まれた。科学・技術の歴史において、この時期は古典科学の時代と呼ばれ、西暦前数世紀のほぼ同時代に、ギリシア、インド、および中国に現れた。それらが三大古典科学文明といわれるものである。古典科学は、「科学」とい

45

っても今日のような実証科学には程遠く、形而上学的色彩の濃い「自然哲学」、あるいは「自然学」というべきものであるが、習慣的に「古典科学」と呼ぶことにする。

　古代の四大文明における知識は、すべての分野でまだ素朴であり、経験に基づく具象的知識と技術のレベルに留まっており、理論的に体系化されたものには至っていなかった。もち論、メソポタミア文明のように部分的には抽象化や体系化が進み優れたものもあるが、総じて未熟であった。だが、三大古典科学の時代になると、古代文明から引き継いだ知識を理論的に体系化した学問が形成されるようになった。さらに、自然宗教から脱皮した教義宗教が生まれ、その教義に基づく宗教的自然観の出現も見逃せない。その宗教的自然観は人類史の中で最も長期にわたり、それぞれの文化圏における人類の自然観や思考を支配してきたからである。

　インドではバラモン教を廃して輪廻転生を説くウパニシャッド（奥義書）、さらにはジャイナ教や仏教などが現れ、西欧ではユダヤ教から分離してキリスト教が、それぞれの教義と自然観を唱えた。中国では宗教とはいえないかもしれないが老荘思想の新たな自然観が出現した。

　それゆえ、古代の四大文明から三大古典科学時代への移行には、学問ばかりでなく思想的にも、知的レベルに質的な飛躍がある。哲学、倫理、科学・技術、数学などの分野で学者が輩出し諸学派が台頭した。科学・技術に関する進展は、古代文明の時期に経験的に蓄積された諸技術、すなわち都市城塞用の土木・建築技術、測量・灌漑などの農耕技術、土器・陶器・青銅器製造、工芸細工の技術、医薬術など、主として生活に即したものであった。また商業、租税に必要な度量衡や計算術、天文・暦術なども発達していた。それらは未整理のまま蓄積されたもので、まだ体系化されてない知識と技術であった。それらを統一し、「自然哲学」として理論的な学問体系を築いたのがこの古典科学の時代である。それゆえ、古代四大文明は技術先行の時代であり、三大古典科学時代はその技術的経験知識を体系化し、理論化して「自然学」（古典科学）を誕生させた時代といえるであろう。古典科学はある程度は経験、観察に基づいていたが、まだ実証性に乏しく思弁的色彩が強かった。し

かし、それは物質の存在と運動の原理を自然そのものの中に求め、世界を統一的に説明理解するための「普遍的究極原理」を探究しようとすることの始まりであった。

　この古代文明から古典科学時代への飛躍的かつ質的転換期において注目すべきことは、古代文明の存在した文明圏と、その文化を引き継ぎ進展させた古典科学誕生の文明圏とは、それぞれみな元の古代文明の地とは異なる新地域に発生した文明であるということである。つまり、古代文明と古典科学文明とは同一文明圏において継承、発展されたのではなく、古代文明の文化圏が衰退するか、あるいは滅亡して、他の地域に新たな文明圏として古典科学を育くむ文明が誕生したということである。この文明移行の形態は、後に見るように、西欧近代科学が誕生する過程に顕著に見られる特徴である。

　この章では、古典科学の性格と内実を見るために、古典科学時代の自然観、物質観、宇宙観、生命観を三大文明について比較検討することにする。
　物質観における特徴的なことは、物質の根源的存在を追求する姿勢の始まりである（前5世紀頃から）。自然界の多種、多様な物質の変化、生成、消滅現象の中に相互転化や転生を見て、不変な根源的物質の存在を推測したわけである。その結果到達したのが元素論と原子論である。元素は物質の質に関する究極要素、原子は量に関する究極的実体である。物質や時空が無限分割可能であるか否かについては、論理的には両方の可能性がある。無限分割不可能とする原子論とその否定論とが永く対立し論争した。
　元素論と関連した物質観として錬金術がある。それは前4～2世紀頃から中国、インド、アレクサンドリアで独立に始まり、8世紀以降イスラム圏に流入した。その後イタリアを通してヨーロッパに伝わり近代化学の誕生まで生き延びた。ニーダムは錬金術を造金術（aurifaction）、贋金造術（aurifiction）、長生術（macrobiotics）に分け、造金術と長生術が真の錬金術であると述べている（『中国の科学と文明』）[6]。その裏付けとする錬金術理論は、その目的（貴金属錬成と薬物煉丹など）と元素論の形式に依存して異なるが、錬金術は東西に共通して存在した。いずれの錬金術も、必ずしも神秘的、魔術的

47

なものばかりではなかった。素朴ながら物質に関する「化学的」知識を蓄積し、また医薬術に貢献した。

　宇宙観は宇宙の起源、および宇宙の構造に関するものである。それは物質、生命の起源とも密接に関連している。神話や宗教の宇宙創成説、および人類と生物の創成説がまだ尾を引いている面もあるが、始原物質を想定しその運動、変化によって宇宙や物質の誕生を論ずるようになった。また、文明圏によりかなり異なるが、思弁的ながらもやや進んだ形で宇宙模型が提唱された。それらは中世にまで引き継がれるほどのものであった。

　もう一つ注目されることは、人体を小宇宙と見たてて自然界の大宇宙と互いに照応させる自然観である。それは各文化圏に共通して存在し、占星術と医学の基礎にもなった。

　以下に三大古典科学文明の特徴を比較検討しよう。

第3節　中国の文明と古典科学 [6]

　春秋時代のいわゆる諸子百家がそれぞれの学派を作り、学問・思想、および科学・技術が開花し栄えた。諸子は孔子、老子、荘子、墨子、孟子、荀子などを、百家は儒家、道家、墨家、名家、法家などの学派を指す。春秋・戦国時代は、本格的中国文明の始まりであると同時に、中国の思想や自然観の基礎を築いた。

　前221年に秦が統一国家を樹立すると、度量衡や文字などを統一し、銅製の貨幣を通用させた。儒家を弾圧した「焚書坑儒」は有名である。間もなく秦は滅亡し、前202年に漢王朝が長安に都を築いた。秦・漢の時代に中国の学問、思想の骨格はほぼ確立されたので、この時期は中国史において大いなる意義を持つ。

（1）中国の自然観

　総じて、中国の自然観は、自然を対象化するのではなく、一体感をもって自然を観想することにより、自然と人間との相互連関を重視する傾向があるといえるだろう。

中国の風土の特徴は、長大な黄河・揚子江地帯と広漠たる大平原にある。黄河と揚子江の様子はかなり異なるが、下流はゆるやかな茫漠たる水流と大地の大平原であり、変化に乏しい単調な空漠たる風土から、中国人は総じて無感動な性格だといわれる（和辻）。モンスーン地帯のインドと対照的である。

　果てしなく続く大地、広大な自然のなかに「気」を感じとり、天と地の境界、地平線によってその「気」が陰陽へと分離することを想像したのであろう。中国の自然観は古今を通して「気－陰陽」で一貫している。

　神話的自然観を脱して、「天の思想」が芽生えた。殷の時代には天は人格神であったが、やがてその性格が薄れ抽象化されて、宇宙の秩序を主宰する「天」となった。天は、天体の規則正しい運行、四季の推移など宇宙秩序を司る主宰と崇めた。つまり「天の思想」は宇宙を支配する統一原理となった。

　孔子（前５５１－４７９）は「天何をか言わん哉、四時行わる」（論語）といって、天は自然現象の背後にある理法的なものであるとした。孔子思想を受けた儒家の孟子は天を理法と理解し、政治や人倫の根拠を天に求めて民本思想を唱えた。また性善説も天に由来すると説いた。それに対し、性悪説を唱えて孟子に対抗した荀子は、天は常に運行し理を持っているが、天行は人事とは一切関係なしと主張。天の常道を求めて自然現象のなかに因果関係と法則を見いだそうとした。この儒家の思想はかなり進んだ自然観といえる。

　董仲舒（前２世紀）は「天人相関説」をもって漢時代の支配的思想とし、それをもって中央集権国家を理論づけて儒教を国教とした。天人相関説は自然現象と社会現象には相互対応の相関があるとする思想である。天は自らの意思をもって万物を主宰し、政治の善悪に対して自然現象を通してその意思を表明するとされた。したがって、占星術が重視され、天の意思「天命」を知るために天体観測が盛んに行われた。また、逆に君主の政治行為が天地、陰陽に働き、自然現象に反映されるといわれた。

　下って、王充（後漢、２７〜９１）は、荀子の自然観を受け継いで、その著『論考』で自然も社会も天の意思にはよらず、自立的に運行しているとい

って天人相関説を否定した。王充は実証的態度で自然現象を観察し、合理的な解釈を行った。魔術的説話の虚偽を説き、迷信を排した。たとえば、雷は天の怒りではなく、自然現象であると説いた。だが、この合理的自然観は当時は異端視されて、一般に認められず埋もれたままであった。

　古代中国の科学・技術と関連深いのは、老子（前6〜前5世紀）に由来する道家の自然観である。老子は世界の究極的な根源は「道」であると想定した。「道は一を生じ、一は二を生じ、二は三を生じ、三は万物を生ず。万物は陰を負うて陽を抱き、冲気以て和すことを為す」といって、道と陰陽の思想を論じた。世界、万物の根源を道とする思想は、その後の『荘子』や『淮南子』などにも引き継がれている。この老子の思想から発した自然観は「自然（じねん）」の概念である。それは他力によるのではなく「自ずから然る（しかる）」、自らの内にある働きによって自立的にそうなるという考えである。この自然観はインドとも共通しており、東洋特有の自然観である。

　他方、『周易』、『管子』などでは「気」を宇宙の根源とする気一元論を展開している。気の思想は近代に至るまで中国自然観の基本の一つである。気は集散して万物を構成し、生命、物質の根源的活力である。気は連続的で無定型な存在であるが、気が陰と陽に分かれ、その組み合わせで物質や現象を生じさせる。陰陽は男女、君臣、動静など相反する属性を象徴するものであり、互いに対立して万物の生成、存立の原理である。だが、陰陽説では、陰と陽は対立概念ではなく相補的なものであり、『老子』の言「万物負陰而抱陽、冲気以為和」にあるように、相互依存的調和の性格が強い。

　陰陽説とそれ以前からあった物質「元素」の五行説が結合されて「気－陰陽－五行」の自然観が前3世紀後半頃に成立したといわれる。この自然観は道家と儒家の思想に浸透し、自然と人事（政治）を関連づける天人相関説の基礎となった。

　無限定な気を宇宙の根源とする自然観は、古代ギリシアのアナクシマンドロスの「ト・アペイロン」と類似性があるが、その後の物質論への影響には違いがある。不定な無形・無質の気が分かれて陰陽となり、もう一つの有形・有質の元素「五行」と結合して「気－陰陽－五行」説となった。この気－陰

陽－五行説は、その後永く中国思想の根幹となって残り、教条的に固定化されて科学的思考の発達の妨げとなった。不定無形の気、陰陽が実体的五行に発展転化したわけではなく、別々の概念が結合されたのである。道、気、陰陽の概念はそのまま後世に受け継がれた。他方、ギリシアでは不定のト・アペイロンは否定されて有質有形の実体（4元素）に替わり、自然哲学の一翼を担った。

（2）中国の宇宙観・天文学

　古代の中国の自然観は宇宙論・天文学および物質論に強く反映されている。宇宙生成論は先秦時代から始まり、宇宙の起源と構造を述べている。

　宇宙観　本来は、宇宙の「宇」は空間を、「宙」は時間を意味する。（日本では逆の意に用いられている。）それゆえ、中国の宇宙観は空間と時間を統括した概念である。宇宙の起源と万物の根源を無定型な「気」とした。気が陰陽に分かれ、陰気は沈んで地となり、陽気は登り天となったというものである。これとは別に、仏教の伝来から、「心」を宇宙の本体とする唯心論も唱えられた。それは後に観念論的「唯識論」の元になった。

　古代中国の宇宙模型の代表的なものは蓋天説、渾天説、および宣夜説である。蓋天説は周朝時代に現れ、前漢の時代は定説となっていたようである。最初この説は有限方形の天平地平模型で、天蓋の高さは8万里、大地は一辺81万里とされた。前漢時代に渾天儀が作られそれがヒントになって、後漢になると天球地平の渾天説が現れた。渾天説とは、天は鶏卵の殻のように球形であり、地は黄卵のようにその内部に位置し、天の半分は地上を覆い、半分は地下を囲んでいる。天の表面・裏面には水があり、天と地は気に支えられて定立し、水に乗って運行している、というものである。

　蓋天説は渾天説との論争の末に修正されて、球面蓋と球面地の模型に修正されたが、結局渾天説が優位に立つようになったといわれる。これらの宇宙模型は暦法と結合して、数理天文学として発達し、天体の運行を説明しようとした[7]。

　この二説に対して、無限宇宙の宣夜説が唱えられた。宣夜説は天文、暦術

51

との結合はないが、気一元論に基づく宇宙成生論と結合して、後漢（2世紀頃）に現れた。その特徴は無限に開かれた宇宙模型であり、気の作用によって天体の運行を説明するものであった。根源的な「元気」が天地を含めて万物を作り、太陽、月および天体は気によって満たされた無限の空虚のなかに浮いており、気の作用によって天体の運行を論ずるという模型である。この宇宙模型は当時としては合理的なもので、西欧では１７世紀になって漸く現れたデカルトの宇宙論にも通ずる優れたものである。だが、残念ながら天体観測による裏づけに欠け、数量的扱いがない宇宙論であり、思弁的な自然観の域をでていないものである。したがって、その後の進歩、発展なしに終わってしまった。この宣夜説は思弁的ではあるが、天蓋、渾天説とははっきり異質であり、中国の自然観のなかでは特異な発想である。古代の中国に、なぜこのような宇宙模型が現れたのか、その背景と根拠が明らかにされるならば有意義であろう。自然哲学としては、時間・空間の有限性と無限性が『荘子』や『墨子』で考察されているといわれるが、それと宣夜説との関連は不明である。

　天文、暦法とともに考案された天蓋、渾天説のように物質世界とは関連づけられない宇宙論と、他方、思弁的ではあるが天体と物質世界を含めた総合的宇宙模型の宣夜説は自然哲学のまま止まった。天蓋、渾天説と宣夜説とが融合していれば、前者の実証性と後者の優れた自然観が相補い、中国の宇宙論はかなり別の発展の道を歩んだかも知れない。これら宇宙模型を支持する学派の間で議論が闘わされ、それらを改造した宇宙論が派生したが、質的な進歩はなくやがて衰退した。

　総じて、気を根源とする陰陽、五行によって自然を理解し説明する自然観を墨守し、近代まで引き継いだために、その後の宇宙論に本質的進歩は見られなかった。

　宋代の朱子は理と気の二元論による九重天の宇宙模型を提唱したが、これもコペルニクス的太陽中心説に連なるものではなかった（後述）。その主な理由は中国人の自然理解の態度からくる天文学の性格にあるだろう。

　天文学　中国の天文学は天人相関説に基づく占星術と切り離せない。天崇

拝の思想ゆえに、殷時代からすでに天文現象に関心が向けられてきた。天子は天の意思にしたがって政治を行い、天の意思に背くと天変地異によって天は警告すると信じられた。それゆえ日・月食、彗星の出現など天の異常現象の観測は重大関心事であった。

天人相関説は星にも人間社会と同じく身分、地位や官職があるとされ、西欧とは異なる体系の星宿（星座）が作られた。そして、皇帝を象徴する極星を中心として、その周囲を官職の高い順に並んだ星が巡るという構図が作られ、この極星中心の天文学が発達した。漢代に国立天文台を設立し、天体観測の機器も発達した。そこに専門の天文役人を置いて観測を行った。その仕事は主に暦計算、天体現象（特に異変現象）の観測と資料の記録、および時報であったといわれている。長年の間に蓄積されたその膨大な資料は世界に類を見ない貴重なものである。

前漢時代にすでに日・月食の予報もなされ、惑星の運行もかなり正確な観測がなされたようであるが、現象的記述のレベルにとどまり宇宙体系と結合した理論的天文学の追究はあまり熱心ではなかった。

このようにずっと後の時代まで極星中心の天文学ゆえに、諸惑星運行の正確な観測はなされたが、惑星運行についての分析と考察が不完全であり、数理天文学に結びつかなかった。それは天文学に限らず、自然学と数学との結合が意識されなかったせいもあろう。また宇宙模型の蓋天説と渾天説との論争が不徹底であったために、それぞれのモデルの欠陥を補い、そして極星中心像をも含めて宇宙体系を改良するという方向に進まなかった。

占星術に関しては、天の思想に基づく受命改制といった国政のゆえに、天子や高官などに関する公的占星術が中心で、そのための天文現象の観測と記録であった。それゆえ、個人の運命を占う西洋のホロスコープ占星術とは異質のものであった。

ここにも中国と西洋の天文学との質的な違いが見られる。それは、天文学に限らず、中国における伝統に忠実な尚古主義と、現象論的理解に止まる思考形式であり、分析的手法によって物事を突き詰め論理整合的に考察する姿勢が弱いためであろう。

（3）中国の物質観

　五行説は紀元前5世紀に史伯が『周語・鄭語』に記しているという。五行の水、火、木、金、土は万物を構成する原始的質料元素であるが、すべてが同等ではなく金が一番重要な位置を占めているという。金は質に関する究極の実体としての「元素」ではないともいわれている。

　陰陽と五行を合わせて「気－陰陽－五行」論となり、自然と社会現象の変化の法則を解釈し説明した。五行説の特徴は、5元素それぞれが固定された不変実体ではなく、相互に影響し変化することである。いわゆる相克（相勝）説、相生説である。

　相剋（相勝）説は騶衍が提唱したもので、木土水火金の順に前者が後者に打ち勝つという説である。木は土に勝ち、土は水に勝ち、水は火に勝ち、火は金に勝ち、金は木に勝つ。

　相生説は董仲舒の提唱である。木火土金水の順に前者が後者を生じる（木は火を生じ・・・）という説である。だが、これらの説には無理があり、異説として批判もされた。

　中国の物質観で、他の文化圏と異質な点は、原子論が見られないことである。物質の究極的質料として、形式こそ違え元素論はすべての文化圏で古代から存在した。だが、原子論は様相を異にする。古代ギリシアとインドの原子論は、一次期排斥されたこともあったが、根源的物質論としてよく知られている。中国はインドや中央アジアとの交流が古くから盛んであったから、原子論は当然流入した筈である。特にインド仏教の原子論は仏教教義とともに伝道されただろう。仏教は広くかつ熱心に受容されたにもかかわらず、原子論はついに定着しなかった。その理由は、中国の自然観、気－陰陽の連続的物質観によるというのが定説である。そのことは否定できないが、その根底には中国の具象的全体的思考形式があるだろう。その象徴がパターン認識の象形文字、漢字である。漢字は一語で個物を表す表意文字であり、中国の個別的、具象的思考形式から生じたのではなかろうか。それに対して、原子論が生まれ、または受容された文化圏の文字はアルファベット式組み立て文

字である。この文字表記の形式と原子論との関連性は偶然ではなく、その根底には思考形式が反映されているのではないかと推測している。今後の検討課題としたい。

（4）中国医学と本草学

　中国の医学体系が整い始めたのは戦国時代からと推定されており、漢代にはほぼ完成した。中国医学はアーユルヴェーダ（インド伝統医学）、ユナニ医学（ギリシア、アラビア医学）と共に三大伝統医学に数えられ、相互に影響を与えたと見られている。

　中国医学の基礎は陰陽五行論に基づき、その理論的意味づけは漢代になされたといわれる。その医学的に重要な概念は経脈、気、血である。

　前漢に書かれた『黄帝内経』（作者不明、）は現存する中国最古の医学書といわれ、陰陽論と五行論を参考に著されている。自然と人体との対応、および体内での調和を重視した生理、養生、環境衛生と気候、季節との関係が述べられているという。さらに解剖、生理を説いた上で鍼灸などの臨床医学を実践的に論じた。張仲景の『傷寒論』（後漢末期？）は、中国医学の最大成果一つといわれ、伝染性の病気に対する治療法が中心である。

　五行と医学の関係は、下表のように五行と五臓、五官を対応させて、相生、相克説により五臓の相互連関　と人体の生理活動を考察するものである。

五行	木	火	土	金	水
五臓	肝臓	心臓	脾臓	肺臓	腎臓
五官	目	舌	口	鼻	耳

　五行の相生・相克説に基づく五臓間の病理の影響とは、ある臓腑の病気が他の臓腑に伝わり、その臓腑の病気が元の臓腑に伝わる事をいう。このような五行との対応づけは、医学に限らず自然や社会の仕組みすべてに見られる。五行説に囚われたこの形式主義は中国自然観、思考法の特徴である。

　気の働きとは、体の成長、発育などの生命活動、各臓器の活動や血液の循環、新陳代謝といった生理活動を促すことである。経絡は、全身に気血を運行して臓腑と全身の組織、器官を結びつけ、上下内外を通じさせる通路のこ

とで、古代からの医療の実践を通して経験的に体系づけられた見えない体内のネットワークである。人体は経絡によって結びつけられて統一的有機体として機能していると考えた。それと関連して鍼灸の物理療法も発達した。また、当然ながら、医学は煉丹術、本草学との関連も強い。

古来の陰陽五行論を基礎にした中国医学は形式に囚われたために、思弁的理論に陥り実験による原因究明の実証研究が疎かになった。この形式主義はその後の進歩を妨げた。伝統重視の尚古主義はここにも見られる。

中国医学の第二の発展期は中世の金・元時代（９６０年～１３６７年）である。『黄帝内経』の理論をもとに新しい理論が表された。それまで別々に発達してきた理論医学、臨床医学、薬学を融合したが、基本的なところでの進歩はなかった。

中国医学の特徴は、全身を見て治療を行う関連重視の全体論的方法である。西洋近代医学の局所的医療法とは異なり、複数ある症状をもって診断し治療方針を決める。そして人間の心身が持っている自然治癒力を高めるための生薬などを用いて治癒に導くことを目的としている。この病理論はインドにも共通し、東洋医学の特徴であろう。

各臓器の相互連関に基づく全体論的な東洋医学は、近年に明らかにされつつある人体論に通ずるものであろう。

本草学と分類法　中国医術と切り離せないものは本草学である。本草とは医薬に供する自然物の総称で植物、動物、鉱物が主である。

本草学は前漢末の頃からあったらしい。本草書は多数作られたが多くは失われ、現存する最古の薬学書は『神農本草経』であり、後漢の頃に編纂されたといわれる。

『神農本草経』は、１年の日数にあわせて３６５種の薬物を上品、中品、下品の三品に分けている。上品（上薬）は生命を養う養生薬で、体を軽くして元気を増す不老長寿の作用がある。中品（中薬）は体力を養う滋養強壮で、病気を予防し虚弱な体を強くする。下品（下薬）は健康回復の治療薬で、病気を治す、というものである。

その後、陶弘景は５００年頃に『神農本草経』を整理し、『本草経集注』を著した。この中で薬物の数を７３０種類と従来の２倍にし、薬物の性質などをもとに新たな分類法を考案し、本草学の基礎を築いた。

明末の李時珍が１５９６年に編纂した『本草綱目』は、分量が最も多く内容も充実した中国の本草学史上最も優れた薬学著といわれる。それは伝統的古典内容を継承、併合したのみでなく、構成に大改革を行った。注目すべき点は分類法である。約１９００種にも及ぶ多数の薬品目を、生態学的観点を導入して１６部（水、火、土、金石、草、穀、菜、果、木、・・など）に分け、さらに各部を６０類に分類（たとえば、草部は山草、芳草、湿草、毒草、蔓草・・など）した。このように部、類の２段階に分類したのは、中国ではこれが最初である。それは医学に貢献したばかりでなく、近代的博物の書とまでいわれている[8]。

本草書はヨーロッパやアラビアなど他の文化圏にもあるが、中国の本草書は歴史の古さと内容の豊富さ、多彩さが突出している。中国初期の本草書は薬物を薬効によって分類枚挙したもので、膨大な資料を集め記録するが分類概念も分類法にも進歩がない。改編される度に徐々に整備されたが、分類法は発達しなかった。１６世紀に集大成された『本草綱目』において、ようやく生態学を取り入れた博物的な分類概念と分類法が生まれたが、近代的分類学に至らなかった。医薬術に限らず、一般的に中国の学問は実学志向であり、思考法は直感的かつ具象的であるために抽象化と普遍化が遅れをとり、理論的体系化には進まなかった。

中国の錬金・煉丹術

卑金属から貴金属を作る錬金術と、不老不死の薬を造る煉丹術があり、当然ながら、両者は不可分である。中国の場合は、錬金術というよりも煉丹術の方が主流であるといわれる。秦の始皇帝が不老不死の薬を求めたことはよく知られている。

錬金術は老子（道家）によって唱えられた神仙思想とともに、漢代以降に盛んになった。神仙思想は不老と昇天を合わせた神仙を願望する思想で、戦

国時代にその萌芽が見られる。

最古の錬金術書は魏伯陽による『周易参同契』（１４２年）である。参同契とは、周の易、老子（道家）の哲学、および煉丹術の三者を一体化した理論書で、錬金・煉丹術の理論的主柱といわれる。それは陰陽五行と結合しており、丹薬の材料は金と水銀である。金は陽の原理で恒常性の象徴、水銀は陰の原理で変化の象徴である。金は化学変化をせず、水銀は化学変化がし易い元素である[9]。

その後、４世紀に葛洪が『抱朴子』を著し、それまでの錬金術に関する伝統的知識を集大成して、理論的整備を行った。彼はそこで、錬金術を疑う者に対する反論と説得から初めている。錬金術は神秘主義的色彩を帯び、仙薬「丹」（アラビヤのエリキサや西欧の賢者の石に相当）の処方は陰陽五行により、それを行う場所の設営と時間の設定は易の卦により決められた。

錬金・煉丹術はそれ自体成功しなかったが、副産物として火薬の発見へと繋がり、中国医術の発達を促した。唐の初期（７世紀末）に、硝石と硫黄の粉末とサイカチの果の混合物が自然発火することに気づき火薬の発見に繋がったという。

（5）中国の思考形式

自然についても、人間と自然を対立的にみるのではなく、両者の相互連関を重視して一つの有機的統一体とみる自然観が主流である。

中国の認識法は相互連関に目を向けて全体を把握しようとする傾向が強いといわれている。それはまた、連続性の概念を象徴する気－陰陽を根源とする自然観にも繋がる。

また他方では、形式に捕らわれた形式主義の面もある。その典型はすべての事柄を五行説に合わせようとすることである。前述のように、５元素に対応させた人体の器官、五臓、五腑（後世に六腑に改め）、五官である。自然現象や物の性質などについても同様に無理に五つ揃える傾向がある。

五行　　木　　火　　土　　金　　水

時	春	夏	土用	秋	冬
方位	東	南	中央	西	北
色	青	赤	黄	白	黒
味	酸	苦	甘	辛	鹹

などなど、といった具合である。このように形式に固執するが、なぜこの対応が成立するのか、その根拠を実証的にも理論的にも追求することはなかった。そのために、思考はこの形式に束縛され、形骸化してゆく。それはやがて思弁的になり実在の自然を認識することを妨げた。

　ただし、この発想は単なる形式主義ではなく、連想による相互連関に着目する思考法でもあり、全自然は根底において繋がっているとの自然観がその根底にあるように思われる。それは中国医学のように、人体は経絡によって結び付けられた統一的有機体とみる全体論とも通底しているだろう。

　その認識法の基礎にあるのは感性的直感と具象的な思考形式にあるといえるだろう。それゆえ、認識は現象論的段階に止まり、分析的な考察によってさらに深く掘り下げて行かなかったので、実体に基づく具体的普遍化（実体的モデル化）と抽象普遍的理論を築くことに向かわない。抽象、普遍化と演繹的理論の体系化は科学の方法の柱の一つである。

　個々の事象を全体的かつ具象的に認識するこの傾向は、一文字で個別事象を表記する漢字の発祥とも関係があるだろう。直感的、全体的把握法は物事の初期の認識には必用かつ有効であり、部分にのみ囚われないためには欠かせない。だが、全体を外から観察しただけでは内部の仕組みはわからない。内部構造を理解してこそ、部分と全体との関連を把握することができ、一層深い認識に達する。そのためには、さらに一段掘り下げて部分に分け入り、構成要素の質と要素間の相互関係の認識を通して、内部構造を解明する分析的手法が必用である。全体の観察だけでは、現象的全体認識に止まり、部分と全体の関係を認識できないばかりでなく、その知識は実証の裏付けに欠ける。中国では、実証法の重要性はあまり意識されなかった。

　伝統を重んじる中国の風習は尚古主義を生んだ。本質的なことは総じて古

人がすでに述べているから、後世はそれを伝え学ぶだけだという。「述べて創らず」が嵩じて、古典を解釈するのみという尚古主義的思想は、訓詁解釈学を異常に発達させた。解釈学は後漢の古文学において特に発達し、漢から魏晋南北朝時代、唐、初宋において隆盛であった。この訓詁解釈の発達の一因は、中国文の表現の不明確さのゆえでもある。特に古典文は幾重にも解釈できる不確かさがあるといわれる。

このような訓詁解釈にエネルギーを費やしたことは、古いものを克服して新たなものを創成する動きが芽生えず、自然認識の発達を遅らせた要因であろう。そして形式主義的思考が強く論理的追求の弱さは、中国伝統の尚古主義にも起因すると思われる。

相互連関と全体性を重視する思考は弁証法的ではあるが、その認識法を確かな論理形式に構成するには形式論理による裏づけが必用である。だが中国には、ついに形式論理学が生まれなかった。

五行論は分類的自然観が基礎にあり、その初期には有効であったが、それに固執したために自然に学ぶよりも、形式を優先させる観念論に陥った。本草学においても、薬効による薬物の枚挙とその分類から、生態学を取り入れた博物的な分類概念に進んだが、それ以上分類概念の進歩は見られなかった。この思考法は五行論と共通するところがあり、近代科学への進歩を妨げた要因の一つであろう。

論理学

中国には体系的な論理学は生まれなかった。戦国時代の名家は一種の（弁証法的）論理を説いた。名家の代表的論者は公孫龍[10]と恵施である。

公孫龍（前３２０年〜２５０年の頃に活躍した哲学・論理学者）が主張した「白馬非馬説」が有名である。それは「白とは色の概念であり、馬とは動物の概念である。だから、この二つが結びついた白馬という概念は形状のみの単一概念である馬とは異なる」という論である。これは一種の詭弁として排斥された。しかし、それは概念と概念とを明確に区別することの重要性を説明するために必用な論理であるともみなされる。また、詭弁とみなされる

論理の中にも、物事の存在とその本質を分離するという意味で存在論に発展する可能性を秘めたものもある。

　名家の論理の中に、線分を二分割する操作は無限に尽きないこと述べて、連続概念を論じたものもある。また、「輪不輾地」（回転する車輪は一地点に接すると同時にその地点を離れるから、地に触れることはない）、「飛鳥之景未嘗動」（飛ぶ鳥の影は動かない）というものがある。この他に「飛んでいる矢は止まっている」などの弁証法的論理が展開された。これらはギリシアのゼノンのパラドックスに相当するものといえる。しかしそれらは、ギリシアのように体系的な哲学や論理学として発展することはなく、さらに自然学に影響することもなく、弁論術として使われるだけに終わった。秦王朝成立後、論理学の研究はいったん途絶え、仏教徒によってインド哲学が導入されるのを待つことになる。

（6）中国の伝統数学

　算木を用いた計算術は早期に生まれ、そして高度に進歩した。戦国時代の墨家と名家は中国数学の始まりといわれている。秦・漢代には統一国家として、度量衡制度の改革とともに、数記法も１０進法となった。最古の数学書は紀元前後に編纂された『周髀算経』といわれる。これは天文に関する数学書であり、数学以上に中国の暦学・天文学の発展に対して貢献するところが大であったようである。完成時期は不明であるが、宇宙模型の蓋天説と関連しているので、前２世紀前後の著作と考えられている。

　古代の数学書として最も優れたものは１世紀頃に編纂された『九章算術』である。それは漢代までに中国で発達した数学を集大成したもので、かなり高度の数学書といえる。諸子百家の中の墨家と名家の思想には数学の論理も含まれていたが秦・漢時代に駆逐されて、『九章算術』を絶対的権威とする官僚数学が確立されたという。

　『九章算術』の構成と叙述形式は、中国数学の性格ばかりでなく、中国の思考形式をよく表しているので、やや詳しく取り上げることにする。中国の伝統数学の性格はギリシア数学のそれと質的に異なるが、『九章算術』は中

61

国の「ユークリッド原論」とまでいわれている数学の大系書である⁽¹¹⁾。こ
の対比は内容的には必ずしも妥当とは思えないが、両者はともに古代の数学
を最初に体系的に集大成したものであること、その論理と方法はその後の数
学の性格を規定したという点ではそのようにいえるだろう。

『九章算術』の構成と特徴（秦・漢時代）

　著者は不明であるが、それは問題集形式の9章からなる数学書である。その
内容は

1. 方田：田畑の面積の計算、分数の計算。長方形、三角形、台形、円の面積
　　　の求め方
2. 粟米：商品交換のための交換比率計算、比例算。粟や米に関する比例や比
　　　率
3. 衰分：商品とお金との分配、比例按分、利息の計算。財産や金銭に関する
　　　分配の問題
4. 少広：面積・体積から辺の長さを求める方法、平方根・立方根。土地の測
　　　量問題
5. 商功：土石の量、体積などを求める土木の計算。城、家屋、運河などの建
　　　設に関係
6. 均輸：租税の計算、複雑な比例の問題
7. 盈不足：鶴亀算、復仮定法（多すぎや不足すぎを意味する。）
8. 方程：連立一次方程式の解法、負の数とその演算規則の導入。二、三元の
　　　連立方程式
9. 句股：ピタゴラス（三平方）の定理に関する問題、測量など

　その叙述形式は一貫して、具体的事物に即し具体的な数値を用いた例題を
与え、その答えと計算法を述べる、というものである。すなわち

　今有・・・。問・・・幾何。　（今、何何がこれこれの量ある。問う・・・
　は如何に。）
　答曰・・・。

術曰・・・。

「術」は答えを得る計算手続き（アルゴリズム）である。一例として、「方程」の問題を挙げる：

今有　上禾三乗、中禾二乗、下禾一乗、実三九斗；上禾二乗、中禾三乗、下禾一乗、実三四斗；上禾一乗、中禾二乗、下禾三乗、実二六斗。問上中下乗実一乗各幾何。

答曰　　上禾一乗九斗四分斗之一、　中禾一乗四斗四分斗之一、下禾一乗二斗四分斗之三。

方程術曰（算木を用いた計算法を示す、ガウスの消去法に対応）。

禾（カ）はイネ、乗（ヘイ）は束のことである。

これは、三種の禾についての三元一次連立方程式である。

　「術」はすべて計算法を示すのみで、なぜそうすれば答えがえられるかその理由の説明は一切ない。『九章算術』はこのように定義も証明もなく、単明な叙述形式で統一されていて、形の上では見事に整った作品といえる。この姿勢はすべてを五行に揃える形式主義と通底するものであろう。

　『九章算術』のこの叙述形式はその後永らく変わることなく継承され、ほとんどの数学書に踏襲された。この事実は中国伝統数学の際だった特徴であるが、それは伝統遵守、尚古主義の表れであろう。

　例題のように、実物について具体的数値を挙げた問題ではあるが、禾と乗を換えれば一般的な問題として通用するものである。各章には数学分野の典型的な問題が精選されており、それぞれ一般的かつ普遍的性格を具えたものといえる。このような特殊な具体例をもって一般的命題とするスタイルは中国の特徴である。先にも述べたように、中国の思考形式は具象的、現象的である。その好例は、固有名詞や個別事象をもって典型とし、それによって一般的命題とすることである。たとえば、論理学のところで見たように「白馬は馬にあらず」とか、格言では「まず隗より始めよ」、「虎穴に入らずば虎児を得ず」というように。それと同じスタイルが『九章算術』の叙述形式にも現れているわけである。

　高度の数学理論を含む問題が数学の各分野ごとに整理され、体系化されて

9章に分類されているが、しかし数学にとって不可欠ともいえる概念の抽象化には至らず、中世以降までもこの傾向は維持された。それゆえ、せっかく典型的な問題により類型化がなされたにもかかわらずそこで停滞し、ついに中世以降にも抽象化した記号代数には至らなかった。

　『九章算術』の問題内容は多岐にわたり、変化に富んでおり、当時の生活や政治、経済に必用なものが主体である。したがって、それは天文、土木、工業などの生産技術に貢献したであろう。『九章算術』は技術工作者や役人の必読書とされ、特に賦役や徴税などの手引きとなった。すなわち『九章算術』は政経済民のための書であった。

　『九章算術』をはじめとして、中国の伝統数学の特徴は、実用数学を重視し、計算術には優れていたが、抽象化し普遍化する発想が弱かった。また、一貫して具体的数値を用い、解の存在する実用的例題のみを扱い、計算は算木を用いてなされるために、「方程」の負の解は捨てられて顧みられず、解についての吟味がなされなかった。特に高次方程式の場合は、解の存在や解の性質（意味）の吟味が数学の進歩を促すのだが、その点が欠けていた。実用的な解が求まればそれでよいという発想である。計算術についてその理由を一切述べないことと相まって、数学論理の研究と論証の発想はついに生まれなかった[12]。

　『九章算術』の叙述形式は全く素っ気ないものであり、取りつきにくかったであろう。答と計算術のみ与えられても、その理由の論理的解説がなければ理解は困難であるが、これを読み学ぶ者は自ら考えよということであろうか。しかし、自ら理解するには困難な高度の問題も多くあり、それはまた古代中国の数学レベルの高さを物語っている。『ユークリッド原論』は幾何学が中心であり、論証数学として優れているのに対して、『九章算術』は計算術と方程術（代数学）においてはギリシア数学を遥かに凌駕しているといえる。それは円周率や平方根の求め方と数値の精度や、高次方程式の解法にも見られる。

　中国の伝統数学は実用的数学として進歩したことで、生産技術の発達には貢献した。反面、常に事物に即した具体的問題が扱われたにもかかわらず、

数学と自然科学との結合が弱かったことは、中世以降に両者の進歩が停滞した大きな理由であろう。古代ギリシア・ヘレニズムのような数学的自然観が中国には生まれなかった。

魏晋南北朝（２２０～５８１）から唐の数学

その後しばらくは数学の進歩は衰えたが、六朝時代（３～６世紀）に、中国の数学は大きな発展を遂げた。３～４世紀頃には『孫子算経』、『九章算術注』（２６３年頃）など多くの優れた数学書が著された。

特に注目すべきは、三国時代に魏の劉徽が『九章算術』の叙述形式に飽きたらず、「（計算）術」の理由を解説する新たな作風を始めたことである。彼はそれまでの伝統を破り、論理的思考を用いて数学理論を分析し解明する方法を編み出した。

また、ピタゴラス（三平方）の定理について、それまで三平方の関係を満たす直角三角形の実例を枚挙するのみであったが、劉徽はその定理を表した図形についてピタゴラスと同じことを記述している。さらに「この図は斜辺とその他の２辺の合計と差分の関係を表したもので、３辺のうち２辺が既知であれば、残る１辺を求めることができる」と一般的に成り立つことを記している。

円周率についても、１９２辺の内接正多角形を使い円周率を求め 3.141024 ＜ π ＜ 3.142074 としたという。

また、魏の祖冲之親子は中国数学における不滅の業績を残した。特に、祖冲之は数学のみでなく機械技術に長じ中国のアルキメデスとまで称された。彼は円周率として２２／７、または３５５／１１３を考案した。このように、数値の精度を上げる努力はするが、無理数の概念はない。

北朝時代には、『孫子算経』、『張邱建算経』など続々と数学書が著された。『孫子算経』で孫子は数の開平で優れた近似法を開発した。その方法はニュートン法に相当するもので、逐次近似を高める計算法である。実際の数についてその平方根を求め、その近似を高める方法を熱心に開発するが、その根が有限小数か否か、すなわち有理数か無理数かという発想には至らない。

65

そのことは孫子に限らず、上記の円周率の計算にも見られる。

　下って唐代になると、7世紀に王孝通は別の分野で重要な業績を残した。その中で彼は『緝古算経』において3次方程式を初めて扱ったといわれる。その問題は「仰観台」（4角錐の上部を切り取った台形）の上面と下面の辺の長さおよび高さについてある条件の下で数値を与えて体積を求めるものであり、3次方程式を解くことになる。それは非常に複雑な難問であり、当時の数学レベルの高さを示しているが、答をえる術を羅列するだけで、『九章算術』と同じく、その理由を一切述べてない[12]。

　隋代（581～619）には、人材登用の制度として科挙制度が始まり唐代に確立した。いうまでもなく科挙制度は隋・唐時代には官僚制度にとって重要な役割を果たした。科挙には「明算科」が置かれ、国子監には算数館が設けられたことは、数学が重視されたことを示している。そこで行われた官僚養成の数学教育には『孫子算経』、『張邱建算経』、『緝古算経』などを含む古代の数学十書が教科書として用いられた。

　その時代の知識人である官僚、士大夫は自然哲学者ではなく、数学や科学・技術を行政で利用する立場であるから、数学的自然観は生まれるはずもなく、科学と数学の研究・開発には貢献しなかった。それゆえ、中世の宋・元における中国数学の黄金時代を迎えるまで、中国の伝統数学の進歩は止まり停滞期に入った。

中国数学の特徴

　中国の思考形式が具象的であるため、数学も具体的事物について数値を与えた問題で構成されている。それは抽象化した理論の体系化がしにくい思考形式であることの現れであろう。体系化が全くなされなかったわけではないが、その手法は、典型的な具体的問題によって類型化し分類するものである。数学理論を論理的に追求するのでなく、あくまでも実学志向の学問であった。

　中国の伝統数学には、「証明」の発想がついに生まれなかった。抽象的かつ普遍的概念による理論化は数学の進歩には不可欠である。それゆえ、計算術に重きを置き、証明がなかったことは近代数学への発展には致命的であっ

た。ブルバキのいう「数学とはギリシア以来証明であった」を認めるならば、中国には「数学」はなかったといえるだろう。しかし、中国に論証数学誕生の土壌が全くなかったわけではないとの指摘もある[12]。それによると、諸子百家のなかの墨家と名家が数学に関心が強かった。『墨経』は今日の論理学、幾何学、力学などに相当する公式集のようなものである。また、名家の弁証法論理学には、前述のように、無限と連続に関する哲学上の問題との取り組みがみられる。それらのなかには、断片的ながら幾何学の基礎概念に関する規定の試みが伺える。しかし残念ながら、秦漢時代に墨家と名家は排斥され、儒教思想が擁護されて支配的思想となった。儒家の合理的思想は政経や人倫に向けられ、自然科学と数学を軽視する傾向があった。当時の知識人である官僚、士大夫は科学・技術や数学を利用するが、探究することに疎かになり、論証数学の萌芽を摘み取ったといわれる。

論証数学が結果として生まれなかったのは、そのような理由ばかりでなく、これまで述べてきたように、一連の中国的思考形式によるものであろう。また、中国では古代から算木を用いた計算術が発達し、宋の時代には天元術のように高度の「方程」の解法術まで編み出された。だが、算木による計算術は具体から脱しえず、解の吟味（負の解を捨てて顧みない）や証明が困難な処方である。これも論証数学に至らなかった要因といえるだろう。

数学の発展段階を見れば、まず、数、図形、集合といった抽象化された数学的実体を把握し、その演算や性質を探究するところから始まる。その後、現実の量的問題を解く。その進歩の過程でさらなる普遍化、抽象化が進められる。最後に、公理を設定して論証による演繹的論理体系を構成する。これをもって数学における本質論の第一段階に達したことになる。それが「ユークリッド原論」である。中国は数学的実体を具体的に扱う段階に止まったわけであり、本質的数学の手前の実体論的段階の数学ということができよう。

「証明」の発想が生まれなかったことは、次節に見るように、インド数学も同様である。

（7）中国の物理学的科学と技術

秦・漢統一国家以後の中国科学は一般的傾向として経世済民のための科学、実学志向の学問が求められた。

　古代から中世にかけて、中国の技術および一部の科学はかなり優れたものがあり、ギリシア、西欧などよりも進んでいたと見る向きもある。事実、古代中国における４大発明といわれる技術、紙、印刷術、火薬、磁針（後の羅針盤）は画期的なものである。これらの技術はヨーロッパに伝わり、中世以後の西欧文明の発展に大きく寄与した。しかし、いわゆる科学の分野では光学、音響学、磁気学など一部の分野を除き特筆すべきものはない。また西方との交流も科学分野には見るべきものは少ない。

　中国科学の特徴は、医薬術にも見られたように、技術との関連性が強く実学志向で現象論的レベルのものが多い。それは中国の思考形式、すなわち具象的、全体的認識法の反映と見られる。科学的思考で重要なことは抽象化、普遍化、体系化である。それには分析と総合の方法が肝要である。科学理論は、蓄積された経験的知識および技術的知識を理論的に昇華してえられる抽象的、普遍的概念や法則を体系化したものである。それゆえ、技術は非常に発達したが、それから一歩進めて近代的な意味での科学は中国では起こりにくい。

　静力学については古く墨家の『墨経』に、斜面、滑車、天秤、梃子、楔について実用的観点から論じられている[13]。しかし静力学として理論的に体系化はされていない。静力学との関連では水力学、さらに比重、浮力、密度についての研究もある。三国時代に、浮力を利用して象の重さを測ったと伝えられている。それはアルキメデスの浮力の原理を思わせるが、一般的な原理には至らなかったようである。運動論と動力学はほとんどないといっても過言ではないだろう。これも中国科学の特徴である。

　光学は光の屈折、および種々の鏡と像の関係について幾何光学的研究が定性的になされた。特殊なものとして漢代に考案され、技術的に興味のある魔鏡がある。それは鏡の背面に隠された文字や像が反射光によって映し出されるもので、そのからくりは２０世紀になって解明された。背後の像の部分は鏡が厚くなるので、表面の研磨のさいに像に添って僅かに凹凸ができるため

である。

　音響学は祭式（政治儀式）、舞踊、農業と関連して、楽器の研究を通して進められた。中国人は最も音色に敏感であるそうだ。音質、音量、音高（高低）によって音の研究が進められた。古代からの楽器は弦楽器、管（笛、笙）、鍾、磬などがある。

　音に関する以下の記述は主としてニーダムによる[14]。最初の音階は五行に合わせ5音階が前4世紀頃に定着したが、後に7音階が北部地方に現れたそうである。鍾を作る技術は進歩し、周代には鍾は音階を決める調律に用いられるようになった。12音階が導入されると、鍾の名称が音の名称に用いられたそうである。12音は陽鍾6種と陰鍾6種に分けられ、半音からなる全音域をカバーした。陽の音階は正規の音階として高音（律）と呼ばれ、陰の音階は隙間と呼ばれ正規の音階の間に位置した。このように、音階と振動数の研究も進んだ。

　音と波動の関係は水面波に模して論じられた。音の媒質として「気」が想定されることもあった。中世になってからであるが、南宋時代（10世紀）の『化書』には気と音の相互関係が述べられている。

　音響の物理学：弦楽器によって音の高低を振動数と関連づけることは容易であろう。その点で、音響学は定量化し易い分野である。音階に関する研究は早くから発達した。八度、五度、四度の協和音の発見はかなり古いようであり、この整数比に特別な意義を感じたであろう。協和音といえば、古代ギリシアのピタゴラスが思い浮かぶ。だが、良し悪しは別として、ピタゴラスのように「数的調和」を自然の存在様式の原理とする自然観は生まれなかった。反面、楽器の種類と四音源（後に八音源）を方位や季節と関係づけた。それは陰陽五行説によって何事も五行との形式的対応を好んだ発想と同じであろう。この例は中国とギリシアの発想の差、ひいては自然観の違いを示すものである。

　磁石の研究も歴史は古く、羅針盤と関連して特筆すべきものである。磁石の引力に言及した文献は前3世紀頃からあり、前2世紀の『准南子』に磁石に関する記事が見られる。琥珀を摩擦してえられる静電気が乾燥した小片を

69

引きつけることも、ギリシアとほぼ同時に発見されていたらしい。磁石や静電気の引力の原因は気の作用によると理解されたようである。

　磁針を持った羅針儀が発明され、それが地相占に用いられた。地球の極と磁針の極とのずれ偏角は9世紀以前に発見されたらしい。

　羅針儀を説明した最初の文献は、11世紀に沈括が著した『夢渓筆談』（1080年頃）である。その中で、磁石の指極性と偏角を論じた。それは100年ほどヨーロッパに先立つ。偏角の変動も測定されていた。その後、宋の時代に地磁気の偏角とその理由について考察したものがあるといわれるが、妥当なものではないそうである。

　羅針儀は地相占に盛んに利用されたから、そのなかで偏角は各地で観測されたであろう。垂直方向の磁針のぶれ伏角には気づかなかったのか、その記述はないようである。それにしても、系統的な偏角の測定はなぜなされなかったのだろうか。そのためか、イギリスのギルバートのように地球磁性の研究から地球を一つの磁石とみる（16世紀末）発想に至らなかった。そのデータは占いの手段として取り入れられるにとどまったようである。

4大技術の発明

　方位磁針・羅針盤：　沈括の記述した方位磁針は24方位であったが、後に現在と同じ32方位に改められた。方位磁針は磁石を自由に回転できるようにしたもので、地磁気に反応して南北を向くが、厳密には真南北を指しているわけではない（偏角）。

　最初の羅針盤は天然磁石から造形されたスプーンを滑らかな方位板に載せたものだった。その後11世紀の初めに、魚の形をした木に磁石を取り付けた指南魚を水に浮かべた羅針盤が発明された。羅針盤は航海術に用いられ、ヨーロッパに伝えられた。羅針盤発明の意義は改めていうまでもなく甚大である。西アジア及びヨーロッパには、交易を通してペルシャ人によって伝えられたと推測されている。

　紙の発明（造紙術）：　2世紀ごろ中国で紙が発明された。前漢時代（前206～8年）と推測される遺跡から紙が見つかった。それまでは蔡倫

が発明者といわれていたが、実は改良者であったらしい。７５１年にタラス河畔の戦いでアッバース朝軍に捕えられた唐側の捕虜に紙職人がおり、製法が中国からイスラム世界に伝わったとされている。

印刷術：紙が発明されると印刷が容易になった。東アジアでは７世紀頃に木版印刷が行なわれていたといわれている。また１１世紀には陶器による活字を使った印刷が行なわれていた。ヨーロッパでは、１４５０年頃のヨハン・グーテンベルクによる金属活字を用いた活版印刷技術の発明で印刷が急速に広まった。紙と印刷術の普及は文字文化の革命であった。

火薬：火薬の基礎となる硝石が、焚火の中に入ると奇妙な燃え方をすることは古くから知られていた。硝石、硫黄および木炭の混合物は、最初黒火薬とよばれ、不老長寿の薬を造る煉丹術のなかで７世紀前半に発明されたといわれている

中国の唐代の『真元妙道要路』には硝石、硫黄、炭を混ぜると燃焼や爆発を起こしやすいことが記述されており、既にこの頃には黒色火薬が発明されていた可能性がある。日本人が初めて火薬を用いた兵器に遭遇したのは１３世紀後半の元寇においてである。ヨーロッパで火薬が製造されたのは１３世紀ころである。火薬は鉄砲など兵器に用いられ、人類史を変えた。

中国の科学・技術の特徴

中国の自然科学は気、陰陽を根源とする連続体とその波動性をベースにした自然観の上に成立している。中国の思考法には不連続的実体の原子概念はなかった。自然哲学は自然を機械的なものと見るのではではなく、相互連関重視の有機的自然観であった。そして物理学的自然観は粒子よりも波動概念が支配的であった。その思想は当然ながら物理学の理論構成と研究法にも反映されている。

しかしながら、気、陰陽の基礎的な存在（観念的実体）に関する原理と自然学（特に物理学）の理論構成とが必ずしも論理的に結びついておらず、中間を繋ぐ実体論的な理論が欠けている。つまり、基礎原理がいかにして自然現象として発現するのか、その現象の舞台と発現機構の説明がない。本質で

ある気と陰陽が現象として発現している宇宙の仕組みを解明するのが自然科学のはずであるが、本質が発現する舞台としての実体論と両者を結ぶ理論が抜けているのである。それゆえ、全体を一つの理論体系にまとめることはできない。そのことは、『九章算術』の構成にもみられた。問題と答えを結ぶ中間の論理が欠如しているのである。

　そのため、物理現象を実体的に基礎づける発想が弱く、物理学は現象論的段階にとどまり、それ以後の理論的発展が見られなかった。そもそも、光学、音響学、電磁気学などは、技術と結合して現象論的レベルの研究はできても、その現象を担う実体の解明なしにはその先に進むのが難しい分野である。西欧近代科学は力学理論が最初に定式化され、その論理の上に他分野の理論が築かれた。したがって、中国における自然認識のアプローチの方法と力学を欠いた学問分野の構成（問題意識）が、現象論以上に進歩しにくい理論構造であったといえるだろう。

　中国の科学・技術の停滞の原因と思われるもう一つの要因を指摘しておきたい。中国の技術は古代から優れて発達した。特に美術工芸品やからくり機械の細工といった特殊技術に精巧なものが多いが、それらは名人芸に属するものである。先に触れた魔鏡もその一例である。精巧な技術作品は、いわば王侯貴族など特権階級への貢ぎ物として生産されたものであり、一般商品のように社会的生産力と結びついていなかった。したがって、その技術は広く繰り返し利用され社会的、歴史的に蓄積されて普及発達するような性格のものでもなく、またそのような社会制度でもなかった。それが中世以降も続いた。

　また中国の４大発明といわれる技術も、概して科学・技術の知識を集約したものではなく、経験的知識の蓄積による発明である。そのことは、古代のこの時期の知識レベルでは当然かも知れない。しかし、それらの技術知識が合流して相互に作用し合ったなら、理論的に統合されて一つの流れを作り、やがて科学として集約さたであろう。そうなれば科学と技術の進歩発展を促しえたであろうが、そのような社会的状況でも、文化的風土でもなかった。

　中国にしろギリシアにしろ、古代から高度の文明を築いた民族であり、共

に非常に優れた才能と思考能力を持ちながらも、科学や数学の形式と内容がこうも分かれたのは自然観と思考形式による発想の違いにあるだろう。中国のように個別重視の具象的思考でなく、個々の事物の普遍的特性を捉えてそれらを体系化することの意義に気づき、その発想があったなら、中国科学は別の発展を遂げたであろう。たとえば、静力学において、その基礎となる単純道具、すなわち梃子、斜面、楔、滑車を併せもってすれば静力学理論の構成に必用十分であるというギリシア的発想に達したろうし、静力学を体系化することはそれほど難しくはなかったろう。着眼点と発想の違いによって結果は大きく開く。

（8）科学の社会的地位：科学・技術の役割と担い手

　科学・技術の進歩の様相は、その社会的役割と担い手に強く依存する。それゆえ、それぞれの社会における科学の役割、すなわち存在意義を見ておく必要がある。

　春秋時代には諸国が林立し、中原地域の国々（韓、魏、趙など）では独立性が高く、都市も出現した。この頃、諸子百家が排出して、自由思想のもとでそれぞれの学派を築き、新たな文化、思想が栄えた。その中で古典科学も形成された。彼ら知識人がこの時代の学問、科学の担い手であった。

　その後、秦・漢の統一国家が築かれると、政治、倫理など現実的実践を重視して、自由思想は制限されるようになった。官僚制度が整い、科学・技術も政治、経済に役立つ限りにおいて、その存在意義が認められた。すなわち、科学は政治権力に奉仕するものとなり、科学、数学の主な担い手は当然ながら官僚、士大夫であった。技術的生産労働を担う庶民（職人）と科学的知職を担う官僚、士大夫とは身分的に分離し交流がなかったので、それが科学と技術の進歩を妨げる要因となった。

　隋代は「科挙」制度が制定され、唐に引き継がれて確立した。科挙は身分に関係なく開かれた人材登用制度として初期のうちは優れたものであった。政府が必要とする科学・技術の諸分野が所管の役所の下で保護奨励された。だが、永年の繰り返しのうちに、科挙はやがて古典文献偏重の試験となった。

そのため、学術は実学と乖離し、その制度も形骸化していった。

　中央集権の官僚制度では各地に自由都市は生まれない。商業自由都市間の交流によって優れた学問、文化が栄えることは歴史の示すところである。このような官僚制度のもとでは科学と技術の接合は起こりにくいゆえ、古代・中世の進んだ技術は科学にまで高められずに終わったといえるだろう[5]。

第4節　インド文明と古典科学

　インドではインダス文明が衰えた後、文明圏は東部のガンジス川にまで拡がり、前7〜5世紀ころガンジス川流域を中心とする文明が栄えた。前4世紀後半にマウリア王朝のインド統一がなされた。それは都市中心の王国であり、農業や手工業が発達し、そして商業も栄えた。さらに、バラモン教の祭式主義に飽きたらず、それに代わる思想が台頭するようになった。こうした変化を背景にウパニシャッド哲学が起こり、その影響下にマハーヴィーラによってジャイナ教が、マッカリ・ゴーサーラによってアージーヴィカ教が、釈迦（ガウタマ）によって初期仏教が、それぞれ創始され当時のインド四大宗教はほぼ同時期にそろって誕生し、「六師外道」とも呼称された自由思想家たちが活躍した。かくして、自由な立場から新たな宗教や思想、科学などの知的体系が築かれた。

　インドの思想や自然観は中国やギリシアのそれと明らかに異なり、アジアとヨーロッパの中間的なもの、「中洋」ともいうべき独特のものである。それは宗教的衣を纏い、ややもすると神秘的に見られがちであるが、一面では当時からインド伝統医学や唯物論哲学（ローカーヤタ）などに見られる合理的なものもある。だが、輪廻転生からの解脱を求めるというように、自然の背後に形而上学的な真理を観る傾向がある。それゆえ、総じて超自然的な自然観といえるであろう。

（1）インドの自然観

　思想的には、祭儀中心のバラモン教に対する反省から、人間の内面について思索する動きが芽生え、前8〜5世紀頃に古ウパニシャッド（奥義書）が

形成された。そこには輪廻転生の思想が説かれている。宇宙の根本原理であり世界の普遍的な創造原理としてのブラフマン（梵）と個人の根源として自己の最奥の中心であるアートマン（我）とは究極において同一であるとする「梵我一如」の自然観の形成と「輪廻転生」による万物流転という自然理解の態度が主流であった。そのことを悟ることで「解脱」に至るという教義が説かれ、解脱により精神の自由をえることが最高の目的とされた。この自然観はその後のインド思想に浸透し、インド科学の性格を規制した。インドの自然観は他にもありこれに限ることはできないが、この自然観はインドではかなり普遍的なものとみなすことができるだろう。

　これ以外に、ウッダーラカ・アールニ（前8世紀）の思想は「有（う）の哲学」として有名である。彼は「有から無を生ずることはない」と説いた。宇宙の始まりを、当初「有」のみであったが、「有」は火・水・食物を創造し、そのなかへアートマン（個我）が入り込み、運動を繰り広げることとなった、と主張した。彼の思想は後世の思想家にきわめて大きな影響を与えて問題意識を残したといわれる。仏教における「無」の思想もウッダーラカの思想から示唆をえたと見られる。彼の存在論はギリシアのパルメニデス（後述）と対比されることもある。

　これより遅れて、前6〜5世紀頃に、宗教家マハーヴィラと仏陀が現れて、それぞれジャイナ教と仏教を創始した。それらはヴェーダの権威を否定し人間の平等と慈悲を唱えた。当時は『ウパニシャッド』を含む広義のヴェーダ思想を認める立場が正統派とされ、それを否定する宗派は異端派とされた。異端派の代表的な宗派がジャイナ教、仏教、ローカーヤタ派（唯物論派）である。これら宗派は神の存在を否定する無神論とみなされ、正統派から排斥された。だが、これらの宗派はそれぞれ独自の自然観をもって自然哲学を築き、それらの唱えた説はインドにおける古典科学（自然学）の始まりとも見られている。

　その説は世界の形成と運動の原理を、原子や元素を根源物質とする現実の物質界に求めるものであり、その基本原理は「自然論」（じねんろん svabhava）である。中国の自然観のところでも述べたように「自然論」は「自生論」と

75

もいわれ、世界の物事はすべてそれ自身に具わっている本性により「自ずから然る」、「成るべくして成る」という自然観である。この自然主義的世界観は原初インド科学の始まりといえる。前6世紀から後6世紀の頃にかけて、この時代はインド哲学思想の黄金時代であった[15]。

「自然論」は自然界の運動、変化の原因は自然自体のなかにあるという、自然現象に対する素朴な必然論といえるであろうが、物事の運動、変化の現象を観念論的に理解して、その原因をさらに一歩掘り下げて追求することを止めるもので、いわば思考停止の思想である。この「自然論」は中国の「自然（じねん）」の概念と共通するものである。仏教を通してインドと中国で共に受容され定着した。自然論の自然理解の仕方とその発想は、東洋で近代科学が生まれなかった一つの要因といえるであろう。

インドにおいては自然に関する認識は、総じて宗教的衣を纏い、人間と自然との関係も対立して捉えるのでなく、両者を一体と見て人間は自然に包まれると考えた。それゆえ、自然を対象化して、法則的な秩序ある存在として認識する意識が希薄であった。そして、個物の特殊性を捉えるよりも、抽象的、普遍的なものを重視したのである。この点は中国と対照的である。

自然の法則概念に関して特徴的なものは、古くはリグ・ヴェーダの「天則（ṛta）」である。天則は天体の運行やすべての自然現象の基盤となって、自然を統制支配する原理とされた。

また、因果関係については、正当バラモン派の「因中有果論」と、それと対立する「因中無果論」が存在した。前者の説は、結果はすべて原因の中に潜在的に存在しているとする因果論である。たとえば、布はそれを構成する原因である糸とは別の実在で、結果である布は原因である糸に「内属」しているという。また、万物は地、土、水、火、風の5種の原子によって構成されるが、結果（全体）はそれを構成する原因（部分）の総和とは別の質を有する実体であるとする。この観点は「全体は部分の単純和ではない」という優れて弁証法的な考えである。

それに対して、因中無果論は因果関係を否定するものである。

（2）インドの科学・技術の性格

インドの「科学」はその領域が明瞭でなく、西洋科学の意味するものとはかなり異なる。今日の「科学」に最も近いと思われる言葉は、サンスクリット語の"śāstra"であろうが、それは「知的営為」の意味を持ち、文法学、宝典、哲学、政治学なども含まれていて、その一部として自然科学があるとみなされた[16]。また、「ヴェーダ」も広義の科学と見ることもできる。「ヴェーダ」とは、元々サンスクリットの「知識」の意であるが、当然ながら科学的知識も含まれる。それゆえ、ヴェーダを「科学」の意味に解釈することもある。このような「インド科学」の性格からして、科学と技術との区別もはっきりしない。この事実はインドの自然観によるものであろう。

２０世紀になって編纂されたインド国立アカデミー出版の「インド科学史」[17]に、「科学」として取り上げられているものは、天文学、数学、医学、化学と錬金術、農業、植物学、動物学である。これは科学アカデミーが近代的科学の観点で編纂したもので、インドの古典科学とはかけ離れている。

インド科学の方法は、一般的には自然観に基づく思弁的考察の色彩が強いが、経験、観察からえられた知識による自然学の存在も無視できない。特に医学分野にそれが見られる。

宇宙観・天文学

宇宙像としては、古くは須弥山説がヒンドゥー教や仏教をはじめとして多くの宗派で永く信じられていた。須弥山は世界の中心にあると考えられる想像上の山で、山頂は神々の世界に達し、周囲は幾重もの山岳や海に囲まれているとされた。この世界モデルはヒマラヤ山脈を背景にした地形から生まれたものともいわれるが、宗教的な空想の世界像であるのでこれ以上取り上げない。

宇宙創生論は、輪廻思想に基づくヴァイシェーシカ派の循環的宇宙論が有名である。アートマン（自我）の中の不可見力（adṛṣṭa）が活動を起こし、アートマンと原子が結合して業（活動）が始まる。原子から四つの元素（地、火、水、風）が作られる。ある永い時期が過ぎると、天地創成の逆過程が起

こり、すべてが静止した世界に戻る。この繰り返しが循環的宇宙観である。ヒンドゥー教では、創造神ブラフマンの覚醒と眠りの周期として宇宙の活動開始と休止が表象されるような神話的宇宙観もある。したがって、時間概念も循環的であり、キリスト教の直線的時間の概念とは対照的である。

これ以外にも、原子論、元素論を基礎にした宇宙創生観や宇宙模型があるが省略する。インド天文学はこれら物質的宇宙論との関係は弱い。

古代インド天文学はヴェーダ補助学として発達した。初期の天文学はヴェーダの祭式や占星術に役立つ天文知識が求められた。また、祭式に奉仕する暦法が重んじられたので、それが天文学の発達を促したという。

だが、前5世紀頃からはバビロニア天文学を、またヘレニズムの天文学を占星術とともに吸収し、インド天文学として成立し発達した。その天文学によって幾何学的数学に進歩が見られるが、インド天文学の主題と数学的側面はほぼ西方起源とみなされている。当時のインド人は、自尊心のゆえに他文化に対する拒否反応が強かったにもかかわらず、西方天文学を受け容れたのは、優れた数理天文学が暦計算に有力であったことと、占星術とともに導入されたからといわれている。しかし、一旦受容すると閉鎖的となりインド独自の天文学を開発した。その主な特徴は計算術の改良、天文定数の変更といった技術的側面に重点が置かれ、観測技術についてはほとんど進歩がみられなかった[18]。インド天文学をまとめた代表的著書は、5世紀末の『アールヤバティーヤ』（４９９年）である。それ以外の天文学派の説も本質的差はない。

その主な内容は、ギリシアのプトレマイオス説ほど精巧ではないが、簡単な周天円を用いた地球中心説である。注目すべきは、地球自転の地動説をインドで最初に唱えたのはアーリヤバタだということである。それは彼の独創によるものか定かでないが、地球の年周変化から推測したのであろう。地動説に対する反対論はギリシアの場合と同様に、地球運動の効果を示すはずの現象が見られないというもので、誤解により批判され一般に受容されなかった。

（3）インドの物質観：元素論、原子論

　古代インドの物質観には、始原物質を水とする水一元論があった。しかし、古ウパニシャッドには、アートマンから空（ākāasa）が生じ、空から風が、風から火が、火から地が、地から諸物質が生じたと述べられている。これは空（虚空）、風、火、水、地を元素とする物質観がすでにあったことを示す。インドのこの5元素を「五大」という。

　この5元素論で、風、火、水、地は古代ギリシアや中国（金を除いて）の元素論にもそれに対応するものがあるが、空（虚空）を物質実体と同列に含むところにインド自然観の特徴が見られる。空は単なる空間とも真空とも異なる概念で、世界を構成する実体の一つであるとされる。

　次に提唱されたのが原子論である。原子を根源物質とする原子論を唱えた宗派は多数あり、それらの説は宗派ごとに異なる。原子論を否定する学派もあったが、主な原子論派はジャイナ教、ニャーヤ・ヴァイシェーシカ派と仏教である。インド原子論が誕生した時期は正確には分からないが、その学説の内容からしてギリシア原子論とは重要な点で異なるので、それぞれ独立に成立したものと思われる。

　インド最古の原子論はジャイナ教のものといわれている。ジャイナ原子論は、霊魂を除きすべての物質は最小単位の原子（paramāṇu）からなるとする。それぞれの原子は有形だが不可分、永遠であり空間の一点を占める不変実体である。各原子には固有の質、すなわち味、香、色と2種類の触質（可触性と不可触性）を有していて、その質により区別される。可触性には滑性（滑らかで粘着性を有す湿性）と粗性（乾性）の2種類があり、その度合には程度の差がある。この滑性（粘着性）により原子同士の結合が起こる。つまり、滑性は引力、粗性は斥力であり、原子の結合と分解の原因である。

　原子はそれ自体で運動し、結合と分解をする。原子は結合し集合体（スカンダ）を作る。原子同士の結合は可触性の粘着性によるが、その度合いによって集合の仕方が異なり、結合の仕方によっていろいろな質が生じる。原子の結合の仕方には三つの形態がある。原子同士（2個、または3個）の集合体、その集合体と原子の結合、集合体同士の結合である。

79

ニャーヤ・ヴァイシェーシカ派の原子論はジャイナ派原子論の影響を受けて、カナーダが創始したものといわれる。すべての物質は恒常性を有する４種の実体原子からなる。原子は極微を意味し、不可分、不滅であり、球形とされた。原子の運動の起因は不可見力という物質に内在する未知の潜在力である。その力により他の原子と結合し複合体を生成する。まず同種の２原子が結合して２原子体（２微塵）が形成され、その２原子体が３個結合して３量体ができる。２量体は４種類すべての結合が可能であり、多種類の質を持った３量体が形成される。３量体以上の物質は目に見える（暗闇に差し込む光線に浮かぶ微視体など）物質である。

　４種の原子は４元素に対応する。複合体としての地は香味色と可触性を持つので、４種の原子から構成される。水は味色と可触性を持つから水地風の原子からなる。火は色と可触性を有し火、風の原子を含む[(15)],[(19)]。

　仏教（前６世紀から）には原子論を認める派と否定派があった。「一切は実有なり」と説く「説一切有部」の自然観が原子論の基礎にあるといえる。

　初期の小乗仏教の原子論では、物質の最小単位の原子を不変、不可分とする。微塵（アヌ）は７個の究極原子パラマーヌからなる最小の集合体であるとする。それは中央の１原子を中心に上下左右前後の６個の原子が一定の間隔を置いて互いに接触しないよう配置されている。物質の集合をルーパ・スカンダ「色の集合」（色蘊）と呼び、五蘊（受想行識色）の一種である。「色（ルーパ）」は物質の総称である。４元素はその一種として位置づけられている。

　大乗仏教は一切の諸法は空であるとする空観が支配的であったので、不変不滅の原子を否定する傾向があった。大乗仏教の唯識派は、各派の原子論の論理的矛盾について批判を加えている。唯物論のローカーヤタ派は、空虚を物質元素に入れることに反対し、４元素説を採ったという。

　インドにはこれ以外にもアージーヴィカ派の原子論もあるが、いずれも不変、不可分の最小単位（原子）とその集合体を想定した物質観が特徴である。原子、分子に対応する階層的構造を有するこの物質モデルは、ギリシア原子論にないインド特有の原子論である。

このように、インドでは早い時期にかなり高度の原子論が誕生していたに
もかかわらず、それが近代的な物質認識（化学）の手段とならなかった。そ
の理由は、原子論が現実的な物質認識のなかから生まれたのでなく、また錬
金術との関連も弱かったところにあるだろう。さらに具体的個物や特殊に関
する認識よりも<u>抽象的普遍</u>を重視するという、インドの思考形式、思想の故
であろう。そのことは、たとえば時間や空間を実体概念の中に加える事から
もいえるように、抽象概念に実体性を賦与するという傾向にも見られる。そ
れはインドの宗教的自然観に見られるように、自然を超越した発想や思考の
現れであろうか。

　インドに限らないが、元素論は認めても原子論を否定する宗派・学派があ
った。インドの原子論派は主に非正統派（ヴェーダの権威を否定する異端派）
で、原子論の否定派は正統派に多い。概して実在論者は原子論を主張した。
　原子論とその否定派との論争は、物質は無限分割可能か否かを巡る哲学的
論争が根底にあるが、物質変化における不変実体の存在を想定する物質観も
絡んでいる。インド原子論の哲学的根拠は定かでないが、一説によれば、絶
対的かつ永遠不変なブラフマン（梵）を説くウパニシャッド思想と、他方で
は絶え間ない変化・転生、すなわち無常を説く思想（仏教など）とを統合す
るものとして出現したという推論もある。それが正しければ、古代ギリシア
におけるエレア派のパルメニデスが主張したアポリア、不生不滅で不変不動
の存在の原理を克服するために不変・不滅の原子が考えられたという説（後
述）と対比される。だが、ウッダーラカの存在論「無から有は生じない」と
の関係は不明である[20]。
　インド原子論に、無限分割可能性や連続と非連続と関連した論理的考察が
見られないのは、インド論理学の性格や思考形式（後述）がここに反映され
ているといえるだろう。 この点が、存在論を徹底的に追求したギリシアの論
理学や原子論との重要な相違である。

（4）インドの物理学的科学　運動論

　インドの自然学では運動の概念が重要視された。輪廻思想に基づく世界の創造と破壊の循環的宇宙論を説明するためにも運動は不可欠である。それゆえ、運動論は自然哲学において詳しく考察された。この点は、運動論が見られない中国と対照的である。

　運動論としてはヴァイシェーシカ派のものが最も詳しいので、『句義法綱要』（6世紀頃）とその注釈書（10世紀頃）を取り上げる。それによると、世界のすべての現象を六つの基本原理「六句義」によって説明している。

　六句義とは以下に示す概念である。

1. 実（実体）：五大（5元素）
2. 徳（グナ、質、属性）：元素構成により生ずる5種類の性質、20種類の質に分類
3. 業（カルマ、活動、作用）
4. 和合（内属関係、不可分性）
5. 同（共通性、結合）
6. 異（相違性、分離）

　ニャーヤ・ヴァイシェーシカ派は、「業」は直接運動を生ずるのではないと考えた。すべて運動のもとは、まず空間的位置の最小変位を表す「利那的運動」（瞬間運動）と考えられ、通常の継続運動はその「利那運動」が次々に起こる系列であるとされた。さらにその利那運動を5種の形態－投上、投下、収縮、伸展、進行－に分類して論じた。これは運動の形態を分類したもので、運動の原因はまた別の概念である。

　それら利那運動は自ら次の利那運動を引き起こすことはなく、したがって運動の継続は潜勢力など運動を引き起こす原因となるものによらねばならない。その原因は、和合、（人間が動かすときの）意思的努力、流動性、重さ、潜勢力（vega）のいずれかが必用とされた。その中の潜勢力は、運動体が一定方向に運動を継続するために必用な能力、いわば運動体に込められた「惰性」である。ヴェーガが尽きると運動は停止すると考えた。運動についての

この概念は、基本的な考え方としては、6世紀におけるアレクサンドリアのピロポノスや、10世紀アラビアの傾向説（mayl）を連想させるもので、14世紀のインペトウス理論（ガリレイの慣性概念の先駆となった）へと繋がりうるものであり、注目に値する。しかし、落下運動では、最初は重さによって運動が起こり、潜勢力（ヴェーガ）が落下体に込められて落下していくが、加速度は考えなかったという。

このように、時間と空間を不連続とみなして、一刹那（不連続的時間の単位）ごとの運動は別々のものであるとされ、それらを繋ぎ合わせて運動を継続させるには潜勢力などが必用と考えた。この不連続的時間、空間概念と運動理解の仕方は、現代科学の量子論における作用の不連続性や、量子飛躍などを連想させ、それとの関連で興味がある。

以上のようにインド運動論はすべての運動を5種に区分し、潜勢力（ヴェーガ）の概念を導入するなど、アリストテレス運動論と比較してそれよりも優れている点もあるが、運動をそれ自体として定量的に追求するのではなく、定性的あるいは形而上学的な議論に終わってしまった。特に運動の原因に見られるように、「意思」が自然学に入っている。これに似たものは運動学に限らず他にもあって、六句義の「実」の中に時間、空間の方向性、アートマンなどが5元素と同列に置かれ、また「徳」には色、味、などの属性と数、合、離、さらに楽、苦といった感覚的なものまで入っている。これらを世界の基礎的構成要素とみなしていたわけである。ここに見られるように、自然理解は経験科学ではなく、抽象的、思弁的な色彩を帯びた自然哲学である。

インド科学の性格のところで触れたように、以上のような自然理解の姿勢は、インド科学は「知的営為」という意味の漠然とした広範囲のものであることの現れである。

（5）インドの錬金術

インドの錬金術は卑金属を貴金属に変えることを主な目的とする西欧的造金術というよりも、長生術が中心で造金術はそのための手段であったといわれている。すると、中国の煉丹術に通ずるところがある。不老不死の発想は

83

ヴェーダ時代（『リグ・ヴェーダ』）に始まるという。不老不死の薬物ソーマ酒の探究と生理学的研究の双方を発展させた。また、金とラサ（硫化水銀）を用いて完全な身体を完成する成就法も併せて追求した。金の不変性は不老不死と回春、長寿のお守りとみなされて、ソーマ供犠と密接な関係があった。

　インド錬金術の目的は薬物による長生と「シッディ」に達することだといわれる。シッディとはアルタ（富）、カーマ（愛）、ダルマ（法、正義、本性）、モクシャ（解脱）のことである。その最盛期は８～１４世紀の「タントラ派の錬金術」といわれる。タントラ派の錬金術は、ヒンズー教のシャクティ崇拝を説いた教典『タントラ』を基にした宗派である。タントラと仏教とは関係が深い。最も有名な錬金術師は仏教系のナーガールージュナ（龍樹）である。

　インドの伝統医学「アーユルヴェーダ」は錬金術と密接な関係にある。アーユルヴェーダではラサーヤナが重要視された。このラサは液体状のもの一般を意味し、樹液や草の汁、体液などもラサである。タントラではラサーヤナは体力増進と延命の薬物で、水銀を意味する[9]。

　錬金術の内実は、薬効が顕著な薬草を中心に水銀、卑金属、金を各種薬草、蜂蜜、バター、鉱石などと反応させ、抽出や濾過を繰り返し、加熱して水銀本来の性質を固定させてマハーラサという物を作る。マハーラサの効力は卑金属をどれだけ貴金属に変成できるかにあった。したがって、造金術はマハーラサの効力をテストするためとみなされたといえるだろう。タントラ錬金術で集積された物質に関する実験的知識はアーユルヴェーダに受け継がれたという。

　だが、冶金、精錬、着色などの技術も進んでいたようであり、銅と亜鉛の合金真鍮も古くから作られたというから、合金技術も錬金術とかなり関連して発達したはずである。

（6）インドの生命観と医薬術

　インドにおける「大宇宙と小宇宙」照応論は、自然と人体はともに五大（5元素：地、水、火、風、空）からなるとの自然観に基づいている。すなわち、

個我（小宇宙）は世界（大宇宙）の縮図とみなすわけである。したがって人体の五感を5元素の属性に適合して対応させている。地は香、臭気、鼻；水は味、味覚、舌；火は色、視覚、眼；風は触、触覚、身；空は音、聴覚、耳にというように、それぞれ属性に適合して関連づけられた。この対応は当然ながら医薬術と結びつく。

インドの初期医薬術は『アタルヴァヴェーダ』に見られるが、まだ魔術的医療法が大勢であった。本格的インド医学はアーユルヴェーダであり、かなり合理的で科学的な医薬術といえる。これ以外にもいくつかの流派があるが、これが最有力である。「アーユルヴェーダ」とは、サンスクリット語の「アーユス（ayus；生命・寿命）」と「ヴェーダ（veda；科学・知識）」が組み合わさってできた言葉で、今でいう「生命科学」に当たる。アーユルヴェーダはインドに伝わる伝統医学で、中国の医学「漢方」と並ぶ東洋医学の双璧をなすものである。また、ギリシア医学、中国医学、アーユルヴェーダの三つを称して世界3大伝統医学とも呼ばれている。

アーユルヴェーダは仏教の成立以前、すなわち前6世紀以前に芽生えたと推定されている。アーユルヴェーダは医薬術が中心ではあるが、その体系は単に医薬術に留まらず、植物・動物学、化学、気象学、鉱物学まで包含する博物学的な性格を有する。このように広範囲な知的体系は、アーユルヴェーダに限らずインド科学の特性である。

アーユルヴェーダの重要な記録集（医典）としては『チャラカ本集』と『スシュルタ本集』が有名である。前者は主として内科を、後者は外科を扱ったものである。

インド医学には人間と自然とを統一的に理解しようとする傾向がある。すなわち、この両者はともに五大から作られていると考えられた。アーユルヴェーダの基本原理もこの物質観に基づいている。それゆえ、インド錬金術とも関係が深い。そして、人間の身体構造を世界の縮図とする大宇宙（世界）－小宇宙（人体）照応の自然観と結びついた[15]。

病気の原因は鬼神の祟りなどではなく、病気は五大の不均衡によるとされ、その不足分は自然物と薬物（食物）で補う。特に、3種の体液、ヴァータ（vata）、

85

ピッタ（pitta）、カパ（kapha）の平衡の乱れが病気の原因と考え、治療はそのバランスを回復することとされた。この観点と処方は呪術・魔術を抜け出して、合理的因果論に基づくものといえるだろう。

　病気の処方のために、数百種にも及ぶ多数の動植物と鉱物の薬物を分類し、それらの効能を定めた。それは中国の『神農本草』に匹敵するという。外科術にもかなりレベルの高いものであったことは、多数の手術器具の存在からも推定される。

　インドでは病気を扱う医師は不浄な者として下層階級に属していたために、医学は卑しい学問とみなされていた。だがインド医学は、病気の原因や診断、処置などに関する論議を通して、思考形式や古代インドの論理学（因明論）の形成に寄与したと見られている。医学書（本集）『チャラカ本集』の中に論理学的内容の記述が見られる最古のものといわれている[15]。

（7）インドの思考形式：論理学

　インドの論理学の特徴は、その世界観を反映して輪廻からの解脱の妥当性を問うといった真理到達の方法を論ずる傾向が強かった。各宗派間の論争を通じて成長したが、その論理は宗教的説得や悟りのための道具と考えられた。そのために、論証の形式や法則の研究だけでなく、認識論や存在論も含めた学問として発達した。それゆえ、論理それ自体の真理性を追求するギリシアのアリストテレス論理学とは異質である。

　インドの思考形式は比喩論が主である。インド論理学は「因明」といわれ、「五分作法」や「三支作法」の２形式があるが、その骨格は比喩論理である（後述）。

　一般的に古代人の思考法には最初は類比法が多く用いられたろうが、インドではその思考形式から脱皮できなかった。「因明」（hetuvidya）とは「因」（hetu）と「明」（vidya）との合成語である。その論理形式のなかで、主張すべき命題（宗）の成立根拠（因）が肝要なることを示すところからきた。

　前述のように、インド論理学は思弁的思考の産物ではなく、医学などの実学のなかでの議論によって生まれ形成されたと見るのが正当であろう。『チ

ャラカサンヒター』には、診断に当たっての総合的判断において、推論、論証を意味する「ユクティ yukti」という言葉が用いられている。ユクティはインド論理学では重要視されている。

インド論理学の最初の形式は「五分作法」といわれるもので、開祖ガウタマのニャーヤ派によって形成されたといわれる。ニャーヤ派はバラモン正統派であるヴァイシェーシカ学派を基礎とする学派で、論理学を組織的に展開した。「ニャーヤ」は論理、正論の意味を有し、「論理」を意味するようになった。ニャーヤ派はバラモン系統の一派として、その論理は主に解脱を目指す研究のなかで形成されたといわれる。それらは『ニャーヤスートラ』（２５０～３５０年頃）にまとめられた。五分作法はここに始まり、古因明と呼ばれている。

五分作法は「宗（主張）、因（証因）、喩（喩例）、合（適合）、結（結論）」の５段階の推論で形成される。具体例を示すと

宗：あの山に火あり

因：煙ある故に

喩：同喩　およそ煙をもつものは火を有す、たとえば竈のごとし
　　異喩　およそ火をもたぬものは煙をもたぬ。たとえば湖のごとし

合：あの山もかくのごとし

結：ゆえにあの山に火あり

このように推論の方法は比喩（類比）による。しかも合と結はなくとも論理としては完結している。それゆえ、余分なものを除去した三支作法へと進歩したのである。

新因明は仏教の論理学として形成された。仏教の説論は、輪廻の苦から解脱すると同時に、無明（avidya）を脱して明知（vidya）に達すべしと説く。仏教中観派のナガールジュナ（龍樹）とニャーヤ派との論争が因明の形成に寄与したところ大であったという。

仏教論理学はニャーヤ派論理学の成果のうえに、新因明としてディグナーガにより築かれたといわれる。彼は古因明の五分作法のなかで推論論理として余分な項目、合と結を取り去り、三支作法（宗、因、喩）の論理形式を確

立した。それをさらに精緻なものにしたのはダルマキールテである。

　三支作法の具体例

　宗：声は無常なり

　因：作られたもの（所作）ゆえに

　喩：同喩　およそ所作なるものは無常なり、たとえば壺のごとし

　　　異喩　およそ常住なるものは非所作なり、たとえば空虚のごとし

このように同喩は肯定的遍充（vyapti）として、異喩は否定的遍充として与えられる。

　ディグナーガは証因の３条件を改良し、同例群のみに存在し異例群には決して存在しないものに限る「限定詞」を入れることにより「遍充関係」という新しい理論を樹立した。たとえば、証因（煙）の存在領域がそれによって論証されるべきもの（火）の存在領域に包摂される時にのみ、「煙のある所には、必ず火がある」という命題が成立するというのである。すなわち、遍充関係は概念の包摂関係であり、推理、論証の基盤となる関係概念として、広くインドの論理学者に受け入れられていったそうである。この論理は、小前提から大前提に進むので逆順ではあるが、アリストテレスの３段論法の第一格（Barbara）に該当するだろう。

　インドにおいてもギリシアと同様に論理学は討論の術から証明の術へと発展した。だが、その論証法の本質は比喩に基づく具体的な例証であり、アリストテレスのように、部分と全体の関係を分析的に追求するところまで至らなかった。そして帰納法や演繹法から公理主義的な形式論理学を形成することはなかった。やはりインドでも分析的思考は希薄であった。

　インド論理学の特徴（性格）：医学や宗教の論争のなかで発達したが、総じて宗教的性格が強い。比喩的論理が主流であり、論証を目的とするものではない。だが、遍充関係には論理性が見られ、また中観派仏教の「中論」には帰謬法による論破の方法があるというが、それ以上発達しなかった。

　インド論理学のこのような性格のために、数学や自然科学との関連が希薄であった。それが数学や科学が停滞した原因の一つであると思われる。

インドの分類法について

　インドにおける分類法の典型は、伝統医学アーユルヴェーダの『チャラカ本集』、『スシュルタ本集』、『アシュターンガ・フリダヤ本集』などに見られる。『チャラカ本集』（前２～１世紀頃？）には６００種の薬草と１６５種の動物が記載されているという。

　『チャラカ本集』には、自然界の物を動物、植物、鉱物に分け、さらに動植物を形態と生態といった外観的なもので分類している。医学の目的から、薬物用植物を次の４種に分類した：①果実を生ずるもの、②花と果実を有するもの、③蔓を有するもの、④果実後に枯死するもの。 マヌ法典（前２世紀～後２世紀に成立）にも同様な分類法が見られるという。

　動物に関しては、４種の発生の様式；卵生、胎生、湿性、萌芽性に分類し、食肉用により８種類に区別している。

　バラーシャは『ヴリクシャ・アーユルヴェーダ』（紀元前後）において、植物を花の形態、生殖器官による種類で分類していることは注目に値する。また、前１世紀頃、ジャイナ教のウマースヴァーティは、すでに感覚器官の種類と数による分類を行い、発生、生態、生態の要素、を顧慮した分類法を用いている[15]。

　このように、インドの分類法は、分類学として体系化されてないが、かなり進んだ分類概念と方法が見られる。これは中国の本草学とは質的に異なるところであり、古代ギリシアの分類学と対比して考察されるべきであろう。だが、インドの分類法はここで止まり、整理された体系分類学にまで進歩しなかったのは、モンスーン気候のもとで雑然と繁茂した自然環境（風土）のせいではなかろうか。

（8）インドの数学

　数学は論理学と同様に、その民族、あるいは文化圏の思考形式が鮮明に反映される分野であり、その性格が自然科学との相互連関に強く現れる。

　古くはヴェーダ補助学として祭壇や祭火壇の作成に位置、形、面積などを厳密に守る必要から幾何学が発達した。また暦法と天文学の影響も大である。

89

前6世紀〜2世紀に編纂された『シュルバ・スートラ』にそれがまとめられた。「シュルバ」とは犠牲の儀式の意、後に祭壇の寸法を測る縄を意味するようになったという。「スートラ」とは記憶しやすいように暗誦用に圧縮した文章形式で書かれたインド独特の書である。『シュルバ・スートラ』には長方形、三角形、台形、円に関する初等幾何学の知識や暗算・指算などの実践的算術が述べられている。直角三角形に関するピタゴラスの定理（三平方定理）の実例を列挙しているが、一般化には至らなかった。

インド数学の発達にはジャイナ教の寄与が大であるという。ジャイナ数学には順列・組合せ（元素原子の結合と組み合わせに関連）や、１０進法の記法、ゼロ記号（・や空白で表現）、無限大について述べられた碑文が残っているという[15]。ゼロを数の概念に入れたことはインド数学の大きな功績である。１０進法の位取り記法は「ゼロの発見」に負うところ大である。

位取り記法がインド起源であること、それがインド数字とともに中世アラビアに受容されたことはよく知られている。

５世紀に西方との接触による刺激を受けてインド数学は復活したという。それまで天文学の一部としてあった数学はこの時期に別の学問として分離したそうである。

インドで数学（ganita）を一つの学問として初めて論じたのはアールヤバタＩ世の著した『アールヤバティーヤ』（４９４年）といわれる。それ以前に、暦法がギリシアの影響を受けて発達し、占星術を含む天文学のなかで数学が形成されたのである。この書では計算術としての四則、べき法や開法を含む計算式、円周率の数値計算、１次、２次方程式、三角法などが記されている。

さらに進んだ数学を体系的に論じたのは、７世紀のインドの数学者・天文学者であるブラーマグプタの著作『ブラーマ・スプタ・シッダーンタ』（６２８年）である。本書はインドでそれまでに築かれた天文学と数学を集大成した優れた書である。ここでは数学の体系を二つの「パーティガニタ」（pātiganita）と「ビージャガニタ」（bījaganita）に分化して解説している。

パーティガニタは主に実用的な数学である。問題を類型化して、それらの基礎演算（加減乗除、平方、開法、立方）と実用演算の方法（アルゴリズム）、

および実用幾何学を解説している。ビージャガニタは主に方程式論である。正負の数、ゼロなどの概念とその演算、および方程式の解法などを述べている。数としての「0（ゼロ）の概念」がはっきりと書かれた現存する最古の書物として有名である。さらに、方程式論は１元１次、１元２次、２元１次、２元２次、多元１次方程式、およびクッタカ（１次不定方程式）、２次不定方程式（ $ax^2 + b = y^2$ の形式）などを含む[21]。

　注目すべきは、類型化したことにより、未知数記号に相当する概念と、代数演算も可能な形式にまで達していたことである。

　『ブラーフマ・スプタ・シッダーンタ』は８世紀にアラビア語に翻訳され、イスラム天文学に影響を与えたという。

　１２世紀になると、バースカラが『リーラーヴァティー』と『ビージャガニタ』を著して、インドの数学を集大成した。１０進法の位取り記法や三角法（三角関数と同等の概念）も記されている。それらは天文学とともに、中世のアラビア科学へと引き継がれたが、その後には見るべき発展はない。

　インドにおける数学書の解説は、計算手順のみ与え、証明を示さないのが常である。この事情は中国と共通している。中国の場合は、問題が具体例によって個別的に示され、解法も手順のみ与えるという点で徹底しているが、インドの方が問題を類型化するなどやや一般化が進み、解法についても『ビージャガニタ』には注釈で証明に類することが記されているという。

　自然学と数学との関係では、天文学と祭式のための幾何学を除いて結びつきがなく、したがって、総じて定性的考察に止まり、定量的科学は未発達に終わった。いわゆる数学的自然観が生まれなかったのがその原因であろう。

（9）科学の社会的地位：科学・技術の役割と担い手

　繰り返しになるが、科学（自然学）の社会的役割と担い手により、科学の発達様式や発展方向が大きく左右される。

　インド社会のカースト制度は科学・技術の担い手を論ずるに不可欠な要素である。バラモン教の枠組みがつくられ、その中でバラモン、クシャトリア、ヴァイシャ、シュードラの四つの身分に大きく分けた階級制度（カースト）

が定着した。知識階級、富裕層はバラモン、クシャトリアである。

　初期の古代インド科学はヴェーダ補助学として発達したことからして、科学・技術の担い手はバラモン、クシャトリアであった。そして科学・技術の内容は祭式の形式と祭壇作成のための数学（幾何学）や天文学が主流であった。

　下って前6〜5世紀頃に、ヴェーダを批判する自由思想が勃興したが、それら知識階級は主としてクシャトリアであった。ジャイナ教の創始者マハーヴィラと仏教の創始者仏陀もクシャトリア出身である。ジャイナ教や仏教では、教徒が学ぶべき主要な学問の一つに数学と天文学をあげている。

　だが、上層カーストは自ら生産に手を下すことはなく、労働はすべて下層カーストに負わせた。医薬術のところで触れたように、医者は汚れた職業とされて下層カーストに属した。カースト制度は知識階級と職人を隔離した。生産活動などの実労動は下層階級のものであったから、知識階級は技術と疎遠になり、技術から科学へ昇華する道は狭くなった。この事情は中国のそれと似ている。科学の担い手と生産の担い手の分離は後期の古代ギリシアとも共通している。

　インド科学が中世で停滞し、それ以後発展しなかったのは、上記のようにいろいろな要因が絡んでいる。なかでもカースト制度は大きな要因であろう。

第5節　ギリシア文明と自然哲学

　古代ギリシア人は海洋民族ゆえ専制絶対王権を確立することなく、イオニア沿岸地域その他に植民して、貴族制のポリス国家を形成した。ギリシア文明はそこから始まった。

　古代ギリシアの文明は、エジプト、メソポタミア文明などの成果を受け継ぎ、それを発展させて独自の文化を形成した。ギリシアに優れた学問が生まれたのは、自由市民を中心とする民主制都市国家ポリスが確立するまでの数世紀にわたる思想的、社会的闘争の所産であるといわれている。ギリシア社会は、競技ばかりでなく弁論においても激しい競争社会であった。アゴラ（αγορά　市場・公共広場）はその弁論を闘わせる議論の場である。そこ

で妥協を許さない議論によってギリシア自然哲学は生まれ鍛え上げられた。

　下って、アレクサンドロス大王の東方遠征（前３３０年頃）によって東方の地域に伝播したギリシア文化がオリエント文化と融合してヘレニズム文明が誕生した。ヘレニズム時代はアレクサンドロスの死亡（前３２３年）からプトレマイオス朝エジプトの滅亡（前３０年）までの約３００年間を指す。アレクサンドロスの死後、分割派生したヘレニズム諸国は、東地中海からオリエント地域を支配し、ギリシア風の「ヘレニズム文化」を維持、発展させた。だが、共和政ローマが東へ進出することで滅ぼされ、プトレマイオス朝がローマに併合された。これによって、ヘレニズム時代は終わった。

　ギリシア・ヘレニズム文明は「西欧的な科学精神」誕生の地といわれるほど、合理的な自然哲学が栄えた。それは世界の基本的構成元素アルケーと構成原理を追求すること、すなわち自然の究極的原理を探究するものであった。その発想と論理展開は、当時としては他に類をみない素晴らしいものである。

　古代のギリシア科学文明の発展過程は三つの段階に分けられる。

　第１期は前６〜５世紀の植民地時代の科学（自然学）である。ギリシアの植民地イオニアとイタリアで興った「イオニアの自然哲学」の時代である。それは神話から脱却の第一歩で、思弁的ではあるが自然学の始まりである。代表的な人はミレトス派のタレス、アナクシマンドロス、そしてエレア派のパルメニデス、ピタゴラスを経てデモクリトスに至るものである。彼らは主として物質の根源としての元素と原子を考究した。

　第２期は前５〜４世紀にギリシア本土のアテナイを中心として栄えた「アテナイ期の自然学」である。ピタゴラスの「数的調和」を自然の原理とする思想を受け継ぎ、ソクラテス、プラトンらが自然の「形相」を幾何学的に把握し、それを人倫の「善」「美」に転換しようとした。そうして自然学と倫理とが結合されて体系的哲学が築かれた。その代表的哲学者はアナクサゴラスからソクラテス、プラトンを経て、最後はアリストテレスである。アリストテレスは学塾リュケイオンを設立し、それまでの学問を総合して総合的学問の一大殿堂を築いた。こうしてアテナイ期の学問はアリストテレスに至り

ピークを迎えた。

第3期は、前3世紀から後2世紀のアレクサンドリア中心の「ヘレニズム期の科学」である。図書館や研究所を兼ねたムセイオンが各地に創設され、実験と観察が重視され、専門化が進み、高度の学術が発達した。ユークリッド、アルキメデス、アポロニオス、プトレマイオスらが活躍した時代である。ここで注目すべきは、ギリシアとオリエント、インドの東西文化が合流し、新たな文明と思想が興隆したことである。

アリストテレスの学問を継承発展させ、新プラトン主義が起こった。さらに、それまでの数学を体系化して論証数学を発達させた。その頂点がユークリッドの『幾何学原論』である。この演繹的論証数学は、他に類を見ない素晴らしいものである。

ギリシア・ヘレニズム科学の成果はアラビア科学に取り入れられ、独自の発展を遂げ、そこから西欧に伝わった。ヘレニズム科学が後世に与えた影響は計り知れない。

（1）古代ギリシアの自然観

古代ギリシアを中心に、地中海沿岸地域では、初期の神話的自然観から抜けて自然を対象化し、醒めた目で客観的に自然を観る意識が早くから芽生え成長した。

地中海の整然とした秩序ある自然の風土は、人間と自然との協調的自然観を育んだ。和辻の風土論によれば、気候は穏やかであり、樹木の形は対称的かつ規則的である。自然の様態は整然として人工的といえるほどである。乾燥的だが明るく穏やかな天候ゆえ、従順な自然と融合し自然の拘束から解放される。それゆえ、自然的なものと合理的なものが結びつき易く、自然の従順さと規則性から自然の中に合理性を見いだしえたのであろう。

ギリシアの自然は「フュシス」（φυσις）と呼ばれ、自然本性を意味する。フュシスの本来の意味は、それ自身が生まれ、成長し、衰え死んでいくというものである。ギリシア的自然観の特徴は、タレスも「万物は神々に満ちている」といったように物活論である。そして自然自体（フュシス）の中

に神と人間をも包み込んだ一つの包括者としての自然であった。伊東俊太郎はこれを「汎自然主義」（panphysism）と呼んだ[22]。

　古代ギリシアの自然観はイオニア的伝統とイタリア的伝統の二つに分けられるが、両者ともに「汎自然主義」とみなしうる。

（ⅰ）第1期イオニア的自然観（自然学）

　初期ギリシアの神話的自然観はオリエント文化を受け継いだオリュンポスの宗教と輪廻転生観であったが、やがて神話を脱出して合理的な自然学が芽生えた。イオニアの自然学は後のギリシア哲学の発達と深化を準備した。

<u>ミレトス学派</u>：タレスは万物の起源を元素的物質「水」とし、水一元論を唱えた。アナクシメネスは「空気」と言った。だが、特定の質から反対の多様な質が生ずる（水から火が生ずる）ことは無理である。ヘラクレイトスの「永遠に生きる火」を根源物質として「万物は流転す」の自然観も同様である。そこで、アナクシマンドロスは、根源的物質は特定の質を有する物質ではなく、無限定なもの（ト・アペイロン）であるとした。いずれにせよ、ミレトス学派の特徴は、根源的物質は何かを追求し、そしてその質的変化で自然界を説明したところにある。

　アナクシメネスの「空気」は「気息」であり、それを生命原理として、魂と同一視した。さらにマクロコスモス（大宇宙）とミクロコスモス（小宇宙）との原理的同一性を意識して、土、水を初め種々の生物、人間まで一切のものをこの同一原理から捉えようとした。アナクサゴラスの「ヌース」（理性、精神、魂）、エンペドクレスの「愛と憎」（物質における「力」）なども「汎自然主義」に入るだろう。

　ミレトス派の立場は、自然を自然自体のうちに客観的に捉えること、そのために世界の根源物質の存在を想定し、その自己運動、変化によって万物が生成されるというもので、それは唯物論的自然観である。

<u>エレア学派</u>：ミレトス派の普遍的根源物質の質的変化による世界の説明に対して、イタリアのエレアに生まれたパルメニデスとその弟子ゼノンは、全く別の観点から鋭い批判を投げかけた。パルメニデスは「存在の原理」として

「有るものはあり、有らぬものはあらぬ」を立てた。そして「有らぬものは考えることも語ることもできぬゆえ、有らぬものから有るものは生じない」といって「無から有は生じない。有から無にはならない」と主張した。こうして不生・不滅（無始無終）、無分別性を説いて変化を否定し不変不動の一者「存在（エオン）」のみの存在を認めた。

さらに、ゼノンは「アキレスは亀に追いつけない」、「飛んでいる矢は止まっている」などの例で、時間・空間の無限分割可能性（連続性）から運動に関する背理を導き、一切の運動を否定した。これらの批判により、「一から多」の変化運動を前提とするイオニア自然学は根本的修正を強いられた。

これが契機となって、パルメニデスらの批判を克服すべく、一元論から多元論へと自然観の転換が始まった。こうしてエレア派の主要な課題は、「物事の運動変化はいかにして可能か」に移行した。ミレトス学派の経験的感覚で捉える自然観から、エレア学派では理性により論理的に自然を捉えることに移行したわけである。

そこで生まれたのがエンペドクレスの４元素論である。彼は根源的元素物質として不変な４元素「火、気、水、地」の質と位置変化の組み合わせで万物を説明した。しかし、物質の無限分割が可能ならば、物質の質は何処まで行っても変わらず元の質を有することになり、４元素が究極の質であるとする説と矛盾に陥る。

その矛盾を回避するには、物質の無限分割を否定して、それ以上不可分な「原子」の存在を仮定することである。原子には４元素のような質はなく無性質であるが、多様な形を有するとした。形の異なる原子の組み合わせとその配列の仕方で、万物の多様な質が生ずるという。

不可分な究極粒子「原子」とその運動を仮定すると、その原子と原子の間を埋める空間（空虚）の存在が必然である。その「空虚」は、原子が自由に運動できるためにもその存在が必要である。それゆえ、原子論には不可分な実体（原子）と空虚の存在が不可欠となる。

では、「有らぬもの空虚」とパルメニデスの「有らぬものは有らぬ」とはいかにして両立しうるのか。原子論者は「有る」の意味を物体に限定せず広

く捉えて、空間（空虚）の存在は考えうるから「空虚は有るものに劣らず有る」と主張した。

　レウキッポス、デモクリトスにより推し進められた原子論はイオニア的自然観の極みといえるだろう。デモクリトスの原子論は真空の存在と、不生不滅で不可分、無質の原子を前提として、真空中を自由に飛び回る原子の機械的運動とその組み合わせによって世界を説明した。原子から質を切り離し、無質の原子の運動によって物質の質が生ずるというのは、近代の第一次性質と第二次性質に対応しているだろう。

イタリア的自然観（自然学）

　イタリア的自然観はオルペウス宗教と結びついている。オルペウス宗教は魂を肉体から解放して本来の場所、それが天上に帰って行くように浄き生活をし、魂を浄化する。そのために美しい音楽を聞いた。美しい協和音、4度、5度、8度の振動数は（1：2，2：3，3：4）の整数比をなす。ピタゴラスはこれからヒントをえて、大宇宙と小宇宙との調和を整数比に求めた。さらにそれを拡張して宇宙秩序の基礎と考え、「数的調和」を宇宙の原理に据えて、「万物は数なり」と唱えたと伝えられている。ピタゴラスは自然学と数学を結合し、その起源を幾何学や比例関係に求めた。これが「数学的自然観」の嚆矢である。ピタゴラス学派の数的調和の自然観は思弁性が強く、やがて神秘主義に陥った。

　ピタゴラスの唱えた数学的自然観は実証性がなく思弁的形而上学ではあったが、プラトンに引き継がれ、さらには形を変えて近代科学の合理的自然観の一つとなるのである。

　エレア派の問題意識は、根源的質料は「何か」であり、それに対してピタゴラス派の関心は自然の形相的側面「いかに」に向けられた。ピタゴラスはその形相を幾何学的図形と結びつけた。ここに自然学の一つの転換が見られる。

（ii）第2期アテナイ期の自然観（自然学）

前４世紀頃からギリシア文明の中心はアテネに移った。それ以前の自然学は主に宇宙と物質界に注意を向けていたが、ソクラテスは自然の形相を善、美、徳に転換した。哲学を天上から地上の人倫の問題、すなわち道徳哲学に引き下ろした。こうして「自然」と「倫理」の問題が結合され、これ以後、道徳哲学と自然哲学とがともに盛んになった。

　ソクラテスの弟子プラトンは、ソクラテスの霊魂論のなかに永遠不滅のイデアの原型をみた。「宇宙は至善・至美かつ永遠のイデアを範型として創成した似像である」といった。プラトンのイデア（形相）はすべての個物が形成される原型となるものである。このイデアのみが知のめざすべき時空を超えた永遠の実在、真実在であり、このイデア抜きにしては確実な知というのはありえないとした。プラトンは物質世界、現象世界の上にイデア界（叡智界）をおいたわけである。このイデアという形而上学的概念は、プラトン哲学の中心概念である。

　プラトンは学園「アカデメイア」を設立して、科学哲学の研究を発展させた。その主著『国家』と対話篇『ティマイオス』にプラトンの思想、科学論を見ることができる。プラトンはピタゴラスの数学的自然観を引き継ぎ、数学を重視したことはよく知られている。

　『国家』（第７巻）で、数学（幾何学）、天文学、音響学の意義と役割を説いた。天文学の意義を強調し、特に抽象的、数学的天文学を（観測を軽視したわけではないが）高く評価した。

　『ティマイオス』では、感覚（観察）よりも理性を尊重して、経験よりも論理を重視した。宇宙を至善・至美かつ永遠のイデアの似像であるとみなし、宇宙は生成された事物のうちで最も完全なものに近いといった。

　プラトンが幾何学を最も重視したことは、エンペドクレスの４元素を幾何学的多面体に対応（後述）させたことに象徴される。このように、彼はイデア（形相）と実在の物質とを結ぶものが数学である考えた。

　アリストテレスはプラトンの弟子であったが、後に「リュケイオン」を設立し逍遙学派を作った。アリストテレスはプラトンの数学的自然学は批判したが、イデア論は受け継いだ。アリストテレスは、それ以前のあらゆる思想

や自然学の説を批判的に検討し、イオニアの自然学とプラトンのイデア論を総合して、独自の学問体系として集大成した。

アリストテレスはイデアを個物の本質「形相（エイドス）」と捉え、物質的構成要素を「質料（ヒューレー）」として、個物は形相と質料の結合したものであると考えた。

これは自然物の存在に関する静的側面を捉えたものであるが、それに対して、自然の動的な存在様式を生物の状態に見いだした。生物の運動、発展の様態を「現実態」と「可能態」の対概念として動的に捉えたのである。「現実態」とは「目的」としての「形相」を実現したもの、「可能態」とはその「形相」をまだ実現してない潜在的な状態である。こうすることにより、パルメニデスの存在の原理「有るものは有り、有らぬものは有らぬ」との矛盾を超えたわけである。

アリストテレスの自然観は、このように生物を念頭においた「目的論的自然観」であり、彼の自然学はその上に築かれている。存在と運動の原理として、質料、形相、作用、目的の４因をおき、この原理によって自然界の存在形式と運動・変化を説明した。

世界の構成に関しては、神の支配する天上界は完全であり、天体の運動は完全性を意味する円運動であるとし、恒星天球と惑星天球からなる階層的宇宙模型を提唱した。物質に関しては、４元素説と４性質（温と冷、乾と湿）を組み合わせて物質界を説明した。他方、真空を否定して原子論を排し、物質即空間とする連続的自然観を説いた。

アテナイ期の自然観はアリストテレスの目的論的自然観に見られるように、生物学的観点からの自然理解である。これも「フュシス」（自然自体）が生まれ、成長し、衰え死んでいくという自然観であり、自然を一つの全体的包括者とする「汎自然主義」といえるであろう。ギリシア的自然の概念は、概して自然は人間に対して対立的ではなく、同質的に調和するものである。

（iii）第３期ヘレニズムの自然観（自然学）

ヘレニズムはアレクサンドリアを中心として栄えた文明であり、ギリシア科学の最高に位置する。マケドニアに征服されてからギリシアポリスの政治的独立が喪失され、衰退気味となって閉じようとしていたギリシアの学術文明に新しい息吹を与えたのがヘレニズム文明である。アレクサンドリア、セレイケイア、ベルガモンなどの新ポリスが栄えた。

　学術的には、プラトンのアカデメイアとアリストテレスのリュケイオンを継承して、図書館と研究所を兼ねたムセイオンを各地に創設して学問を奨励した。主としてアリストテレスの学問を継承発展させたが、それに止まらず東西文化の合流により新たな文明と思想が生まれた。ギリシアの理論偏重から脱して実験と観察が重視され、学問の進歩とともに専門化も進んだ。中心的思想は、ストア派、エピクロス派、および懐疑派であり、その中でストア派が最も優勢であった。

　ストア派は、前３世紀初めにキプロス島キティオンのゼノン（前３３３〜２６１）によって始められた哲学である。ストア派の自然学は自然神学的性格が強く、関心事は宇宙論的決定論と人間の自由意思との関係であった。自然と一致する意志を維持することが道徳的なことである考え、倫理学が人間の知の主な関心であるとした。さらに、世界の統一的原理を形式論理学や自然主義的倫理学に求め、論理学に強い関心を示した。ストア派の倫理は、基本的には、禁欲主義であり、人間の平等を説いた。この思想はマケドニアの支配のもとでの忍耐生活の中で生まれたと見られている。

　エピクロス派の自然学は、エピクロス（前３４１〜２７０）とそれを受け継いだローマのルクレティウスの原子論が有名である。彼はレウキッポス、デモクリトスの唯物論的原子論を継承しながらも、その機械的決定論を批判して偶然性の契機を導入した。自然学の根本原則として、物質不滅、原子と空虚の存在を前提として、宇宙は無限であり、原子数も限りないと説いた。注目すべきは、原子運動の方向に偶然的「偏り」と、直線運動からのズレを認めることで、そこに原子の衝突や結合の原因を求めたことである。さらに、魂も物質的なものとする徹底した唯物論であった。

　ヘレニズム自然学は、これ以外に、天文学と地理学に優れたものがある。

特に太陽、地球、月の間の距離を観測し、太陽の大きさや質量を追求したこと、その結果から生まれたアリスタルコスの太陽中心説は注目に値する。また、太陽系の構造については、地球中心とするプトレマイオスの周転円模型が科学史として重要である（後述）。

　ギリシア・ヘレニズム文明はローマ支配の後、ローマ帝国に引き継がれるが、学術的にはそれ以上の進歩はローマ期にはほとんど見られない。

（2）古代ギリシアの宇宙観・天文学

　古代ギリシアの天文学はバビロニアの天体観測と天文学に負うところが大きい。だが、バビロニア天文学の算術的形式を脱して、天体運行を説明するための幾何学的宇宙像（円と天球）に集結していった。

　宇宙の天上を環状の火としたアナクシマンドロス、太陽を灼熱した巨大石としたアナクサゴラスは脱神話の始まりであった。ピタゴラス派は「数的調和」の自然観と「円の完全性」に基づく宇宙像を築いた。天体の軌道は完全性を象徴する円であり、天体の円運動は自然運動であって、動かすものが無くとも自ら動く永久運動と考えた。宇宙の構造は中心に中心火があり、そのそばに対地球という不可視天体の存在を仮定して、その外側を地球、月、太陽、5惑星が回転するとした（フィロラオス）。これは均衡のある図形と数の完全性を意味する10個の天体を揃えるために考案された宇宙模型である。この宇宙観は神秘主義の色彩が強いが、当時の天文学に大きな影響を与えた。

　ピタゴラス学派の数的調和の自然観は、プラトンの数学的自然観からさらにエウドクソスへと引き継がれた。エウドクソスは前4世紀に、初めて地球を中心とする同心天球の太陽系模型を考案した。惑星の逆行や停留を説明するために27個もの同心天球を導入し、天体はそれぞれの天球に固定されていて、その天球とともに回転するというものである。この時代は、地球は不動であり、それを中心にして月、太陽、5惑星が巡り、最外殻に恒星天球があるとする地球中心の天動説である。この宇宙模型は幾何学的天文学の原型となった。

それを受け継いでアリストテレスは、惑星の逆行を説明するためにさらに逆方向に回転する天球を加え、合計５６個もの同心天球模型を採用した。さらに前２世紀に、ヒッパルコスはその同心天球に基づいて、周転円、離心円を導入して天動説を説明した。周転円とは、地球を中心として惑星の運行を説明するために、下図のように周転円という円軌道上を動きながらその周囲を惑星が公転するというものである。ただし、周転円も「従円」と呼ばれる地球の周りの同心円上を動くという構造になっている。
　次いで、ヘレニズム期のアレクサンドリアで活躍したプトレマイオスは、周転円を取り入れつつ、離心円（地球の位置を従円の中心からずらす）と、エカント（従円の中心に対して地球と正反対の位置にある点）を導入し、８０以上の円を組み合わせた周転円、離心円模型を用いて天体の運行、特に惑星の運行を精確に表現した。その周転円宇宙模型は『アルマゲスト』に集大成された。これがアリストテレス＝プトレマイオスの宇宙模型といわれるものである。

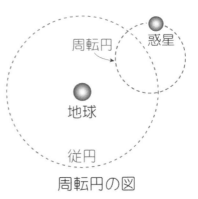

周転円の図

プトレマイオスの宇宙模型は複雑ではあったが、惑星の運行を正確に説明したので１４世紀のコペルニクスの時代まで生き延びた。
　アリストテレスの宇宙像は、月を境界にして、月から上の天上界と月下の世界とに画然と区分された。月下の世界は土、水、空気、火の４元素からなり、天上界は第５の元素エーテルで構成されているとした。天上界は神の支配する高貴な世界であり、完全で生成消滅のない恒久の世界である。それに対して、月下の世界は生成消滅を繰り返す雑然とした世界であり、下に行くほど身分の卑しい世界とされた。
　ギリシア天文学も暦術と占星術とに密接に関連していた。それは個人の運命を占う西欧の宿命占星術ホロスコープのもとである。ヘレニズム時代には

惑星天文学とともに、その応用としてホロスコープ占星術が大成された。

アリスタルコスの地動説：この時代で特筆すべきものは、地球と太陽、月の相互関係を幾何学的に測定し、実証的に太陽系を研究したことである。なかでもサモスのアリスタルコスが、すでに前２８０年頃に、三角測量法を用いて、半月の時の太陽と月の位置関係から、太陽と月のまでの相対距離と大きさを推定し、太陽中心の地動説を提唱したことである。彼は太陽までの距離の測定結果から、太陽は大きさ質量ともに地球よりも遥かに大きいことを知り、これほど大きい太陽が地球の周りを巡るのは不自然であると考えて、太陽中心説を唱えたという。だが残念ながら、アリスタルコスの地動説は、セレウコスなどごく一部の学者を除いて支持されなかったようである。地動説は天文学的にも物理的にも当時の知識水準では受け容れられなかったのである。特に、太陽を巡る地球が猛スピードで運動していることは経験的にも矛盾すると思われたからであった。それにしても、幾何学を天文学に適用し、観察測量に基づくデータから、理論的推論によってこのような太陽系模型を考案する方法は、近代的数量科学の原型であり、アルキメデスと並んで、ヘレニズム科学の大きな遺産である。

この他に、地球の大きさに関心が強く地球の周長を測定することに熱心に取り組んだ。エラトステネス（前３世紀）は日時計の針の陰の長さの変化を測って地球の大きさ、円周長を計算し、かなり正確な値をえた。また、ヒッパルコス（前２世紀）は自ら精密な天体観測を行い、その資料から地球の歳差運動を発見したという。また、太陽の直径や質量について、アリスタルコスよりも大きな数値を見いだした[23]。これら天文・地理学も実証科学の方法のはしりである。

（3）古代ギリシアの物質観：元素論と原了論

ギリシアの物質観は、すでに自然観のところで言及したように、エンペドクレスの4元素論とレウキッポス・デモクリトスの原子論、そしてアリストテレスの元素転換説で代表されるとしてよいだろう。

デモクリトスの原子論における世界は、不生・不滅、かつ不変で不可分な

103

究極的実体と空虚（真空）とからなる。原子は多様な形と大きさを持ち、空虚の中を自らの活力により自由に直進運動し、それら原子は似たもの同士で結合と分離を繰り返す。そして、万物の形態と性質は原子の組み合わせ方と配列位置の違いで説明された。

さらに、すでに述べたように、ヘレニズム期には、エピクロスが原子の運動について、あるものは垂直降下し、あるものは方向が偏りうること、またあるものは衝突して跳ねかえると仮定した。このような原子論は、後にローマのルクレティウスにより長編詩『物の本性について』(２４)に忠実に再現された。これら原子論者は、無神論の立場から原子の存在理由と、原子の自己運動を論じている。原子論はアリストテレスの権威に押され、また無神論のゆえに、その後しばらくの間無視されるが、１７世紀に復活し、近代科学の誕生に大きな役割を演ずることになる。

ピタゴラス派の数学的自然観の影響を受けたプラトンは、元素論と原子論を数学と結合させた。まず、宇宙は完全無欠な物に似せられて創られたと説く。宇宙に生じた物体は可視・可触性を有する。火がなければ見ることはできないし、固体でなければ触れることはできない。したがって、万物は火と土からなる物体である。火と土を結合させる絆は比例中項である。物体ができるためには火と土を結合する比例中項が必要である。それは空気と水であるという。万物を構成する原始元素として、火、土、空気、水の４元素説を支持した。

さらにプラトンは、完全な宇宙の構成単位である４元素は、よりよき物体、つまり正多面体であるとした。

５つの正多面体と４元素の対応関係：火は小さく尖った正４面体、土は最も安定な正６面体、水は次ぎに安定性のある正２０面体、空気は正８面体。（ただし、正１２面体は対応物がないが、それは天

５種の正多面体の図

104

のために残した。)

　この多面体模型によって元素の転換を説明した。たとえば、水（２０面体）は２個の空気（８面体）と火（４面体）に分解する（８ｘ２＋４＝２０）。火の原子は他の原子に包囲され砕かれて、２個の火原子は空気原子になる（４ｘ２＝８）。土の正６面体は正方形に囲まれているので、他の原子に分解されず、土の原子同士が結合して土になるというわけである。このように、プラトンの原子は幾何学的線・面から構成されたものであって、物質的実体ではない。しかも不変・不可分ではないから、原子というよりも元素粒子というべきである。

　プラトンはこのように物質の状態変化や化学変化を説明した。この物質論は中世のイスラムの実践的錬金術にとっては刺激的な理論として受け取られたのであろう[9]、プラトンの『ティマイオス』はイスラム社会で広く読まれていたという。

　アリストテレスは自然界の存在物を構成する質料について、本質的「第一質料」とそうでない「第二質料」とに区別した。現実に存在する物質の素材は何らかの形相により制約され、一定の性質と量を有する。そのような一切の限定性を持たない「純粋素材」というものを考えて、それを「第一質料」とし、限定された現実の素材を「第二質料」と呼んだ。

　アリストテレスは空虚とともに原子論を否定した。彼の物質論は４元素に対応する単純物質（火、土、空気、水）と４性質を組み合わせたものである。彼の元素は基体である第一質料に形相である対立的性質が結びついたものである。知覚可能な物体の対立性質は（触覚）において現れるもので、多くの対立性質があるが、その中で最も本質的なものは、温と冷、乾と湿の２組であるとした。図のように２組の対立性質と単純物体（４元素そのものとは異なる）とを組み合わせて、物質界の多

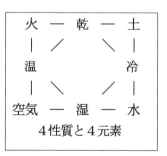

４性質と４元素

様性と変化を説明した。また４元素は４性質を媒介して他の元素に変わりう

る。たとえば、

水　＝　冷　＋　湿
火　＝　温　＋　乾
水＋火＝（冷＋乾）＋（温＋湿）＝　土＋空気

というように。

　このような元素転換論は錬金術の理論的根拠とされた。これから物質変化の可能性を引き出すことを試みたのが、アレクサンドリアとイスラム、ヨーロッパの錬金術師たちであった。

　ヘレニズム文明はギリシアとオリエント、インドの東西文化が合流し発達した。それゆえ、エジプト文明から受け継いだヘルメス主義と錬金術の技術、およびアリストテレスの元素転換論とが結合されて、アレクサンドリアには贋造錬金中心の錬金術が生まれた。

（4）古代ギリシアの医学

　初期の神官による祈祷などの呪術から抜け出して、南イタリアのピタゴラス学派が合理的医学の研究を始めた。前５００年頃アルクマイオンが動物解剖を始めて、病気の原因を身体要素の不調和、不均衡によるものと主張したといわれる。

　科学的な医学はコス島のヒッポクラテス学派に始まる。人体を満たす４体液（血液、粘液、黒胆汁、黄胆汁）の均衡調和により保たれ、病気はその不均衡によるものとした。そこで、自然治癒力を重視して食餌療法を提唱した。ヘレニズム時代には、人体解剖が許されたので、解剖学、生理学が基礎医学として発達した。そのなかで、エラシストラトスはプネウマ（霊気）論の生理学を唱えた。その後、２世紀にガレノスがそれを発展させた。プネウマの生理学はキリスト教にも受け容れられ、中世にまで影響を与えたという。

　古代ギリシアの本草学も主として医薬を目的にしたもので、中国やインドのものと類似しているが、分類法にはかなりの違いがある。薬草としての分類に止まらず、博物学的観点の分類法がみられる。生物の分類、特に動物の分類ではアリストテレスの寄与が大である。

アリストテレスの分類学

　アリストテレスは動物を類と種の概念を用いて分類した。類と種の定義はしっかりとしたものではないが、その決定法をかなり詳細に論じた。その分類法は形態（学）を基準とし、発生学的要素を付け加えたものである。また、分類基準は比較解剖的知識に基づいて動物の異質部分と等質部分を比較するというもので、当時としては優れたものある。アリストテレスの分類法は近代におけるリンネの分類法に影響を与えた。

　アリストテレスは動物体の諸部分の存在理由とそれらの機能を、発生過程と関連させて説明し、それらの原因を目的因に帰着させた。「神や自然は何物も余分なものは創らず、何事も無駄には為さない」といって、自然界の存在物には必ず意義と存在理由があると考えた。単に博物的に生物を分類するだけでなく、彼の目的論的自然観に基づいて、その存在理由にまで考察を進めたことは評価されるべきだろう。現代からみれば、アリストテレスの目的論とそれによる説明理由は誤りであるが、この頃に自然物の存在理由や機能の発生理由にまで思考を進めたことは高く評価される。その発想こそは科学的探究精神の発露であり、近代科学の方法に通ずるものである。

　博物学的分類の集大成はローマ時代のプリニウスによるものである。彼は自然認識に関するギリシア・ローマ時代の知識を、大著『博物誌』（Naturalis historiae）にまとめた。

　生物の分類：アリストテレスは生物、特に動物について詳細な分類を行い、博物学的な研究を遺した。彼は生物界の分類を、種が分有する霊魂の種類により行った。それによって生物に階層をつけ、下から植物、感覚を有する動物、最上に思考し理性的霊魂を有す人間を置き、下等から高等生物に分類し序列化した。この根底にある思想は、宇宙論と同じく、階層化された自然の秩序観と目的論的自然観がある。

　物質分類：第一実体、第二実体
「イデア」こそが本質的存在だと考えた師プラトンとは逆に、アリストテレスは「個物」こそが第一の実体（存在）だと考えた。アリストテレスの著し

107

た『形而上学』では、彼の実体観がより詳細に述べられている。そこでアリストテレスは、実体概念は、まず大きく二つに分割されるとした。第一実体としての「個物」は、「質料」（基体）と「形相」（本質）の「結合体」であり、また真の実体は「形相」（本質）であると述べている。第二実体は種、類などの普遍な概念をさす。

　さらに、質料は事物を構成する素材を意味するが、現実に存在する素材は何らかの形相によって限定され一定の性質を持っている。これに対して、一切の限定性を取り去った究極において考えられる純粋の素材（観念的なもの）として第一質料を想定し、現実の個物を構成する質料を第二質料と呼んだ。

　アリストテレスによってなされた物質の存在に関する実体と質料の分類は、その後、形と意味を変えて多くの人に引き継がれ論じられてきた。形而上学的ではあるが、物質の存在様態にまで分類する発想は、近代科学の形成に多大な影響を与えたとみられる。その分類思想はガリレオやデカルトたちの第一性質、第二性質による自然物の分類に繋がるであろう。デカルトは第一性質を自然科学の対象とすべきであるといって、物理学を自然科学として構成することを目指した。それによって近代科学が誕生したことを思えば、ギリシア以来のこの分類の意義は大きい。

（5）古代ギリシアの思考形式

　エレア派のパルメニデス・ゼノンの背理は存在と運動について深刻な問題を提起し、それを真剣に受け止めて、存在論について哲学的議論が熱心になされた。その結果、多元素論と原子論が提唱されたことはすでに述べた。

　ゼノンの背理の哲学的意義は、運動が内的矛盾を含むものであり、連続と非連続の問題にかかわるということである。これらは無限分割の可能性と密接に関連しており、数学の厳密な論理とも不可分であった。

　レウキッポス・デモクリトスの原子論は、原子の運動の場としての空虚の存在を主張するにあたり、「空虚が有らねば運動は有らぬ」、「空虚は有らぬが、運動は現に有る、ゆえに空虚は有る。」こうして「有らぬものは有るものに劣らず有る」と主張した。

このような論理的論争から起こった自然学の転換は、当時としては他の文化圏には見られないギリシア独特の現象である。自然認識に対するこの姿勢は、論理的推論とその整合性を重視する当時のギリシア人の思考形式を端的に示すものである。

　ギリシアのポリス社会で培われた弁証法論理の祖はゼノンだといわれる。古代ギリシアの弁証法は、論敵の主張を論駁するために、その主張の内部矛盾を引き出す論法である。ソクラテス・プラトンの段階では「問答法」として、見解の対立や衝突を媒介にして物事の本質を探究する思考の方法・技術となった。

　プラトンのイデア論には、感覚的認識から理性的認識へと昇る中間に悟性的認識、すなわち数学的認識が存在することが含まれている。「描かれた三角形」（感覚的存在）は「数学的対象の三角形そのもの」の似像である。真の存在（本質）は数学的対象であるというわけである。こうして数学による記述を重視する数学的自然観を提唱した。それに基づく正多面体と4元素の対応関係や、天文学は厳密な数学的科学であるというプラトンの主張などはその帰結である。

　アリストテレスはプラトンのイデア論を一部受け容れながらも、行き過ぎた数学的自然観には批判的であった。プラトンは実体間の差異は量的に数学に還元できると考えた。それに対して、アリストテレスは実体の差異は自然学の問題であり、数学の対象ではない。感覚的物体の原理は、それ自体感覚的性質に帰さねばならないと主張した。抽象的、普遍的論理である数学の原理と、経験に基づく自然学の原理は異なるというわけである。アリストテレスのこの批判は、形而上学的なピタゴラス・プラトンの数学的自然観に対する鋭い警鐘である。無批判に数学の論理を自然学に適用するのでなく、その妥当性を吟味したうえで適用すべきであるというこの指摘は、近代科学の成立過程において重要な意義を持つ思想である。

　自然研究の目的とその価値に対するアリストテレスの見解は、人間の有する最高の能力は理性であり、人間の至高の活動は「観想（テオリア）」であ

109

る、というところにある。その観想とは第一哲学（形而上学）と数学、および第二哲学（自然学）である。

運動、変化の可能性をもつ自然的対象を探究するのは自然科学、現代的表現を用いれば物理学、化学、および生物学（特に動物学）であるとした。その自然学の目的は物事の原因を明らかにすることである。その説明のために四つの原因（形相因、質料因、作用因、目的因）を想定し、それを自然物（生物も含む）ばかりでなく人工物も、自然過程のすべてに適用した。形相因と目的因は個物の部分や器官の構造と機能の理解によく適応している。その対応は生物によく現れていると考えた。生物を念頭においたアリストテレスの目的論的自然観は、それによって自然の構造と秩序・規則性を説明する仕組みになっている。

自然学に関する論理と方法は、プラトンの形而上学的な数学重視とアリストテレスの経験重視に見るように二人は対照的である。近代科学の成立過程で、プラトンの方法は数学的自然観に、他方アリストテレスの方法は（実質的には異なるが）「実験科学」の方法に繋がるものといえるだろう。

だが、アリストテレスの自然学には明らかな矛盾点もあり、不完全であったので、リュケイオンの学頭であったテオプラトスとストラトンが運動論や火の性質、目的因などについて批判を行ったそうである。6世紀にフィロポノスが運動論の矛盾を突いたことは周知のことである。

論理学

アリストテレスが最初に形式論理学を築いた。論理学は彼の業績のなかで、後世に残る最も優れた功績である。

アリストテレス論理学の中心は矛盾律（AがBであり、かつ非Bではありえない）と排中律（Aかつ非Aであることはありえない）である。それらは古典論理の3大原理：同一律、矛盾律、排中律となった。この3原理は一切の存在と思考の根本原理である。

アリストテレス論理学は『オルガノン』に総括されている。『分析論前書』では三段論法の諸形式が詳細かつ厳密に展開されており、『分析論後書』で

は三段論法の論理が主題である。『分析論後書』で認識論が論じられ、論証の直接的前提となる基礎原理について分類がなされている。

　三段論法は、大前提、小前提および結論　という３個の命題を取り扱う。大前提、小前提から結論を導くものである。この推論を用いた結論が真であるためには、前提が真であること、および論理の法則（同一律、無矛盾律、排中律）が守られることが必要とされる。

　三段論法の推論式には多くの形式があり、大前提、小前提、結論の組み合わせ、配列パターンによって第一格から第四格に分けられる（第四格はガレノスが付け加えたという）。

　第一格第一式（Barbara）を標準とする。三段論法の推論式は、前提（公理、定義、仮定）が真であるとして結論を導く。公理は普遍的に真であるものであるが、定義と仮定は科学の分野により異なる。

　アリストテレスの論理学、特に三段論法は、この時代には他に類をみない優れたもので、中世までは唯一の論理学であった。

　しかし、ヘレニズム期のディオドロス・クロノスは、今日の命題論理といわれる論理学へのアプローチを初めて導入したといわれている。それはアリストテレスの名辞論理とは全く異なったものであり、後にクリュシッポスが発展させて、アリストテレスの三段論法と対抗する演繹論理(ストア三段論法)を導いたという。だが、当時はあまり注目されず埋もれていた。

（6）古代ギリシアの数学

　古代のギリシア数学は、その初期はオリエントの数学に負うており、その後独自の発展を遂げて、素晴らしい数学理論を築いた。ギリシア数学は、幾何学、数論、天文学（球面幾何学）、音楽の４科とされた。ギリシア数学の三大問題は、円の求積法、角の三等分法、立方体の倍積法（体積が２倍の立方体を作る方法）であった。この解法の探究過程でエウドクソスの取り尽くしの法、メナイクモス円錐曲線論が開発された。

　ギリシア数学の発達の歴史は、２期に分けられる。第１期は前６世紀から前４世紀の頃まで、主としてイオニアとアテナイ期である。タレスやピタゴ

111

ラスたちが活躍した。この時期に、第一原理から出発する公理的論証数学が形成され始めた。第2期は前4世紀からで、学芸の中心はアレクサンドリアに移り、ヘレニズム時代に入る。それとともに数学もここで栄えた。そして次のビザンツ帝国（東ローマ帝国）に引き継がれていった。

　ヘレニズム時代の数学はそれ以前の性格と異なり、市民的教養を脱して専門化して研究競争に重点が移行した。その理由は強固な王権による財政的支援によるといわれる。

　その中で、代表的数学者はアルキメデス（前287－212）とアポロニオスである。最も優れた数学者であり科学者であったアルキメデスはアレクサンドリアに留学し、そこでユークリッド派の数学を学んだ。彼は帰謬法による証明法を用いて、エウドクソスの「取り尽くし法」を発展させて、円周率の近似計算を行った。さらに、アルキメデスは釣り合いや重心概念を用いた機械学的求積法を開発した。浮力に関するアルキメデスの原理を初め、物理学や機械の進歩に多大の貢献をしたことは周知の通りである。

　メナイクモスの後、アポロニオス（前230頃）は円錐曲線論を発展させて楕円、放物線、双曲線を定義した。彼の展開した円錐曲線論は数学的発見法の例である。またヘロン、ディオファントスらにより、オリエントの伝統を受け継いだ実用数学も研究され、それらはみなビザンツに引き継がれた。

　ギリシアにおける論証数学の成果の一つとして見過ごせないものは無理数の発見である。直角3角形に関するピタゴラスの原理の証明から、2辺が1の直角3角形の斜辺の長さ（$\sqrt{2}$）は有理数（整数比）ではないことを発見した。それが有理数ではなく無理数であることを論理的に証明したことは、整数比を自然の原理としたピタゴラス学派にとって脅威であったとのエピソードがある。

　それはさておき、直角3角形に斜辺の長さ（$\sqrt{2}$）や円周率を求める計算法は中国やインドでも開発された。しかし、数値の精度を上げる方法にひたすら努力が向けられるだけで、その小数値が有限で止まるのか（有理数）、無限に続くのか（無理数）とうことは問題にならなかった。ギリシアではそこに着目して無理数の存在を発見した。この違いは、「証明する」という思

考形式の他に、さらに着眼点にあるといえるであろう。論証数学ばかりでなく、物事の論理的追求において、その着眼点と発想にはギリシア特有のものがある。

ヘレニズム時代における数学の金字塔は、エウクレディスの『原論』である。『原論』はそれ以前の研究で蓄積された平面幾何学、比例論、数論、無理数論、立体幾何学の理論を集大成したもので、最初の体系的論証数学である。『ユークリッド原論』を頂点とするギリシアの論証数学は、他の文化圏にはみられなかった独特の数学理論である。『原論』の論理構成とその意義については、多く語られているので改めて述べるまでもないが、簡単に言及しておく。古代の数学は経験的、帰納的であり、実用的、操作的なものであったことは、東洋・西洋で共通している。その古代の操作的な算術的数学と幾何学図形の作図法を理論的に整備し公理論的な演繹的体系に定式化することに、初めて成功したのが『原論』である。

その論理構成は、まず議論の前提となる定義、公準、公理が設定される。基礎概念として点や線、直線、面、角、円、中心などの概念の定義からはじまり、五つの公準と、五つ（又は九つ）の公理が提示される。公理は共通の真理として受け入れられるものである。『原論』は、このように定義、公準、公理から出発して、次々に定理を論理的に導く論証数学の体系である。この論証数学の発想は全く画期的、かつユニークである。ただし、対象とするものは動的ではなく静的な形式のみである。それはギリシア数学に共通した特徴であり、限界でもある。

この『原論』の冒頭の論理構成はアリストテレス論理学の形式と照応している。アリストテレス論理学の公理（共通原理：矛盾律、排中律）と『原論』の公理（共通真理）が、そしてアリストテレスの基本定立、定義と『原論』の公準、定義が対応している。このようにエウクレディスはプラトン、アリストテレスの論理を受け継いでいる[25], [26]。

こうした論理形式の純粋数学、特に『ユークリッド原論』がギリシアで生まれた基礎には、エレア派パルメニデス・ゼノンの影響があるといわれている。エレア派の懐疑主義からの批判を回避するために、公理論的体系をとっ

113

たというわけである[27]。

　エレア派の弁証論がプラトンの対話法と論証数学を生み、ポリス社会の対話的思考を基礎にして説得術の流れのなかでこの論法が形成されたのであろう。だが、懐疑主義はエレア派のみでなく、ギリシア特有のアゴン社会（agon、競技、競争）の批判的思潮が背景にあるとの指摘もある[26]。この公理論的体系は民主制ポリスの確立に至るまでの数世紀にわたる思想的、社会史的闘争の所産であろう。

（7）古代ギリシアの科学と技術

　古代ギリシアは近代科学精神発祥の地といわれている。それがここで芽生えた理由として地理的環境と精神的風土が挙げられる。地理的条件としては、エジプト、メソポタミアなどオリエント文明との交流により、当時の先進的な科学的および技術的知識を吸収し、さらに宇宙像や自然観を受容しながらも独自のものを築いたところにある。それら先進文明は、科学というよりも、まだ技術的知識の方が先行している時代のものであった。その知識を古代ギリシアが受け継いでこそ、それを普遍化し理論化することによって科学理論の基礎を築きえたわけである。

　精神的風土（2次風土）としては、自然観のところで述べたように、ギリシアの植民地では脱伝統の思想と自由な気風が存在しており、神話を脱した自然観が形成された。次々に栄えた各地の自由都市では、自由市民に限られてはいたが、民主的な自由の精神が芽生え成長したことも大きな理由である。

　本節の最初のところで述べたように、ギリシア科学の芽生えの第1期は小アジア中心の植民地の自然学、第2期はアテナイ中心に栄えた成長期の自然学、第3期は輝かしいヘレニズム科学である。ギリシア科学は論ずべき事が多いが、物質科学については、すでに物質観のところで原子、元素論を概観した。ここでは物理的科学と技術についてごく特徴的なところを論ずることに止める。

（i）物理的科学

114

物理学に関係するものは原子論、静力学、運動学、空気力学、光学、音響学などがあるが、近代科学の誕生に関係の深い分野、主として原子論、静力学、運動学を取りあげる。

　自然の統一的原理の探究で、論理性を重視したギリシアの科学的精神の現れの一つは、エレア派のパルメニデス・ゼノンが自然学に投げかけた批判を真摯に受け止めたことである。パルメニデスは「有るものはどこまでもあり、有らぬものはどこまでもあらぬ」「有らぬものは知ることも、語ることもできぬ」という存在の原理から出発して、物事の生成・消滅、変化・運動を否定した。そして不生・不滅、不変・不動の一者「エオン」の存在のみを認める一元論を主張した。この根本原理に基づいて、イオニアの自然学は根本的修正を迫られた。以後の自然学はこの論理を犯すことなく、いかにして「現象を救うか」に向けられた。その結果、不変実体としての原子論も多元素論もその影響のもとに生まれた。ゼノンの背理を克服するためにプラトン、アリストテレス以来の多くの科学者が悩まされたわけである。

静力学

　エジプトやバビロニアから受け容れた測量や建築、土木の技術をもとに梃子、楔（くさび）、ネジ、滑車、輪軸などを基本的機械要素として抽出して静力学の基礎理論を築いた。

　これら5種の単一機械を基本的機械要素として選びだし、それによって静力学の理論を体系化したことはギリシア科学の特徴である。中国、インドでも同じような機械類は考案され利用されたが、このような静力学の理論として体系化する研究は見られなかった。

　アレクサンドリアを中心に活躍したヘロンやアルキメデスの貢献は大である。特に、アルキメデス（前282〜 212）は機械学や流体静力学を研究し、静力学の課題から数学の原理を見いだした。彼は重心の概念を用いて平面図形や立体形の釣り合いの条件を研究した。その正確、精巧な推論法はユニークで、当時としては実に優れたものである。さらに、平面幾何学と帰謬法を用いて「取り尽くしの方法」を発展させ、静力学の土台を築くなど、幅広い研究と発明を遺した。また、浮力に関するアルキメデスの原理の発見、

115

揚水機の発明などは周知のことである。

　アルキメデスは技術と科学との結合を意図した点でも特異な存在であった。彼の研究法の特色は理論と実験との結合を目指したことと、簡単な原理を基に厳密な数学的論理を用いた推論法である。アルキメデスの方法は、その後の物理学とその探究法に極めて重要な貢献をした。それは近代科学の方法の原型であり、ガリレオの力学研究の拠りどころとなったことはよく知られている。

運動学と動力学

　古代ギリシアでは数学ばかりでなく、自然学でも静的な事柄に重点が置かれた。その中で、運動学をアリストテレスが初めて理論的に定式化したことは注目に値する。運動学はアリストテレス自然学の体系のなかで重要な位置を占めている。

　アリストテレスは運動を4種に区分した：1）位置運動　2）質的変化　3）量的変化　4）生成消滅。このうち最初の三つが狭義の運動・変化である。そして、運動は可能的なものが実現的なものへ移行することであるといった。

　彼の運動論によると、すべての運動は自然運動と強制運動に分けられ、自然運動は円運動と地球の上下方向に向かう直線運動であるとした。天体の円運動は神の定めた自然運動である。強制運動では運動させるものと運動するものとがあるが、天体の自然運動は自ら動く永久運動である。宇宙の物事はすべて神の定めた秩序に従い、本来在るべき位置が決まっている。物はその在るべき位置にあるときに秩序が保たれる。たとえば、重い物体の本来の位置は下方にあり、たまたま何かの理由で高いところに持ち上げられたとき、支えがはずれると本来の位置にもどろうとして落下する、こうして秩序が保たれるのだと説明した。

　また、物には本来の位置にしたがって、重さと軽さがある。空気や火の本来の位置は上方にあるので軽さがある。下方への落下運動は重さにより、上昇運動は軽さによって、本来の位置に戻ろうとするからである。そして速度は重さと軽さに比例すると考えた。

　このような運動の原因と区分はインドのそれとは全く異質であって、それ

116

それの自然観を反映している。

　運動に関する物質の本性は静止にあるとしたことは、「運動する物は何物かによって動かされる」ということであり、アリストテレス運動学の本質を規定する重要な性質である。このことから、力が作用しなければ運動は直ちに止まる。すなわち、強制運動における運動法則は、速度 v が駆動力 F に比例し、抵抗 R に反比例するとなる：v ＝ k F ／ R。

　この法則は、摩擦のある現実世界において日常経験的にはほぼ正しい。だが、明らかな欠陥もある。たとえば、落下運動は重さに比例し空気抵抗に反比例することになるが、重さも空気密度も一定であるから、落下速度は終始一定になる。実際は落下加速度により速度は次第に早くなるが正確な観測がなされなかった。雨水は一定速度のように見えるし、水中での石の落下は抵抗が大きいので加速度が小さく、一見これでよいように見える。

　しかし、問題は放射体が手を離れてから運動を続けることは明らかな矛盾である。投石で、手を離れた石には力が働かないから、手を離れた途端に石は停止し落下するはずである。この矛盾を避けるために「媒体説」を用いた。媒体説とは、周囲の空気（媒体）が放物体とともに動き、さらに放物体が移動した後にできる真空を埋めるように空気が流れ込んで物体を押すから運動し続けるというわけである。この放物体の後の真空を空気が埋めるという説明は、アリストテレスが原子論否定の根拠として真空の存在を否定した「真空嫌悪説」と整合している。さらに、真空中では媒体（空気）の抵抗 R がゼロなので、彼の運動法則では速度は無限大となってしまう。このことも、真空否定と彼の運動学とは密接に関連している。

　アリストテレスの運動学は完全に誤りであるが、彼が運動論を力学として、曲がりなりにも定量的に定式化したことで、後の力学議論の展開に契機を与えたことは評価されるであろう。定量的考察は理論の精密化と厳密化を可能にするので、観測と理論の整合性を吟味し、矛盾を発見しやすくするばかりでなく、そこから新たな発展の手掛かりを与えてくれるからである。

　落下速度が重さに比例することや運動継続の媒体説は、さすがに不合理であることに気づいた者がいた。空気中の落下速度は少し注意して測定すれば

117

正確でないことに気づいたであろう。また、空気は運動の抵抗でこそあれ推進の役を果たさない、つまり空気が後から流れ込んで生ずる力で飛び続けるには無理であると、6世紀にフィロポノスが疑問を呈した。だが、その批判は決定打とはならず、アリストテレスの運動論、動力学はその後も生き延びた。

　アリストテレスの自然学は、現代からみれば多くの矛盾、誤りがあった。だが、その説明法は現象的で感覚に訴えるものであり、原子論や数学記述による説明よりも理解しやすく、当時としては経験に照らして説得的であったので、広く受容され後々まで優位を保ったといえるであろう[28]。

（ii）技術

　古代ギリシアの自由都市は、自由市民の活発な活動により、独特な学問、文化が発達した。だがそれは、奴隷制に支えられた繁栄でもあった。自由市民は手仕事、肉体労働を軽蔑し、自ら生産労働に携わることはなかったので、技術は限られた分野で発達した。

　技術としてみるべきものの一つは、建築技術であろう。初期の頃は、神殿などの構築技術は初歩的レベルにとどまった。だが、造形技術の点では、対称性の理念と法則に基づき均衡と調和を保ったもので、パルテノン神殿のようにその造形は後世に影響を与えた。

　それ以外の技術で優れたものは、主に軍事機械、土木建築の機械装置と、玩具やからくりなどである。その中でも、アルキメデス、フィロン、ヘロンなどのような非常に優れた科学・技術者が現れた。彼らは静力学とそれを用いた技術について優れた業績を残した。

　アルキメデスはそれら単一機械を組み合わせて揚水機や起重機を考案し、また多くの軍事機械を発明してローマ軍を苦しめたことは有名である。ヘレニズム時代には科学知識を利用した装置やからくり機械が多く考案された。

　フィロンやヘロンらも静力学を利用した種々の機械を考案した。人形からくりを製作したり、空気力学を利用した機械、サイフォンを利用した噴水などを創作した。だが、その技術を生産分野に利用し活用することはなかった

ようである。その理由は、よくいわれるように、ギリシアの自由市民は生産労動を奴隷に任せ、労動を蔑視したからであろう。

（8）アリストテレスの総合

　アリストテレスは、彼以前に古代ギリシアで築かれた学術と、自ら創成したものを総合して一つの学問体系を構築した。彼の学問的業績はあらゆる分野に及んだ。

　アリストテレスの自然観は「目的論」であり、彼の自然学はその上に築かれている。それは、彼の宇宙模型に基づいて、天上界から地上界まで全自然を一つの体系に包み込む壮大なものであった。その体系のなかで、存在と運動の原理として質料、形相、目的、作用の4因をおき、この原理によって自然界の存在様式と運動、変化のすべてを巧みに説明した。だが、これだけの原理で自然界の現象を説明することは当然ながら無理がある。

　アリストテレスは博物的知識をもとに分類学の基礎を築いたことからもわかるように、観察的事実を重視した。「百の議論よりも、一つの事実が勝る」といったそうであるが、まだ当時の知識水準では何が事実かの判断に誤りが多かった。実際に、何が事実かという「事実判断」は単純ではなく、科学の知識水準によって変わることが多い。それゆえに、アリストテレス自然学には誤りも多く、説明に無理もある。

　だが、アリストテレスの自然学の意義は、宇宙論、物質論、運動論、生物学、博物学などすべてが、彼の自然観のもとに関連づけられ、しっかりとした一つの理論的枠組みを形成していることにもある。その理論体系の誤りは、近代科学成立の過程で覆されていくのであるが、アリストテレス自然学が千年以上も維持され生き続けたのは、その全体の枠組みがしっかりしていて、部分的な批判では容易に崩れない体系をなしていたからである。

　ギリシア自然学は、世界の運動原理を自然自体のなかに求めたのであるが、自然法則の意味の理解は近代科学のそれとは質的な違いがある。とくに、アリストテレスの自然法則観は、世界の秩序を維持するために自然法則があるというものでる。それは、まず秩序があり、その秩序から法則を導くのであ

119

る。この自然観は、自然法則によって世界の構造、秩序を説明するという近代科学の自然観、法則観とは正に逆である。この点については、近代科学のところでもう一度詳しく論ずる。

　アリストテレスの偉大な業績は論理学の形成と生物に関する博物学である。また、数学と自然学の関係についてアリストテレスは注目すべき指摘をしている。プラトンは実用的数学を純粋数学に高め、数学を実体化して数学的対象を実在するものと考えて「数学的実在論」を生んだ。それに対してアリストテレスは『形而上学』において、プラトンのイデア論と数学的自然観を次のように批判した。ピタゴラスの「数的調和の原理」やプラトンの幾何学主義「数学的実在論」などを自然の原理とすることは根拠のない形而上学的思弁である。自然の成り立ちと数学の論理との対応を実証的に基礎づけることなしに、観念的原理を宇宙に適用することは誤りであるというのである。数は抽象であり実体から分離したものであるゆえ、数学が主に関わるものは形相と質料である。対して自然科学は感覚の対象である具体的個物や実体に関わるものであるから、自然の論理と数学の論理とは異質である、というわけである。この批判は、無批判に数学を全自然の原理とすることの戒めであり、重要な指摘であった。近代以前の中世と２０世紀に、数学が自然科学の記述に有効であること、およびその根拠・理由について盛んに論じられたように、それは科学論の重要課題である。

　アリストテレスは物理的自然学のみでなく、論理学、分類学、動物、植物学を含む学問の一大殿堂を築いた。その学説には、部分的に多数の誤りや矛盾があったが、体系的にまとまっており、当時としては優れたものであった。だが、アリストテレス学派はそれに長く固執したために教条的となり、後に科学の発展の妨げとなった。近代科学の成立過程はアリストテレスの自然学を一つ一つ覆していくことであった。

（9）自然学の社会的地位と担い手

　古代ギリシア文化圏の知的営為に関する価値観は「知のエートス」であった。それゆえ、自然学の目的は、普遍的かつ究極的「自然の原理（アルケー）」

120

を求め、世界の森羅万象を合理的に理解することであった。その到達したところは、世界の基本的な構成原理と構成要素、つまり自然の究極的原理の追求であった。その到達点が元素、原子から、本質としてのイデア、形相である。また、その方法は理性によるロゴス的探究であり、その姿勢は自然の観照的認識であった。自然の仕組みを形式的（表層的）に理解し説明するのではなく、物事を論理的に深く追求する精神がその特徴である。この姿勢と方法は自然を対象化し客観化して認識することへ道を拓いた。

　このような「知のエートス」が生まれた土壌は、周知のように、都市国家、ポリスの成立である。農耕生活から都市生活へ移行は、自然から離れることでアニミズム、神話から抜け出すとともに、自然を対象化し合理的に理解することを可能にした。したがって、自然学の担い手はポリス社会の自由市民のなかの知識階級であった。ギリシアの場合は主に哲学者であり、労働は奴隷にゆだねることで、彼らは専ら議論に専念し、純粋な理論知を追求しえた。これら知識階級は経済的にゆとりのある人たちであったが、その経済的基盤は一様でない。教師や医術による収入や後援者からの援助など多様だったようである。

　ヘレニズム時代以後のアレクサンドリアでは、科学は皇帝の庇護のもとで宮廷科学となり専門化していった。「開発された技術は、生活に役立つものよりも、娯楽に向けられる発明者の方が知恵があるとみなされるようになった」とアリストテレスはいっているそうである[28]。このことは当時の自然学者の立場と科学的学問の性格を表している。

　ギリシアがローマに征服されてから、ギリシア科学は急速に衰退していった。その理由にあげられるのは、奴隷制にあるといわれるが、それ以外の要因も指摘されている。アレクサンドリアでは国家の庇護のもとで宮廷科学となったために、権力に依存して不安定な存在となった。そしてローマ帝国は科学に関心がなかったために、その支配下では科学は衰えていったというのである。

　もう一つの理由は、ギリシア科学の内在的理由にあると、佐々木は次のよ

121

うに指摘している(26)。ポリス社会を覆う知のエートスはギリシア民族の批判的精神を生んだ。それが純粋科学や数学を育てた土壌となった。しかし、科学は批判精神（クリティカ）のみでは不十分であって、その先に議論の論点、視点となる「場所」（トピカ topos に由来）が必要である。なぜならば、科学理論には柔軟性と能動性が必要性だからである。公理論体系の欠点は、研ぎ澄ましすぎると固定化し、融通性を失うところにある。ギリシア科学は観念論化と同時に硬直化していった。ギリシア社会の性格は「アゴン」（agon、競技、競争）であり、そのアゴンはスポーツのみでなく弁論、音楽の競技など、問答競技が盛んであった。それが廃れたことが、学問衰退の理由でもあるとともに、ギリシア科学の公理論的性格に限界があったというわけである。その後の科学の継承と発展の様相を見ると、これは注目すべき指摘である。

いずれにせよ、ヘレニズム文明はギリシアとオリエント文明の総仕上げであった。その輝かしい成果はアラビア、次いでラテンへと継承され、西欧近代科学として開花したといえるであろう。

（１０）ローマ帝国の科学・技術

前２世紀にはローマが地中海の全域を支配下に治め、ローマ帝国を築いた。ギリシアもその一部となった。ヘレニズム時代が終わり、その学問文化はローマ帝国よりもむしろ後のビザンツ帝国（東ローマ帝国）に引き継がれた。ローマ帝国には商業都市が栄え、戦利品も含めて経済的にも豊かであった。したがって、哲学や科学、数学が発達する基盤はあったはずであるが、実際はそうではなかった。

ローマ人はギリシアの文化を高く評価し受容した。だが、彼らはギリシア人のような抽象的、論理的思考を好まなかった（適合していなかった）ので、知識人も自ら研究することなく、ギリシアの成果を教養として身につける程度であった。ギリシア・ヘレニズムの科学や数学は継承されたが、科学、天文学、数学などの理論的研究はギリシア系の科学者に委ねられた。しかし、ギリシア・ヘレニズムの学問、文化はすでに衰退していたので、その分野ではあまり進歩は見られない。その中でも成果として残ったものは、２世紀の

122

プトレマイオスの天文学、ガレノスの生理学説、3世紀のディオファントスの数学などである。

この地の数学研究には注目すべきものがある。ギリシア数学が保存されただけではなく、後世に影響を与える重要な研究もなされた。アレクサンドリアのディオファントス（２５０年頃）は、この時代の代表的数学書『数論』を著した。彼は未知数の省略記号「未知数記法」に省略記号（x, x^2, x^3に当たるもの）を考案し、代数方程式の解法を開発した。それはアラビア数学に引き継がれ、近世ヨーロッパの数学にインパクトを与えたといわれる。パッポスもアレクサンドリアで活躍した最後の数学者の一人である。『数学集成』（4世紀前半）は数学解法の宝庫「解析のトポス」といわれている。

その他、ルクレチウスの原子論『物の本性について』は一時途絶えた原子論を後世に伝えることに貢献した。また、プリニウスによる博物学的分類の集大成がある。彼は自然認識に関するギリシア・ローマ時代の知識を、大著『博物誌』（Naturalis historiae）３７巻にまとめた。このような広範なデータの蒐集は、ローマ帝国の広大な支配地があってこそ可能であったろう。

ローマ人の関心事は、学問の分野ではギリシアの論理的なものではなく、ソクラテス的なもの、いわば人文系の修辞学、歴史などであった。また、技術に関しては専ら土木、建築の技術、戦争兵器と技術の開発にあった。ローマ文化の素晴らしい遺産は建築、美術である。ローマを中心とする都市建設のために道路、橋、水道など大規模な工事が盛んになされた。そしてローマ人はその公共広場で行われる格闘競技や演劇に熱中していた。

それらの土木、建設工事には非常に精密かつ高度の技術を必要とするものがあったから、その基礎にはギリシアの科学理論が必要であったろう。その気になれば科学を研究し進歩させる条件はあったはずである。だが、ローマ人の目は、自然の仕組みに関する知識を技術として利用する方向に向けられ、自然の原理の探究には無関心であった。つまり、自然の仕組みについて、その着眼点と発想がギリシア人とは反対であったわけである。それゆえ、科学への寄与で後世に遺るものはほとんどなかった。

4世紀後半にはゲルマン人の侵入により、ローマ帝国は東西に分裂した。

西ローマ帝国は４７６年に滅亡したが、東ローマはその後１０００年も存続した。ローマ帝国の衰退と滅亡によって、科学文明の中心は中東のイスラム圏に移行していった。

第６節　古代科学文明のまとめ

　中国、インド、ギリシアの三大文明において、古典科学が生まれる時期はほぼ同期である。期せずして多くの学者が一斉に輩出して思想面も含めて学問が開花したことは、人類文明の進化論としても興味深いことである。各文化圏の内部では諸学派、知識人らの間に学問的交流は多少あったろうが、それら諸学派は最初は各地にほぼ独立に派生した。それまでに蓄積された経験知識により培われた土壌が醸し出した「知」が一斉に芽吹いた感がある。その蠢動が各地で同時に始まり、相互連関しながらネットワークを形成した様は、あたかも「粘菌」が環境の好転で、一つの協同体のごとき増殖運動を開始する様を連想させる。粘菌は周囲の栄養源が枯渇すると集団と成ってキノコ状の胞子体に姿を変えて休眠状態となるが、適当な条件下で胞子は発芽してアメーバ状の細胞となり、周囲の栄養豊富な培養液を取り込みながら急速に増殖してネットワークを構成する不思議な生物である。

　古代の三つの文化圏で生まれた科学（自然学）は、その形式と内容においてかなりの違いがある。いずれも自然の仕組みを探究することを目的としているのだが、何のための探究か、つまり科学の目的（社会的役割）によって、探究の方向と方法が異なっている。その違いが生じた原因は、自然に対する関心の持ち方にある。つまり、自然の仕組みの何に着目し、いかなる眼識で観察するか、その着眼点（着想）と観点（発想）により問題意識も変わってくる。自然の現象面に関心を持ち、その知識の実用を目的とするならば、技術と結びついた実用科学が発達するだろう。逆に、自然の根源的仕組みに関心があれば、自然の原理や法則の解明に目を向けるだろう。その関心の向け方、着眼点と観点は自然観に強く依存するが、同時に着想と発想の展開は思考形式にもよる。それゆえ、自然観と思考形式の違いで、問題意識と解明の

方法も変わり、科学重視か技術重視かになる。それによって、それぞれの理論的スタイルが規定され、理論的科学か実学的科学に分かれる。東洋では実学重視の傾向が強く、ギリシアでは論理的探究を尊重した。インドはそのいずれでもなく、主に自然超越的な認識（輪廻からの解脱）に向けられた。

　科学の知識には実証の裏付けが必要であるが、その意識の程度によって科学の方法、ひいては理論形式に違いが出る。古典科学（自然学）は実証性に乏しいが、程度の差はあれ、経験知識を論理的に裏付けようとの意識が西洋には見られたのに対して東洋では希薄であった。西洋の分析的認識法は理論の根拠を求める傾向があるので、実証性を求めるようになる。

　総じて、中国では観念的普遍概念（気－陰陽）を、インドでは抽象的普遍概念を基本原理としたが、それ以上の追求がなかった。それに対して、ギリシアから西欧ではイデア的普遍から具体的普遍（実体）へと追求を進めた。そこにはそれぞれの自然観と思考形式が反映されている。

　科学の社会的地位と社会的機能は科学の担い手に象徴される。古代では科学の担い手と生産労動の担い手とは、いずれの文化圏においても階級的に分離していた。そのために科学の発展はやがて停滞した。その階級的分離状態がそのまま続いた文化圏（中国、インド）では、その停滞は中世にも及んだ。ギリシア・ヘレニズム文化圏は滅び、科学文明は他の文化圏に移行し、新たな社会的地位をえるとともに、担い手も代わり新展開を見ることになる。

125

第2章　中世における科学・技術

　中世は近代科学誕生の基礎となる土壌を培った注目すべき時代である。そ
れはギリシア文明と近代西欧文明を単に中継するといった単純で平凡な時代
ではなかった。中世における学問文化の動きは、中国、インドなど東洋にお
いて着実な進歩はみられるが、特に目立った変化、発展はなかった。だが、
東洋の進んだ科学・技術は中東（ペルシア、アラビアなど）に移入され、ヘ
レニズム文明と融合し、そこで独自の文明を形成するのに大きく寄与した。

　中世の西欧は暗黒時代といわれたが、それは歴史の一面に過ぎない。ロー
マ帝国滅亡の後、中東と地中海沿岸では刮目すべき進歩があった。それがイ
スラム圏の文明である。そのイスラム文明は１２世紀以後西欧に移行し、近
代科学の誕生へと繋がっていった。それゆえ、中世のイスラム圏の科学文明
と、それを受け継いだラテン、西欧の文明は近代科学の誕生にとって極めて
重要な時代である。

第1節　中国の自然観と科学・技術

　中世の隋・唐時代は官僚制度も整い、文化は繁栄した。教育機関をはじめ、
天文学、医学などを司る国家機関が設けられた。唐の都長安（西安）を中心
として、インド、西域との交流が盛んで、交易のみでなく多くの宗教者、科
学・技術者が往来した。しかし、１０世紀後半から１４世紀中葉までの期間
は学問、思想的にはあまり進歩は見られない。

　ただし１１世紀に入ると、自然観や学問の分野でかなりの動きがあった。
特に宋の時代になると思想的にも新たな転換が起こり、宋・元文明といわれ
るほど、独自の思想、学問、科学、技術が築かれた。

（1）中世中国の自然観

　まず、自然観に関しては、道学の登場と宋学の確立である。北宋期に、周
敦頤（１０１７－１０７３）が「陰陽は太極なり」と唱えた。五行は陰陽に
統一され、陰陽は太極に統一されるという。「太極」とはもとは『易経』に

ある言葉である。その本は無極であり、太極が動いて陽生じ、静かにして陰生ずと。太極は万物の根源であり、ここから陰陽の二元が生ずる、とある。

次いで、気の思想家、張載（横渠）（１０２０－１０７７）は「太虚即気」論を唱えた。虚無、空無を否定し、気が聚ると万物となり、散じると太虚となる。「太虚」とは太虚空、大いなる空間のことであり、万物を内に包含する空間であるという。そして、太虚と気の関係を水と水に浮かぶ氷に例えた。これは気一元論である。無からは何も生じないと「無」を否定し、気の運動因を気の内部的対立に求めた。これは宇宙生成論と構造論を統一的に論じたものである。張載のこの説は、朱子に引き継がれ、後の中国宇宙論に貢献したといわれる。程顥（１０３２－１０８５）と程頤（１０３３－１１０７）兄弟は、兄が道学の創始者であり、弟がそれを確立した。彼らは張載らと共に道学を形成し、朱子学に大いなる影響を与えた。その道学は儒教の人間学を深めることにより「修己」と「治人」を統一的に捉えようとするものである。そして「万物一体の仁」を提唱した。万物は「天理」なりとして、天と人、物と我、外と内の合一論を主張した。これは人も自然も同じ「理」によって存在するという「人と自然の一体感」である。

さらに程頤は「格物窮理」（理を窮めることにより物に至る）といって、理を重視した。彼は理気二元論者だという説もあるが、気よりも理を優先させたともいえるだろう[1]。

ここには合理的科学精神がみられるが、「窮理」の方法が問題である。分析的方法によるのか、彼のように直感による全体的把握法により、自然理解の内容が異なるからである。

南宋の朱子（朱熹）（１１３０－１２００）は、張載や程兄弟の思想と自然観を引き継ぎ、宋学を集大成した。朱子の提唱した「気と理」の自然学は、宇宙論、天文学、気象学を含む体系で、中国における自然学の総仕上げともいえるだろう[2]。その「気と理」の自然学は気を主体にしたものである。理は形而上の存在であるのに対して、気は形而下の存在であるとした。気は自然を構成する物質的基体である。その運動、変化（濃密化と希薄化）によって万物を構成する。気は始原から存在し、無から生成されることはない。

127

これは物質保存を意味し、空虚は否定された。

万物の物質的根源としての気は陰陽となり、その組み合わせ（比率）によって差異を生ずる。さらに陰陽の気は五行の質を生じる。「陰陽と五行の七者が衮合（こんごう）して、それが物を生ずる材料である」（朱子語録）。

しかし、形而下の存在、気はそれのみで成立するのではなく、形而上の存在、理によって物が物として存在し、その法則的秩序が保たれるとする。理は「所以然（しかるゆえん）の故」「所当然（しかるところ）の則」と説明され、物事の存在の根拠と、自然の秩序ないし、組織の原理である。しかし、理は能動的原理ではなく、気に乗っている。それは、馬に乗った人の役割のようなものだが、駒を進めるわけではない。気は自ずからなるままに動くが、理をはずれることはない。つまり、理は自然的存在のあり方パターンであるという。これは「自然論」を理に基づいて考察を一歩進めたものである。

朱子の気・陰陽・五行の概念は、一気が分かれて陰陽となり、それが五行を生ずるとし、陰陽が分かれて五行になるのであって、陰陽のほかに別に五行があるのではない。陰陽は物の生成に関わるもの、五行の気は質（属性）であり物の存在に関わるものとされる。（『朱子の自然学』[2]）

朱子の哲学は、気と理のうえに築かれているが、理は形而上の存在であって、主として人間学にかかわる。万物の種差を生むのは「性」であるという。性は物事に種差を与える性質であり、また物の作用の質でもある（例、薬の効能の差）。理が万物に具わって性となる、すなわち性は存在の価値概念である。理が自然の秩序、仕組みの原理に関する「当然の規則」であるように、性も「当然の理」といって、程頤にしたがって「性即理」を主張した。性を人間に当てはめると儒教となるという。

（2）宇宙論・天文学

張横渠が新たな観点から、気一元論を基礎に据えた宇宙生成論を説き、朱子がそれを敷衍して一応の完成をみた。

横渠は「気即空間」、空間は太虚であるといった。気は自ら運動することがその本質である。不断に運動し集散を繰り返す。澄んだ陽気は浮上して天

となり、濁った陰気は下降して地と万物の形態を取る。

　これを受けて朱子は、宇宙構造を次のように考えた。気は最初から存在するもので生成されたものではない。地は天の気の中にあり、その中央に存在する。気は絶えず回転運行して地を支えている。この宇宙模型は横渠の宇宙論と渾天説を合わせたものであろう。

　一気・陰陽・五行の気の諸概念を併せて、時間的生成論との連関が論理的に展開されているのは朱子自然学の特徴である。

　天文学は暦法と密接に関係して発達するのはどこでも同様であるが、中国では天人相関説により国家政治と関連して特にその傾向が強い。暦法はしばしば改編された。

　天体観測の基準座標としては、中国では赤道座標を用い、日月惑星、および彗星の運行を正確に決定した。それにより日食、月食の時刻を計算し予測した。太陽の黄道と月道が少しずれていて、二つの環のように重なりあっており、蝕が起こることを構造論的かつ光学的に説明したのは、中国では朱子が最初であるという[2]。

　天文学の進歩は、観測精度の向上が不可欠である。中国では精密測定が要求されたので、早くから観測機器は発達していた。沈活は観測機器の製作技術の方が、天体運行の知識よりも先行するといって機器を重視した。朱子も、精密な観測機器なしに優れた理論は期待されないといって、沈活の考えに同意した。北宋の蘇頌と韓公廉は「水運渾儀」という天文時計装置を作成した（１０８８）。この観測装置は実に精巧で、西欧にかなり先んじていたそうである。それは沈活と朱子に、観測機械を介在させて、量的理論を構築する科学的認識法を育ませたと、山田は指摘している。

　沈活と朱子は宋・元時代を代表する科学者・技術者といえるであろう。彼らは、これまでの学知を含めて、中世の中国の自然（科）学を広い分野にわたり集大成した。

（3）中国の技術

　技術の四大発明のところ（第1章）で述べたように、羅針儀を説明した最

初の文献は、１１世紀に沈括が著した『夢渓筆談』（１０８０年頃）である。その中で、沈活は磁石の指極性と偏角を論じた。偏角は羅針盤による方位決定に欠かせない重要な要素である。

　中国の機械製作技術は昔から優れていたので、この時期に西欧に先駆けて、「水運渾儀」にみるように、天体観測機器に目覚ましい進歩があったことは当然かも知れない。

　また、印刷術が木版印刷から活字印刷（粘土を固めた膠泥活字）へと進歩したことが、宋文化の発展に大いに寄与した。鉄製錬の技術も発達し製鉄が盛んになった。これらのことは、いずれ中東を通して西欧に影響を与えた。

（4）中国の思考形式

　古代の自然観でも触れたが、中国思考形式は、分析的ではなく、直感的、具象的であり、現象的に全体を把握する傾向にある。人間と自然を対立的に捉えるのではなく一体感をもって相互連関のうちに観る。全体論的把握法は、自然や事物を有機的統一体と見ることに通ずるよい面もある。しかしその反面、具象的な理解の仕方は、物事を個別的に捉えることを意味する。一見相反するようなこの認識法は矛盾ではなく、文字表現としての「漢字」文化にも現れていると思われる。漢字は全体の象形を一字で表す全体的表現であり、一字ずつ個別の事物と対応させる表意文字である。

　個別的思考は、物事の認識法としては枚挙的分類によるパターン化である。したがって、抽象、普遍的理論の体系化を苦手とする。だが、そのことは体系化をしないのではなく、枚挙によるパターン化によって、「自然史」的な体系を構成したのだと、山田は指摘した。このパターン化による体系は、枚挙的（外延的）ではあるが、一般性を持つ類型に基づいて類推することを可能にする。その類推により「最適値」を選択することで、実践のために有効となりうる。実践に役立つのは、演繹的体系ではなく、諸々のパターン分類の原理に基づく表示（パターン化）であるという。

　古代の中国では、陰陽・五行に基づきすべての物事を五行に合わせて、五臓、五味、五方などのように、また本草学においても、形式的パターン化が

なされた。この場合は、時間的変化のない並列的パターン化、すなわち「自然誌」（博物学）的な体系化である。宋代になると、宇宙の創生、天体の運行、自然の運動変化など、時間的要素を取り入れた「自然史」的な体系化を構想したと山田は主張したいのであろう。

だが、外延的パターンによる体系化は、当面の実践には有効であろうが、実証的科学としては不十分である。類型化によって選択することは、比喩的類推による判断であるから限界がある。演繹的体系は論理的推論による予言能力を有する。この予言能力は、類推による選択とは異なる実践的有効性を発揮する。またさらに、実証科学としては、「仮説（理論）－演繹－予見－観察・実験」のサイクルが機能するために、演繹による予言能力が必要である。これこそが実証科学の進歩発展の推進力である。この問題については近代科学のところで詳しく論ずるので、ここではその指摘にとどめておく。

（5）中国数学の黄金時代

唐の滅亡後、１０世紀後半から１４世紀中葉まで、宋・元時代に中国の数学は最も栄え、黄金時代を作った。特に宋の末頃から元の初期（１３世紀）にかけて、飛躍的発展があった。秦九韶の『数書九章』、李冶の『側円海鏡』、『益古演段』などにその成果が見られる。この頃最も注目すべきことは、算木を並べて一元高次方程式を立て、それを解く「天元術」を完成させたことである。天元術は宋末の１３世紀に発展した中国で生まれた代数問題の解法である。その重要な教科書は朱世傑の『算学啓蒙』（１２９９年）である。天元術は算木、算盤を使う代数学の問題の解法である。主に一元代数方程式のみを扱うが、後に多元連立方程式を扱う二元術、三元術、四元術も生まれた。ただしこれらはほとんど広まらず埋もれていたようである[3]。

天元術の由来。問題の答えとして求める数を仮に $0+x$ の形で設け、これを「天元の一」（てんげんのいち）という。天元術は「天元の一を立て、何々とす」といういい回しから始まり、これが西洋代数学でいう「何々を x と置く」にあたる。それから論を進めて算盤上に一元代数方程式を表示し、その根を導いて答えをうるというものである。

天元術の画期的なところは、それまでの天下り的に解法と結果を示すやり方と異なり、方程式の導出と解法の過程を明かにしたことである。それはまた、次の段階へ進み、代数方程式を生む可能性を秘めている。その意味で、天元術は中国の伝統数学にとって大きな質的転換であり、その意義をいくら強調してもしすぎることはないと牧野はいっている[3]。

　天元術は西欧の記号代数と本質的には同一内容を持つといえるが、しかし表現形式に質的な差がある。それは単なる表現形式の差にとどまらない。算木の並列とその組み替え操作によって表現する方法は、アルファベットを用いて未知数を表す記号代数の抽象化と演算操作の自由度を有しない。事実、宋元数学においても、すべて具体的問題を扱い、方程式を一般化、普遍化することはなかった。

　もう一つ重要なことは、最後まで数学と科学との結合がなかったこと、すなわち数学的自然観が培われなかったことである。数学のための数学、技術のための実用数学にとどまり、数学に必要な抽象化、普遍化が欠けていた。これも具象的、個別的な中国思考形式によるものであろう。そのせいか、それ以後は残念ながら見るべき進歩はない。

　明初期（１３６８）から清末期（１９１１）まで、この時期には教育制度が完備し大学のなかに数学を専門とする算術科が設けられ、技術者向け数学者の養成を行った。また科挙制度に「明算科」があった。しかし、そこで養成された者たちは、みな官史として任用された。数学の分野に限らず、中国では有名な学者でも政治家（官僚）を兼ねたものが多い。それゆえ数学も自然学も最後まで実学としては発達したが、普遍的な数学理論としてはそれ以上新たな進歩はなかった。

第２節　中世インドの科学
（１）インド数学
　インド数学の功績はゼロを数の概念に導入したこと（ゼロの発見）である。それを用いて１０進法による位取り記法を発明し、計算法を開発したことである。ゼロの概念は６世紀頃、１０進法の位取り計算に導入され、空欄にゼ

132

ロ記号（点・）で表記した。この計算法はインド数字（アラビア数字と呼ばれているもの）とともに、アラビアからヨーロッパに移入された。その貢献は数学ばかりでなく科学においても計り知れないものであろう。

　インドの科学領域は広く漠然としその体系も整っていなかった。数学も天文学のなかに含まれて発達したが、比較的早く体系化された。それでも、数学を一つの学問体系として論じたのは、5世紀末になってからのアールヤバタの著した『アールヤバティーヤ』（499）である。次ぎに、ブラフマグプタは『ブラーフマスブタシッダーンタ』において、数学を「パーティガニタ」と「ビージャガニタ」に分化して論じた（ガニタ ganita は計算、数学の意）。

　「パーティガニタ」は実用的性格を有し、類型化された問題（平方、開平、立方、開立など）に対する基本的演算と実用演算を指す。「ビージャガニタ」は正負の数とゼロなどの数論、および方程式の解法である。方程式論はクッタカ（二元一次不定方程式）や、一元一次、多元一次方程式を論じている。

　これらの分野はバースカラが『リーラーヴァーティー』（1149〜50）に集大成した。ここで注目すべきことは、未知数記号に相当する概念を用い、文字を使って代数演算を行うことができるところまできていたということである[4]。

　ゼロの発見といい、方程式論と未知数に近い概念といい、抽象的な数学概念の発達は、個物の特殊性を捉えるよりも抽象的、普遍的なものを重視するというインドの思考法の産物であろう。

　数学に限らず、インドではすべてスートラ形式（暗記用）によって単純に表現されるので、数学も計算手順のみ与え、証明を付けてない。数学の体系化や証明概念に至らなかったのはスートラ形式が要因の一つであろう。

　天文書で注目すべきは、ギリシアの弦の概念を3角関数と同値の概念へと発展させたことなどである。これもアラビア世界へ伝達され、天文数学に寄与した。　インドにおける数学はこれ以後、見るべき発展はないという。

（2）インドの運動論

第1章で述べたように、古代インドの科学（自然学）では運動の概念が重要視された。輪廻思想に基づく世界の創造と破壊の循環的宇宙論においても運動論は不可欠である。それゆえ、運動論は自然哲学において詳しく考察された。6世紀頃、プラシャスタパータは『句義法綱要』でインド特有の運動論を展開した。その中で述べられている潜勢力（ヴェーガ）は、運動体が運動を継続するために必用な能力で、いわば運動体に込められた「惰性」に相当するものである。運動体のヴェーガが尽きると運動は停止すると考えた。この概念は、基本的な考え方としては、6世紀におけるアレクサンドリアのピロポノスや、10世紀アラビアの傾向説（mayl）を連想させるもので、14世紀のインペトウス理論へと繋がりうるものであり注目に値する。さらに10世紀頃には『句義法綱要』の注釈書が書かれ、運動論が考察されたが、それ以上の理論的発展はなかった。

（3）インド科学の停滞理由

　上層カーストは自ら生産に手を下すことはなく、労働はすべて下層カーストに負わせた。医者も汚れた職業とされ下層カーストに属したことからも分かるように、技術も科学も実学的知識は下層が担い知識階級と乖離した。知識階級は技術と疎遠になり、技術から科学へ昇華する道は狭かった。知識階級（上層階級）が生産労動から離れ、それが科学停滞の一因となった事情は中国、ギリシアのそれと共通している。

　それ以外に、インドでは自然学と宗教の関係も見逃せない。自然学の合理的理論はバラモン教理と相容れず、教理を掘り崩すであろうと自然学が排斥されたことも、停滞の一因と見られている。だが逆に、バラモンに批判的であったジャイナ教や仏教のように、宗教教義と自然学は融和し、両者の矛盾対立が顕現しなかったために、かえって自然学が宗教から独立することが遅れたとの指摘もある[5]。やはり、科学の発達には、キリスト教義と科学論理との矛盾、対立関係から生じた「二重真理説」（宗教的真理と自然学の真理とは独立に存在する）のように、科学は宗教教義から独立して経験に基づく合理的論理によって自然認識を深める道を選ばねばならなかった。

134

第3節　アラビア科学（イスラム圏の科学）

　5世紀頃、ローマ帝国の衰退の時期から、中世には文明の中心はアラビアを中心とするイスラム（教）の文明圏に移った。そこに誕生し発展したのが、いわゆる「アラビア科学」である。ヘレニズム文明が衰退したのち、ギリシア文明はイスラム圏に引き継がれ、中世期にはそこに根をおろして、新たな発展を迎えたわけである。

（1）ギリシア・ヘレニズム科学のアラビアへの移行

　理論偏重のギリシア・ヘレニズム科学は、自然からの情報不足で行き詰まり衰退した。さらなる発展のためには、異なる自然観によって自然から新たな情報と異質の観点と発想を必要とした。ギリシア・ヘレニズム文化は直接アラビアに移行したのではなく、まず一旦東ローマのビザンチン文明に引き継がれた。そこのネストリウス派が異端として追われて西アジアに逃れ、ササン朝ペルシアに移住した。このネストリウス派がギリシアの学問を、この地のシリア語に翻訳し伝えたのである。ジュンディー=シャプールを中心とするササン朝ペルシアでは、ギリシアやインドなどの伝統文化が渾然一体となって、当時の文化的統合を成し遂げた。その文化がさらにネストリウス派の媒介によって、シリア語からアラビア語に翻訳されてアラビアに伝えられた。こうして伝承されたギリシア科学がアラビア科学の基礎となった[6]。ペルシア文明はギリシア・ヘレニズム文明を保存し中継したのみで、さらに発展させることはなかった。

　イスラムの創始者ムハンマドは「すべての知恵はアッラーから来る」といって、知恵を求めて努力することを宗教的義務と課した。「ゆりかごから墓場まで、知恵を求めよ」と学問を奨励したので、教育が普及した[7]。

　ムハンマドの死（633年）の5年後に、アラブ人はローマ、ペルシアを打ち負かして、アラビア半島にアラブ国を建設した。その後急速に勢力を延ばして、バグダードを中心とするアッパース王朝を設立した。アッパース朝の勢力はアジア、アフリカ、ヨーロッパにまで及び、陸海の交通網を整備した。諸都市間のそのネットワークを通して、人物、知識、技術の交流が盛ん

135

になった。また、都市と農村との有機的結合を保ち、都市は商業、手工業、学芸、教育の中心となった。

　学問の分野では、代々のカリフが学問を奨励し、まず、イスラム世界のペルシア化が始まった。それを主導したのは、主にペルシア人といわれる。その黄金時代は8〜9世紀であり、第5代カリフ（786）、ハールーン・アッ゠ラシードの頃に、ヘレニズム化が最高潮に達した。

　このアッパース朝がアラビア科学の基礎を作り、そして8〜9世紀に黄金時代を築いた。

「アラビア科学」の最盛期は9〜11世紀である。その地域はアラビアのみではなく、広くオリエントや地中海沿岸にまで及ぶ領域を包含している。また、「アラビア科学」はアラビア人のみによって築かれたものでもなく、イスラム圏の多民族の協力によるものである。「アラビア科学」の名は、アラビアを中心とするイスラム圏においてアラビア語で書かれた科学という意味である。

　アラビア科学は8世紀頃から13世紀にわたり、東西文明の接点として独特の科学文明を開花させた。すなわち、ギリシア・ヘレニズムとローマ文明、シリア文明、およびインド、中国文明など東西の伝統文明を融合して、新たに独自の文明を開花させたのがイスラム文明であり、その文明の中で「アラビア科学」は誕生した。アラビアの学術は11世紀に頂点に達した。その頃最も活躍したのは、イブン゠アル゠ハイサム（ラテン名　アルハーゼン）、アル゠ビールーニー、イブン・スィーナー（ラテン名　アビセンナ）らである。それゆえ、イスラム文明、特にアラビア科学の果たした役割は、ギリシア文明を受け継ぎ西欧に橋渡ししただけという旧説は、誤った歴史観であった。

　あれほど長期にわたって繁栄した強大なローマ帝国は、科学への寄与はほとんどなく、アラビア科学が興隆した。その頃商業都市が栄え、そこに知識階級が存在してギリシア・ヘレニズムの文化を尊重したことでは、ローマ帝国もイスラム帝国も同じである。それにもかかわらず、ローマではなくイスラムに科学が興隆したのは、やはり、自然観や思考形式（発想）などの違い

からくる学問に対する姿勢の相違にあるだろう。

アラビア科学の最盛期は9〜11世紀であるが、その形成から衰退の歴史は3期に分けられる。第1期はバグダードを中心とするアッパース王朝期（8〜9世紀）が、シリア、ヘレニズム文化を基盤にして成立した時期。第2期は全イスラム期（10〜11世紀）で、その地域は東はバグダード、西はコルドバ（スペイン）、南カイロに及ぶ。第3期はアンダルシア・モンゴル期（12〜15世紀前半）とされている。

（2）イスラムの自然観

イスラムは、ユダヤ教とキリスト教の影響のもとで砂漠地帯に生まれた。アッラーの神を絶対視する一神教であり、初期は教会や僧侶もなく偶像を排して、教祖ムハンマドの言をまとめた「コーラン」とその読み手イマム（指導者）、および礼拝のための庭園のみを必要とするシンプルな制度であったという。このように余分なものを排したシンプルな信仰スタイルは砂漠の風土から生まれたといわれる。

イスラムのアッラーは人格神である。変化に富んだ自然に囲まれた地の宗教はみな自然神であるが、ユダヤ教、キリスト教と同じく、砂漠地帯に生まれた宗教の神は人格神となるようである。

アラビア科学は、人工物を基準にして自然物を捉える傾向があった。余分な要素を切り捨て単純化（人工化）したものを基準にして自然を理解するという姿勢であろう。砂漠は自然のあらゆる付属物を剥ぎ取りむき出しの地肌をあらわしているから、荒涼たる砂漠のなかには人工物が目立つ。人工物は余分な要素を切り捨て、物質的構造と物質的過程がはっきり見えるから理解がえやすいというわけであろう。それゆえ、人工物を基準にして自然物を捉えるという思考は砂漠風土の反映と思われる。むき出しの自然を直接観察、観測することで自然の仕組みを理解するための観測機器が発達し、そのような人工物を通して自然を理解するようになったのであろう。

アル＝ラーズィ（865~925）はアリストテレスの「自然はそれ自体のうちに運動の原理を有する」という自然観を批判した。その見方は"自然

137

にはそうなる本性があるからそうなるというだけで、形而上学的説明に止まり、現象を理解する要因を求めていない。そうではなく、技術的操作によって自然に問いかけてこそ自然の機構を知りうる”と主張したという。自然はこうした人間の技術的操作によりその仕組みを露わにするというのである。したがって、自然に関する科学と人間の操作する技術とは分離し難く、操作的科学、実践的科学が主流となった（伊東）[9]。すると、実験科学の遠因はアラビア科学にある、といえるだろう。

　アリストテレスのこの自然観はギリシアの物活論を超えた大いなる前進ではある。アリストテレスは観察をよくしたが、自然に積極的に問いかけるまでに至ってない。この点ではまだ形而上学の域をでず、その自然理解の姿勢は東洋の「自然論（じねんろん）」と共通するところがある。それゆえ、アル＝ラーズィの主張は自然科学が次の一歩を踏みだすために必要なものである。それにしても、精度の良い観測、測定には技術のみでなく科学理論が必要である。その理論はギリシア・ヘレニズム科学からのものであった。

　アラビア自然科学のこの性格と人工物を基準にして自然物を理解する傾向は、砂漠的風土によるものであろうし、また人格神とも通ずるであろう。

　イスラムは絶対神アッラーを信奉したが、支配地において他の宗教には寛大であり、税金さえ納めれば、宗教と商業の自由を認めたという。そして、イスラムはムハンマドの意思を受けて、知恵の源は何処であるかは問わず、すべての知識を尊重した。それゆえ、支配地の人々は協力的であった。

　初期にはイスラム固有の学問であった神学、法学、歴史学、文法学などではイスラムの信徒ムスリムの学者が活躍した。次いで、外来科学の受容が隆盛となると、遠征地ペルシア、インド、シチリア、エジプトなどから、ギリシアの文献を持ち帰り、勢力的に文献蒐集を行った。バグダッドに研究所「知恵の館」を建設し（８１５年）、そこに大規模な図書館、天文台を附設して研究を奨励した。そこに各地から多くの学者、文化人を集めて保護、優遇し、研究させると同時にシリア語とギリシア語の文献をアラビア語に翻訳させた。それゆえ、アラビア科学は多民族の協同により築かれたものである。

学問の研究は創造神に対する畏敬の念を深めたが、プラトンやアリストテレス哲学の受容は、信仰と理性の対抗をもたらすこともあった。イブン・スィーナーは新プラトン主義から世界の永遠性を説いた。新プラトン主義の特徴は、永遠の絶対的「一者」から世界の多様なものが流出したという観念である。この「一者」の思想は容易に「一神教」と結びつく。だが、新プラトン主義は神秘主義の源にもなった。

　１２世紀になると思想面で新たな動きが見られる。イブン・トファイルは哲学を宗教の上に明確においた。この思想は当時の宗教家らに哲学に対する警戒の目をもたせた。トファイルの弟子イブン・ルシュド（ラテン名アヴェロエス１１２６～１１９８）は、アリストテレス注釈の権威であり、「知性単一説」、「二重真理説」を唱えた。知性とは個々人により異なるものではなく、あるのは同一で普遍的知性というものであると。この知性論と関連して、彼は二重真理説の諸端になる説を展開した。相矛盾する二つの命題があって、一方が哲学の原理で真理であれば真理であり、他方も宗教的信条によって真理であれば、やはり真理であるというものである。この説は、哲学と宗教を協調させようという試みである。しかし、このような立場は結果的には、哲学的真理を追求する哲学が論理的ゆえに優位に立つようにできており、神学の側から批判をあびた。この二重真理説は、後にラテン・アヴェロイズ主義の信奉者によってキリスト教世界に伝えられると、批判され異端宣告を受けることになる。それは宗教よりも哲学的真理を優位とする論理を内包すると危険視され、１３世紀には西欧で二重真理説を巡る論争に発展する。この論争は神学とは独立に科学研究を促進する役割を果たすことになった。

（３）アラビア科学の特徴

　アラビア科学は、外来科学の医学、天文学、光学、化学を主流として発達した。その特徴は、何といっても、ギリシアの理論偏重の純粋科学と東洋の中国、インドの実学的科学を受容し結合して、科学に新たな息吹をもたらしたところにある。もう一つの特徴は、この地域の風土と民族の自然観を反映したと思われるが、科学におけるその思考形式は、複雑な要素を切り捨て単

純化した人工物を基準にして自然物を捉える傾向である。そのためか、観測機械を改良して、大型の測量、観測機器を造り、実測と実験の科学を進めたことに注目すべきである。それと関連して、科学ばかりでなく技術も発達した。それは西アジアにおける運河の開削、地下水路、揚水車を用いた灌漑など大規模工事に見られる。また、中国伝来の製紙法、羅針盤、火薬などの利用法を開発し、西欧に引き渡した。

　アル＝ファーラビー（ラテン名アルファラビウス、9世紀末頃）は『諸科学の枚挙』において、学問を次のような6種に分類した。
　1．言語の科学　2．論理学　3．数学的諸科学
　4．自然学と形而上学　5．政治、法学　6．神学
この中の3．数学的諸科学の中味は
　理論的科学・・数論、幾何学、静力学
　実践的科学・・計算術、測量学、重さの学
となっている。これから分かるように、ギリシアの学術を継承しながらも、もう一歩踏み込んで自然の仕組みを追求しようとするものである。それは操作的実験科学への志向である。
　科学史におけるアラビア科学の功績は、しばしば指摘されるように、ギリシア科学の理論中心の性格に対して、実践的技術と理論的学問を結合し、形而上学的行き詰まりの時期にあった科学に新たな局面を切り開いて発展させたといえる。すなわち、ギリシア科学にオリエントや東洋の科学・技術を採り入れ新たな観点をもって独自に科学の理論と方法を切り拓いたのである。

（4）アラビアの天文学

　天体観測の発達は、砂漠の旅の道標のため、またイスラムの神への祈りの時間と方角を砂漠のなかで正確に知る必要性から促された。星辰の運行は神の名において研究されたという[7]。それゆえ、アラビアの天文学は、ギリシアの詩的神話の星座を読み込む天文学とは異なる性格の天文学だといわれる。星座よりもむしろ個々の星を重視した。

140

初期の天文学はインド、ペルシアの影響のもとで成立した。9世紀頃から
ギリシア天文学のプトレマイオス体系の優位性が認識されるようになり、
12世紀頃までそれが主流であった。この時期は巨大かつ精密観測機を作っ
て観測精度を上げ、天文定数の数値の一部を修正するなどが主であった。そ
して、インドからの三角法を発展させて sin, cos, tan などの表を作成し、天文
数学に寄与した。

　アラビア天文学の重要なところは、この水準にとどまらず、プトレマイオ
ス体系を批判し、それを超えたことである。アリストテレス宇宙論とプトレ
マイオス体系の幾何学的モデルとの矛盾を認識し始めそれを克服した。まず、
スペインのイブン・バージャやアル＝ビトルージーは離心円、周転円など
の不自然な概念を排して、エウドクソス―アリストテレスの同心天球説を復
活させたといわれる。その後、アッ＝トゥースィーは『天文学の記憶』にお
いてプトレマイオス体系を批判し、「アッ＝トゥースィーの対円」といわれ
る宇宙模型を提唱した。それらは主として13～14世紀に、イブン・アッ
＝シャーティルを中心とするマラーガ天文台の研究者たちによってなされた
という。また、シャーティルの月理論は地球中心説ではあるが、後のコペル
ニクスの月理論に影響を与えたと推測されている。

　このように、天文学においても中世を乗り越える土台を築き西欧に譲り渡
したのである。

（5）アラビアの物質論と錬金術

　アラビア科学の物質論は、プラトンやアリストテレスの物質観が、イスラ
ムの教義に適合した形式で根を下ろした。その物質観は錬金術と密接に関連
している。

　アラビア（イスラム）錬金術の起源は三つあるといわれる。最も重視すべ
きものはヘルメス主義の復活である。それはシリアのハッラーンとエジプト
のアレクサンドリア経由でイスラムへ導入された。二つめは錬金術の理論的
根拠をギリシアのアリストテレス自然学に求めたこと。それは質料、形相論
と4元素・4性質による物質転換論である。もう一つはエジプト、メソポタ

141

ミアで培われた化学的技術といわれる。それらの錬金術を統合して、実験的錬金術が発達した。

アラビアの錬金術は、単に卑金属を金に変えるというのではなく、魂の浄化と密接に関連している。精神浄化との結合は中国の錬金煉丹術にも見られたが、アラビアの場合は、ヘルメス主義と新プラトン主義からきている。魂の浄化のために物質の精製を行い、卑金属の金への転化は魂の浄化につながると信じた。アラビア錬金術の第一人者といわれるジャービル・イブン・ハイヤーン（8〜9世紀頃）やアル＝ラーズィらは水銀、硫黄、塩を物質の3原質と考えた。調和と平衡を物質変化の原理とて、小宇宙（人体）と大宇宙（物質界）の調和を前提にした。すべての金属は硫黄（男性的原理）と水銀（女性的原理）からなり、両者の対立と調和により変化すると。ジャービルの業績は多方面に及ぶが、物質科学、薬学の分野が顕著であり、その業績は各種化学器具の発明にも見られる。

その後のイスラム錬金術師は多数にのぼるが、その中で、アル＝ラーズィは哲学、医学にも精通していた。彼は宗教的立場から「なぜ」を問うよりも「いかに」を問う実験的錬金術を勧め、膨大な実験的物質科学の知識を残した。彼は錬金術の操作、実験法と実験器具を開発し、その詳細な解説と説明を著しており、その解説の内容は近代的物質科学に近い優れたものといわれる。彼が発明したとされる、塩酸、硝酸、硫酸の精製と結晶化法などは現在の化学工業の基礎となっているそうである。彼らの開拓したアラビア錬金術は中世ヨーロッパの錬金術に多大の影響を与えたという。

このように、アラビアの実験的錬金術には合理的な側面が見られるが、他方では、宗教的色彩をおび、錬金術に特有の精神的、神秘的側面もあった。いずれにせよ、実験的錬金術から実践的な物質観が出現した。水銀、硫黄、塩をすべての物質を構成する3原質とみなしたのもその一つである。

この元素論的物質観に対して、10世紀には、物質の究極的実体として原子論が唱えられた。イスラムでは神の絶対性を主張するために、一般的には存在論の基礎を原子論においた。不可分・不変の原子の結合と分裂による変化で多様な物質が生成されるとするならば、偶然に見えるその変化（偶有

（arad)」という）こそ全能の神の手によって支配され、世界は維持されていると考えた。物体の変化（原子の集散）はすべて神が作る偶有によって説明され、原子間の相互作用は否定されている。ただし、偶有を認めない宗派（アシュアリー学派）もあった。ギリシアの機械的原子論とは異なり、イスラムの原子論では原子の運動を支配しているのはアッラーの神である。

　イスラム原子論の起源については、古代ギリシヤ起源説、インド起源説、独立の発生説など諸説があり、はっきりとしたことはわかっていない。

（6）アラビアの物理的科学：観測・実験科学の芽生え

　物理学の分野では、光学、機械学、運動学の研究が盛んに進められた。その中で、数学を援用した実験的精密科学の基礎が徐々に築かれたといわれる。

　光学の研究は、幾何光学の反射屈折の法則、鏡と像の関係、さらには虹の説明など新分野を開発した。機械学の発達も見逃せない。機械学はヘレニズムのヘロンらを継承し、精密機械や観測機を考案し発明した。この機械学の進歩は、観測・実験を重視するアラビア科学の方法と関連があるだろう。１７世紀西洋の機械論的自然観の土壌はこの頃この辺から培われていったのではなかろうか。事実、アラビアの科学者らはアリストテレスの目的論的自然観に対して批判的であったといわれている。

光学　光学の研究は後の西欧科学に引き継がれ多大な貢献をした分野の一つである。光学の分野において、数量的分析法と実験とを結合した実証的科学を開発した研究者たちがいた。そのなかで、特にイブン・アル＝ハイサム（ラテン名アルハーゼン９６５－１０３９）は最も優れた科学者である。彼は、水中への屈折角やレンズの研究から眼球の生理学を拓いた。さらに数学的処方と注意深い実験を結合して、球面鏡や放物面鏡を用いた反射光学の研究を行った。その成果を著したアルハーゼンの『光学』は、数学的記述と実験法とを組み合わせた近代的科学の研究法を示した最初のものである。それは１３世紀のグロステストとロージャ・ベイコンの「数学的実験科学の方法」に寄与した。

143

この他に、イブン・スィーナーの『治癒の書』のなかの「自然学」も数学と実験を駆使した光学研究として知られている。

運動論　運動論においては、パルメニデス・ゼノンの運動の矛盾を踏まえて、アリストテレスの運動論から始め、運動と存在についての議論がなされたが、それに止まらなかった。

　アル・バラカートは、運動が次の六つのものから成り立っていると考えた。すなわち、動かすもの、動くもの、何処から、何処まで、運動の範囲（距離）、時間の隔たりであると[10]。

　この運動論はインドやギリシアのそれとはかなり異質である。運動の様態（動くもの、運動領域など）と運動の原因（動かすもの）とが運動成立根拠と同じカテゴリーに括られている。しかも、運動形態（直線とか上下方向など）ではなく、距離と時間が重視されていることである。これは後の西欧における運動論の定量的定式化の準備段階とみることができる。

　さらに重要な変化は、真空の存在を肯定し、物体の運動は真空のなかで起こりうるとしていることである。また、ピロポノス（6世紀）の影響があるかも知れないが、放物体の運動継続の理由を「mayl」説（傾向説）というもので説明した。それによると、動かすものから投射体へ運動の「傾向」が与えられて運動が持続するというのである。この運動論に見るように、アリストテレス運動論を否定し、乗り越えている。この傾向説はイブン・スィーナー、アル・バラカートから13世紀西欧のマルキアの「残留力論」へ、さらにビュリダンたちのインペトゥス理論（次章参照）へと繋がったといわれている[11]。

　このように、いったんはアリストテレス自然学を受容しながらも、それを批判的に克服する努力が　運動論に限らず諸所に見られる。それらはアラビア科学の所産としてラテン世界、西欧に引き継がれたのである。

（7）アラビアの医学
　広く東西の交流の地であったので、アラビアの医学も様々な人種や宗教の

医学者たちにより築かれた。それゆえ諸文化の集大成的意義をもった包括的医学といえる。最盛期はやはり8～11世紀で、ジュンディーシャプールのネストリウス派の知識人と諸方から結集した「知恵の館」の学者による。医学はイスラム文化の中で重要な位置を占め、医学者は尊重された。この点はインドの場合と対照的である。

　アラビア医学の特徴は、ギリシア医学を初め、ペルシア、インドなど諸外国の医学を吸収、消化し、独自のイスラム医学を形成したことである。そして、他分野の科学と同様に、理論と実践を融合したところにある。すなわち、理論医学と臨床医学を結合して発達させた。アラビア医学は、中世における他の地域と比して最も進んだものだといわれる。

　アル＝ラーズィは臨床医学の最高峰といわれており、『包含の書』は臨床医学に必要な知識はすべて包含されているそうである。イブン・スィーナー（980~1027）は理論的医学の第一人者といわれる。肉体と精神の平衡と調和を重視し、それによって健康が維持されるとした。彼の『医学典範』は理論医学の名著である。『包含の書』と『医学典範』は後の西欧医学に大きな貢献をし、17世紀まで西欧医学において重きをなしたといわれる。

　解剖学では、『アル＝マンスールの書』は近代的叙述法で書かれているという。注目すべきものは、イブン・アン＝ナフィース（13世紀）の血液循環説である。彼は右心室と左心室を結ぶ小穴の存在を否定して、心臓→肺→心臓の小循環説を唱えた先駆者である。これと同じ小循環説は16世紀になってスペインのセルベートが提出した[(7), (11)]。

（8）アラビアの数学

　アラビア数学は、ギリシア数学やインド数学の影響を受け発達した。歴史的には、まずギリシア語の著書をアラビア語に翻訳し、「ユークリッド原論」の厳密な論証数学や『アルマゲスト』（プトレマイオスの天文数学）などを引き継いだ。インドからの影響として重要なものは「ゼロの概念」や、それを用いた「位取り記数法」があげられる。この位取り記法は数計算を容易にし、算術のみでなく数学の普及に多大の貢献をした。それゆえ、インド式計

算法の導入は、数学を幾何学的、理論的なものから計算を主体とする形態に変容する役割を果たしたことになる。ちなみに、一般に「アラビア数字」とも呼ばれる算用数字のもとは「インド数字」である。この他に、インドから伝えられた数学分野のものは、天文数学の三角法、代数の萌芽となった方程式論であろう。

　ギリシア数学はプラトン、アリストテレス的哲学思潮と結合して理論的数学に傾倒し、実用的数学（計算術など）は軽視したといえる。それに対して、数学においても測量や技術などの実学と結合させたアラビア数学の方法はギリシアやインドには見られなかったことである。だがそれに止まらず、理論的ギリシア数学と実践的インド数学を結合した幾何学的解析、算術的解析を発達させ、アル＝フワーリズミー、バッターニーなど多数の数学者が輩出した。このように、アラビア数学は１１世紀以降に独自の発展を遂げた。そしてイブン・アル＝ハイサムで頂点に達し、ナシール・アッ＝ディーン・アットゥーシーがそれを極限にまで高めたといわれる。

　アラビア数学独自の功績はなんといっても代数学の開発、発展であろう。代数（algebra）という語はアラビア語の al-jabr が起源で、「復元」（所与の方程式を、移項などにより、標準形に変換し復元する手段）の意とされる。近代代数学はアラビア数学から発展したもので、その起源を遡ると古代インドの数学（バースカラの方程式論）にたどり着くという。

　第１章の「ローマ帝国の科学」のところで触れたように、アレクサンドリアの数学者ディオファントス（３世紀）は『数論』を著し、そのなかで未知数（ x, x^2, x^3 に当たるもの）の省略記号「未知数記法」として省略記号を考案し、代数方程式の解法を開発した。代数学の発想はディオファントスから始まったといえるだろう。９世紀のバグダードの数学者アル＝フワーリズミーは代数学を幾何学や算術から独立した一分野として確立したといわれる。そこに至るまで彼はインドの数学から学んだことを『インドの数の計算法』として著し、イスラム世界に広めた。アル＝フワーリズミー以前のディオファントスなどは、方程式を解くのに個別的（場当たり的）な技法を使っていたが、アル＝フワーリズミーは一般化された解法を初めて使用した。彼

146

は、一次不定方程式、二次方程式、二次不定方程式、多変数の方程式などを解く方法を開発し、代数学的手法をより高度なものへと洗練させていった。

「代数」といっても、当時はまだ記号を使った数式表記が発明されていなかっので、計算方法はすべて言語によって説明されている。それゆえ、代数の概念や式のアルゴリズムが培われた段階である。アラビア数学は後年ラテン語に翻訳されヨーロッパに伝わり、そこで本格的な記号代数が確立された。

頂点に達したアラビア科学は、ギリシア数学へ疑念を抱き、ユークリッド的数学への批判も現れた。たとえば、比と比例（比＝分数とみる）について、また平行線公理への疑問などである。それを記した『ユークリッド原論への疑念の解決』や『ユークリッド著作の公準への注釈』などはその後の数学の進化にとって極めて重要である[12]。

（9）アラビア科学の貢献

アラビア科学はその内容と方法において、科学史の画期的な転換期を担った。前述のように、東西の異質文化を融合させて、ギリシアの抽象的理論中心の探究法に対して、東洋的な実践的、技術的学問を採り入れ、さらに観測・実験を行って新たな研究方法を開拓した。それは実証的実験科学の始まりであり、硬直したギリシア・ヘレニズムの論理を克服する素地を築いたという点でも、その意義は大きい。

他方では、数学における方程式論に見られるように、それ以前の個別的、具体的問題から離れて一般化へと向かった。それは具体的問題から抽象化への道であり、まだ言葉による表現で記号代数には至らなかったが、それは近代的な記号代数化への端緒となった。この科学と数学の方法の転進はアラビア科学の甚大な功績である。

このように、アラビア科学は自然に即した実学的傾向が強かったが、その反面で神学の影響で、錬金術や占星術に見られるように神秘主義的性格も強かった。その神秘主義は新プラトン主義と結びついている。それゆえ、アラビア科学は合理的な面と神秘的な面の二つの性格を宿していた。そのことは、科学がまだ宗教の傘下にあって、独立した合理的学問になっていないことを

147

示している。

とはいえ、「アラビア人は、ギリシア人の遺産を没落と忘却から救い、それを体系的に秩序づけ、ヨーロッパに伝えたというだけではない。彼らは、今日的意味における実験化学や物理学、代数、算数、三角法、そして地理学、社会学の創始者となった」とS.フンケは強調している(7)。

ではなぜアラビア科学はこのような役割を担いえたのだろうか。進んだ文化を継承し、進歩発展させるには、それを継承する文化圏が先進文化を評価し受容するだけではなく、その文化の価値と意義を認めて積極的に興味と関心を持つことが不可欠である。

ローマ帝国はギリシア文化を評価し受容したが、ギリシア科学には関心が薄く興味もなかった。彼らの関心と興味は専ら政治と格闘競技にあり、そのための都市と道路建設に必要な土木、建築技術の開発に力を注いだ。

ネストリウス派がギリシアの学問をシリア語に翻訳し伝えたササン朝ペルシアも、ギリシア、インド、中国の知識を採り入れ、当時学問は盛んであった。彼らの経済的、教育的レベルは、それらの学術文化を継承発展しうる力量を有し、精神的風土にあったはずだが、アラビアへの中継役に終わってしまった。周囲の国についても同じようなことがいえる。その理由は分かっていない。

それに対して、イスラムは「知恵は宝」といって学問を尊重し、積極的に外来の学問を採り入れて研究を進めた。アッバース朝は「知恵の館」を設立し、組織的かつ積極的にギリシア語文献の翻訳を開始した。他地域とのこの差は、基本的には自然観と思考形式の違いによるものと思われる。

アラビア科学は広く東西の異質文化を積極的に摂取するばかりでなく、上記のように、科学の分野では東西の科学・技術を融合し、新たな発想をもって科学の理論と方法を開拓した。学問の転換には、新たな発想と着眼点の変更が必要であるが、それには新たな自然観と思考形式が望まれる。特に、東西の異質の学問を継承し統合発展させるには、種々の自然観と変化に富んだ思考形式の統合が必要である。すなわち、単眼的発想ではなく複眼的観点と着想がなければならない。それには多民族の協力が不可欠であると思われる。

148

アラビア科学は、最初シリアに移住したネストリウス派の貢献が欠かせないものであったろうが、最盛期に至るまでに各地から多民族の学者が協力して研究を推し進めた。ここが研究と交流の中心となり、イスラム圏における学問の興隆を推し進めた。このように自然観や着想、発想の異なる多民族の協力が、イスラム圏において学問の転換を可能にしたといえるだろう。

　１１～１２世紀には十字軍がイスラム世界へ度重なる侵攻を行ったために、イスラム帝国とともにアラビア科学も衰退していった。最大の原因となったのは１３世紀におけるモンゴル帝国の侵入といわれる。それ以後、イスラム文明はラテンから西欧に移転していった。だが、その前に１０世紀中葉からすでにアラビア文明（科学）のラテン語訳が始まり、１２世紀にはラテン世界にルネサンスが起こった。
　国家の保護のもとに繁栄した学術は、国家の覇権が衰えると、それとともに衰退することは、ヘレニズム文化の場合と同様に、イスラム文化にも見られる。

第4節　中世西欧の科学・技術
　ヘレニズム科学の衰退以降、ローマ帝国ではキリスト教が支配的となり、科学よりも聖書の教義や自然観が権威をもつようになった。理性による自然理解は排斥され、キリスト教の教義に基づく自然の解釈が優先された。ヘレニズムの学問とその施設（図書館など）は、異教として熱狂的キリスト教徒により破壊された。その後、中世の暗黒時代といわれる時期が西欧では続いた。この時期に栄えたアラビア科学が、ラテン世界に移行し始めるのは１０世紀頃からである。
　アラビア文献のラテン語訳によって、ラテン、西欧へアラビア学術が移入し、受容され始めたのは、早くは１０世紀頃からといわれている。イスラム文化と接触のあったスペインのカタルーニアがその発祥地とされている。本格的な翻訳運動は１２世紀に起こり、スペイン（トレドと北東スペイン）、およびイタリア（北イタリアとシチリア島）がその中心であった[6]。

149

（1）１２世紀ルネサンス

　１２世紀から１３世紀にかけて哲学、医学、天文学、数学、錬金術に至るまで、あらゆるアラビア学術のラテン語訳が盛んとなった。特に、トレドには「アラビア学術研究センター」が設立され、学者を集めて翻訳させた。そこで「トレド翻訳学派」と呼ばれる学者が活躍し、この成果が中世西ヨーロッパに強い刺激を与えた。

　この翻訳運動を通して、ギリシアとアラビアの文化を受け容れる啓蒙活動は「１２世紀ルネサンス」と呼ばれている。最初はアラビア語からラテン語への翻訳で始まり、後には直接ギリシア語から翻訳されるようになった。こうして１２世紀頃から、アラビア（イスラム圏）、ビザンツを介して、ギリシア・ローマ文明が、それまで取り残されていた西欧に移入しそこに文化の高揚が始まった。

　これらの翻訳活動の中で、有名な人はイギリスのチェスターからきたロバートとイタリアのゲラルドである。この頃の翻訳書は西欧ルネサンスにとって重要なものが多いが、そのなかで注目すべきものは、アル＝フワーリズミーの『代数学』のラテン語訳、およびアル＝ファーラビーの『諸学の枚挙』であろう。前者は本格的な西欧代数学の出発となったし、後者は西欧の伝統的自由７科を打破して、新学問の分類を行う契機となったという。それは後に、西欧学問の４科（幾何学、天文学、算術、音楽）に代わって、機械学、光学など実用的学問重視の機運をうながしたとみられている。

　ヨーロッパに１２世紀ルネサンスが起こった内在的理由を、伊東は次のように述べている[6]。①封建制の確立：国家と教会の分離が封建国家の確立をもたらし、それは国力の充実と社会の安定（宗教的、政治的）によって、近代的官僚国家への第一歩であった。そうした安定した国家秩序の下で、商業などの経済的流通も可能になった。②食料生産の増大（９世紀以降の農業革命による）：これによって、経済的に豊かになった。③商業の復活：食料生産にゆとりができ、農業以外の商人や手工業職人が登場してきた。商業活動を行うことにより、閉鎖的でなく開かれた経済社会となった。④都市の勃

興：商人、職人を中心とした都市がうまれ、華麗な都市文化をつくりあげた。⑤大学の成立：これまで大都市のなかには司教座聖堂があり、その付属学校が大学の萌芽的形態となり、やがて大学に成長した。⑥知識人の誕生：都市の勃興と関連して、通商活動が盛んになり職人のギルド組織がつくられ、聖職者や貴族ではない専ら知識を追求する知識人が現れた。

　イスラム圏に含まれ、またはイスラム圏と接触していた国や民族はほかに、北アフリカやオリエントにも多数あったにもかかわらず、なぜ先にあげた4地域（カタルーニア、スペインのトレド、および北イタリアとシチリア島）でアラビアとギリシア文化の熱心な受容が始まったのであろうか。それには学術文化と自然認識に関する自然観と思考形式が深く関係していると思われる。上記の内在的理由のなかで、特にこれら4地域に共通している点は、交易とそれに伴う人的交流によって広く外の文明圏に対して開かれていたことである。

　実際に、度重なる十字軍によって東西貿易が進み、商業都市の活動が盛んになって封建社会が変質していった。その中で農業と手工業の生産量が増大し、余剰生産物の交換のための定期市が各地に生まれ、貨幣経済が普及していった。その結果、各地に中世都市が築かれ、自治権を獲得していった。都市と商業の発達は、そこで自由な環境を育み、広い視野の思考法を有する自由人を生み出す。そして、経済的にも豊で比較的安定した社会のなかで学問に目覚め、知的活動が芽生えて、新たな知識を渇望するようになったのであろう。

　カタルーニアは当時地中海との貿易で栄えており、最初イスラム勢力圏に属していたが西欧文明圏に移行したので、アラビアと西欧との接触の窓口になった。トレドはレコンキスタ（国土回復運動）によってイスラムから西欧に帰した後も、イスラム教徒、ユダヤ教徒、キリスト教徒が共存し、主にアラビア人とユダヤ人の共同作業によって、古代ギリシア、ローマの哲学、神学、科学の文献がアラビア語からラテン語に翻訳された。北東スペインではカタルーニアの影響もあり、西洋各地との人的交流を通して学術的刺激を受

151

けた。それによって１２世紀から１３世紀にかけてギリシア、アラビアの学術の翻訳と普及活動が盛んになった。この地域ではキリスト教に改宗したユダヤ人の活躍が目覚ましい。また、イタリア、イギリス、フランドルなどからきた学者の寄与も無視できない。

　北イタリアのヴェネツィア、ピサ、ベルガモは、地中海世界で交易の中心であり、自由都市として栄えた。そして、ビザンティン帝国と通商関係にありギリシア文化と接触していた。シチリア王国はパレルモを中心として地中海交通の要所に位置し経済的に安定していた。この島にはギリシア、アラビア、ラテンの３文化が共存し、交流の適地であった。こうしてみると、先行文化に関心をもち、その価値を評価する眼識が養われるのは、広い交易によって見聞を広めることのできた地域、そして政治的、経済的にも安定し繁栄した地域（自由都市）であった。さらに、交易による交流のみでなく、多地域の人々（多民族）の知的交流と協調にもその要因があったろう。

　そのことは古代ギリシア以後、ヘレニズム、アラビアにも見られた現象である。自ら生産し交易による経済的繁栄の地には、自由もあり学問にも目が向けられるようになる。ローマの文化の繁栄は、支配地からの収奪により支えられた経済によるものであったから、学術文化の発展にはつながらなかったのであろう。

（2）中世西欧の自然観

　イスラムの衰退以後は、全西欧はキリスト教が支配的となる。キリスト教の自然観は、全能の神による無からの天地創造説と、それに基づく「神－人間－自然」の階層的自然観である。人間は神のために存在し、神に仕える人間のために自然は存在する。人間は「知性」によって神を認識し、「理性」により自然を知る。この階層的自然観によると、人間は自然の一部ではなく、自然と同質者ではないことになる。それゆえ、自然をその内から共感して認識するのでなく、自然の外に立ち、自然を対象化し客観化して認識することになる。すると、この外からの自然認識は人的操作、すなわち観測・実験によらざるをえないわけで、ここに実証主義的自然観と実験科学の方法の源泉

があると伊東はいう（11）。それも一つの理由であろうが、アラビア科学の観測・実験の伝統も無視できないであろう。この問題は後にもう一度論ずるが、キリスト教の自然観とは関係なく、自然科学において観測・実験が不可欠であることは、自然の一部である人間の築く「科学の不完全性」と原理的なところで関連していると思う（終章　参照）。

　12世紀には、アラビアを通してギリシア文明がラテン世界に移入すると、ギリシア自然観の「汎自然主義」とキリスト教の自然観は相容れず、ラテンはギリシア自然観を排除するようになった。しかし、ギリシアの優れた学術を無視することはできない。特にアリストテレスの諸著書への解釈、注釈が続々と出現した。

　そこで、11世紀以来の教神学者、哲学者により確立されたスコラ学（哲学）とアリストテレス哲学とを融和結合させる動きが始まった。まずアルベルトゥス・マグヌスはアリストテレスの自然学を受けて、自然の研究は“神の奇跡を排して、自然そのもの中に原因を求めよ”と主張した。その考えを継承し完成させたのがトマス・アクィナスである。

　トマスによれば、運動の原因を遡っていけば、自らは動かず他のものを動かすだけの存在に至る（アリストテレスの説）。その不動の一者こそが神なのだ、それは第一原因と言い換えることもできる。この世界が存在するようになるためにはその原因（神）があったに違いない。このようにアリストテレスの論法によってトマスは神の存在を証明した。世界は無から生じないというアリストテレスの自然観に対して、神は世界に先立って存在するとして無からの世界創成を理由づけた。

　トマスは、アリストテレスの学問体系を真に理解し、キリスト教神学と調和させるべく、それを前面に押し出したのである。彼はアリストテレスに依拠することによって、神学からあいまいな部分を抜き去り、それを学問的な基礎の上に立たせようとしたわけである。人間は創造者神による被造物（自然）であるとの自覚を通して創造者の認識に至る。人間は自然の秩序を認識する能力（理性）を神から授かった。理性は神に由来するから、哲学と神学の間に矛盾はない。トマスはこうして神と自然、信仰と理性の調和に成功し、

153

哲学は神学のなかに調和的に位置づけられることを示した。

　スコラ哲学はキリスト教の教義の真理性を哲学的に基礎づけること、また教義の解釈を巡って生ずる諸問題を聖書の権威に基づいて論理的に解釈することが主な内容であった。その論争の中で問題となったのは、理性と信仰、および普遍と実在の関係であった。トマスは人間の理性によって証明できる部分と、啓示によって認識される部分があるといって分割した。事物の実在性について、普遍と個物の関係を論じた「普遍論争」もスコラ哲学にかかわる論争の一つである。実在するのは個物であり普遍的概念は存在しないという「唯名論」と、それと対立して普遍概念は神の啓示により与えられた物で存在するという「実念論（実在論）」とが論争した。

　スコラ学とは別に、哲学的真理と神学の真理とは独立に存在しうるという二重真理説が、ラテン・アヴェロエス主義の信奉者によってキリスト教世界に伝えられた。アヴェロエスはアリストテレス哲学を尊重してキリスト教との調和、すなわち理性と信仰との調和を計ったが失敗した。それは宗教よりも哲学的真理を優位とする論理を内包すると危険視され、異端宣告を受けた。トマスもスコラ学の立場から二重真理説を批判した。しかし、アヴェロエス主義はラテン世界ではかなり浸透し、その影響は無視できないだろう。１３世紀以降、アリストテレスの解釈と二重真理説を巡る論争はスコラ哲学の崩壊を促し、また科学研究を促進する役割を果たした、といえるだろう。

　スコラ哲学は形而上学的な問題について、実りのない空理空論を弄んでいたかのようにしばしば批判される。その批判はもっともなところもあるが、しかし、その議論のなかで論理的思考力が鍛え上げられ研ぎ澄まされた。その論理（スコラ自然学も含めて）の蓄積は、近代科学の形成の背景として有形・無形の役割を果たしたことは無視できないであろう。一見無駄のように思えることでも、とことん突き詰めて考察し議論すれば何かが生まれる。古代ギリシアにおいて徹底した論争によって鍛えあげられた論理と思考形式なしには、アリストテレス論理学や『ユークリッド原論』のような演繹的理論体系は生まれなかったであろう。東洋にはこのような論理に関する徹底した議論は起こらなかった。そこには思考形式の差異が、物事の追求の姿勢に明

154

確に現れている。

（3）数学的実験科学の方法：グロステスト

　近代西欧科学の形成には１２世紀ルネサンスと、それに次ぐ１４世紀の西欧ルネサンスが不可欠であった。１２世紀における『ユークリッド原論』のラテン語訳から、西欧世界は合理的推論による演繹的体系という科学理論のあり方を学んだ。それが１３世紀にロバート・グロステスト（１１７５？－１２５３）およびその後継者ロージャ・ベイコン（１２１４頃－１２９４）の「数学的実験科学」の方法に結実した。グロステストは実験による実証法をイブヌル＝ハイサムの『光学』から学んだという。両者を統一して数学的実験科学の方法に導いたものはアリストテレスの『分析論後書』の方法論であった。

　イングランド出身の神学者で科学者のグロステストは、近代的科学方法論の開拓者といわれるほどその功績は大きい。彼はオックスフォード大学における科学的な思考形式の基を培い、イギリスの学問的伝統の基礎を築いたといわれている。彼の著した『線・角・図形について』の冒頭には“自然という書物は数学の言葉（幾何学的図形）で書かれている、数学という手段がなければその言葉を理解できない”という意味のことが書かれているそうである。この近代的な数学的自然観は、古代のピタゴラスやプラトンの観念論的な数学的自然観とは明らかに異なり、これまでの経験的自然学の蓄積の上に到達したものである。この自然観はガリレオやデカルトに引き継がれ、近代西欧科学を支えた自然観の一つである。また、グロステストはアリストテレスの『分析論後書』に独創的な解釈を施し『分析論後書注釈』を著した。そこに書かれている重要なことは、自然の探求は経験に基づく感覚的事実の知識から、さらにその根拠の探究へと向かわねばならないと考えて、経験的認識の意義を正当に評価したこと、それと共に自然認識における数字、特に幾何学の果たす役割を高く評価したことにある。すなわち実験的実証法と数学的論理とを統合した科学の方法を編み出し、それを提唱したのである。

　イギリスのグロステストやR．ベイコンたちが、科学の方法として数学記

述と実験による実証の意義になぜ気づき、そして強調したのであろうか。それ以前のギリシア、アラビアの科学は、この二つの方法の意義にそこまでは気づかず半ば無自覚的に観測・実験を行っていた。ピタゴラス、プラトンらの自然学への数学適用は思弁的・観念的であり、またアルキメデスの意識は数学的自然観にまで進んでなかった。アラビア科学が観測・実験を取り入れたことは実験科学の萌芽であるが、科学的自然認識の方法として、実験による実証の意義をそれほど自覚してなかった。意識は徐々に育まれるものだが、ここに来て漸く機が熟したといえるのであろう。グロステストは一時パリ大学に留学したが、この科学思想が西欧大陸でなくイギリスから生まれたことは興味あるところである。ちなみに、近代力学や電磁気学の発展史を大陸とイギリスとで対比すると、その理論形成の論理と方法に思考形式の違いが現れ、これと類似の状況がみられる（第4章参照）。

　数学の論理に関しては、公理系から導き出され、論証されたものが正しい命題である（演繹法）というのが『ユークリッド原論』の論理である。他方、科学の場合、経験的事実の説明は科学の第一原理から導かれるべきである。グロステストはその演繹的説明を「合成」といい、合成（演繹）により導かれた説明の正しさを実験で検証すべきだというわけである。では彼の場合、その科学の第一原理とは何か、またそれはいかにしてえられるのか。彼は第一原理を「本質 essentia」あるいは「原因」と呼んだ。それは「直感による飛躍」の助けと、複雑な現象を単純なものに「分解」すること（分析のこと）によりえられるとした。

　グロステストの考えをさらに推し進めて、R．ベイコンは、第一原理から導かれる演繹結果の実験による検証と数学による証明の意義を強調した。自然は自立的法則や秩序を有し、自然認識は直接的（直感的）ではなく、実験を通してなされる。実験科学の「第一特権」は原理のテスト、「第二特権」は演繹ではえられない新たな知識をもたらす、「第三の特権」は積極的実験により新たな学問分野を拓くことであると。

　この科学の方法は、自然現象の説明を神の啓示によるのではなく、実験によって直接自然に問いかけよというものである。そのことは科学の神からの

156

離脱を意味するゆえ、自然観の転換でもある。グロステストがこのような科学の方法に至ったのは光の形而上学的研究からであるといわれている。その「光」とは宇宙創成時の光であり、空間を創造した光である。神は無から第一質料の次に光を創った。それゆえ、光は経験的世界を創りだしたというわけである。その光は厳密な幾何学の秩序に従うと考えて、幾何光学を重視した。したがって、この世界も数学的論理に従う構造をしていると考えたという。

　光の研究でグロステストに決定的影響を与えたのは、アルハーゼンの著した『光学』だといわれている。アラビアの科学のところで言及したように、『光学』は数学的記述と実験法とを組み合わせた近代的な科学の研究法を最初に示したものである。

　このような考察のもとに、グロステストはすべての物理的作用の伝播は、光の三次元等方的放射をモデルにして考えた。彼は『線・角・図形について』において、その原理として「自然は可能な限りもっとも単純な仕方で作用する」という命題を置き、光は最短経路を通ることや、幾何光学の基本法則を導いていた。この原理は、後の近代物理学において、光の伝達に関するフェルマーの原理や力学におけるモーペルチューイの最小作用の原理につながる注目すべき発想（科学観）である。

　グロステストとベイコンの唱えた「数学的実験科学の方法」は革命的ともいえる新科学方法論の展開である。それはアリストテレスの方法をアラビア科学の影響のもとに批判的に発展させたもので、西欧近代科学、すなわち実証的科学の方法の先駆をなし、かつ基礎となった。こうして１２世紀ルネサンスは近代西欧科学への始動を準備した。

　だが、グロステスト・ベイコンの当時は自然科学の研究レベルがまだその論理と方法を活かすところまで達していなかった。この科学哲学が実際に活きてくるのは１６〜１７世紀になってからである。それは後のガリレオやデカルトらによって、近代物理学の形成過程において実現されたのである。

　自然認識における「実証主義的自然観」は、生産的諸条件が整いマニュファクチャー時代の技術の発展とともに、自然との対話の深まりの中で用意さ

れた。さらに、この実証主義的自然観は科学方法論としても、アウグスティヌス－ベイコン－オッカムを経て顕在化し、機械論的自然観を生む一要因となった。

　科学の方法としてこのように実証性の意義を意識的に強調する科学哲学は、東洋にもアラビアにも現れなかった。この点が近代科学へ進むか否かの分岐点であるといえるだろう。

　これまでのアラビア科学から１２世紀ルネサンスまでの経緯を見ると、アリストテレス哲学の果たした役割は非常に大きい。だが、１４世紀以降は、アリストテレス自然学の体系はスコラ学とともに批判され崩壊していく。近代科学の成立はアリストテレス自然学を覆す過程でもあるが、しかしアリストテレスは、論理学と科学の方法に関しては偉大な功績を遺し、後世に影響を与えたといえる。

（4）１４世紀西欧ルネサンスとその影響

　１２世紀から１３世紀にかけて、西欧における都市の発展にともなって、古代ギリシアの研究は知的欲求を刺激した。それによって学問の需要が増すと西欧の各地で大学が設立され始めた。

　１４世紀のルネサンスは、スコラ的権威に囚われずに、またキリスト教の教義に束縛されずに、自然の仕組みを合理的に理解しようとする傾向を一層強くした。その活動はスコラ学への批判とともに、自主的観察に基づく独自的科学研究の始まりであった。

　この時代の支配的自然観は、まだキリスト教の「神－人間－自然」という階層的自然観であった。聖書の真理は絶対的であり、科学の知識も神の啓示による知恵の一部と考えられた。そのキリスト教の階層的自然観はアリストテレスの階層的宇宙観とともに、自然から社会に至るまですべての身分が貴卑、上下の関係で序列化されていた。すなわち、階層的天球宇宙、元素の上下序列（火、気、水、土の順）、大宇宙と小宇宙（人体）との対応から人体の器官、臓泌に至るまで序列化された。この階層的自然観は強固な一つの体系をなしていたので、これを打ち崩すことはいかに困難であったかは想像に

158

余りある。それゆえ、スコラ学の没落は自然観や思想面ばかりでなく封建体制の終焉を告げるものでもあった。

社会変革の原動力は、知的啓蒙と併せて新技術の開発と商業の増大であった。運輸、手工業の改良は商業と交易を盛んにし、新知識を必要とするようになった。中国から伝来した3大技術、火薬、羅針盤、印刷がこの頃の西欧で改良普及され、この社会変革に絶大な影響を与えた。14～16世紀は地理的、社会経済的、思想的に激しい変革期であり、科学・技術も新たな局面にはいる。文明は地中海沿岸地域から西欧北部へと拡大した。西欧社会は技術の進歩によって15世紀末の大航海時代を迎え、世界制覇の野望に乗りだした。彼らは政治、経済の面でも力をつけて、活発な活動期に入ると科学・技術も進展し始めた。

13世紀にはイギリスのオクスフォード大学に次いで、14世紀のパリ大学ではジャン・ビュリダン（1295～1356）のインペトウス理論、ニコール・オレム（1325～82）の質の数量化、ウイリアム・オッカム（1300～49）の唯名論と論理（オッカムの剃刀）など、科学や哲学の分野で、近代科学の形成に欠かせない革新的な動きが始まった。

ビュリダンのインペトウス理論はガリレオの慣性運動論の前身であり、オレムによる質の量化と運動のグラフ表現は数量的運動論の始まりであった。オッカムの剃刀といわれるテーゼ「少ないものでなしうることに、より多くのものでなすな」「実体は理由なしに増やしてはならない」は、デカルトが科学理論から余分なものを切り落とし、本質的な概念と原理によって物理学の体系を築く示唆となったであろう。

14世紀ルネサンスの意義として、特に重要視されているものは職人技術と芸術と科学の結合である。この三者の結合は中世西欧の自由都市が栄えたからこそ、その中で芽生え成長しえた。

科学と芸術の接合は建築や絵画に起こった。自然学と幾何学を応用することで、絵画の透視画法や建築の新スタイルが生まれ、また人体構造の解剖知識が人物画に影響を与えた。それまで職人的経験にのみ頼り理論によらなかった芸術は、ギリシア以来の学問的伝統と結合することで知性化された。

159

その交流により科学と芸術の双方に新たな知的態度が生まれ、新芸術の誕生と新科学の形成へと向かわせたわけである。

　科学と技術との接近により、それまで手工的職人技術を軽蔑し観念的理論の考究を主としてきた科学が（アラビア科学から観測・実験は行われたが）、初めて職人の実践技術に注目し始めた。両者の結合によって科学は人間の主体的操作による実験科学に変貌していった。またそれ以後は、理論が技術の手引きとなり、科学理論と技術の依存関係が確立された。それはやがてマニュファクチャーから機械工業への道を拓くものである。

　科学と芸術との交流、および科学と技術との結合の実践者の代表がレオナルド・ダ・ビンチであった。この三者（職人技術、芸術、科学）の結合により新科学が芽生え、近代科学へと進化したのである。

　それまで閉鎖的組織であったギルドの崩壊で、職人の地位もその知識も開放されると、学者と職人との交流も盛んになり、職人と芸術家の社会的地位が向上した。彼らの交流を一層高めたのはグーテンベルクによる金属活字印刷術と紙の普及であった。それは開放された職人技術に関する知識の一般的普及と、逆に科学的知識を職人や芸術家が学び獲得することに貢献した。

（5）中世西欧の科学

　１４世紀に始まるスコラ学の批判はアリストテレス批判でもある。この哲学思想の批判と同時に、自然学の分野でも自然観と思考形式の変化に注目すべきだろう。アリストテレス自然学を克服するには、形式的に硬直したギリシア・ヘレニズムの静的な論理思考から脱皮することが必要であった。学問の新展開には新たな自然観と思考形式による着想と発想の転換が求められるのだ。

　アリストテレス批判は、司教タンビエの「異端断罪」（１２７７）に端を発したという（ピエール・デュエム）。アリストテレス自然学からの離脱は、まず静力学、運動論から始まった。

（ⅰ）静力学

１３世紀には中世西欧におけるラテン科学の自立的活動が始まった。ヨルダヌス・ネモラリウスの静力学はその先駆けとなるもので、その思考方法と論理は近代力学に引き継がれる重要なものである。『ヨルダヌスの原論』は静力学に関する七つの公理を中心とする演繹的体系の静力学である。その公理はアルキメデスのような釣り合いの論理ではなく、アリストテレスの『機械学』の方法のように動力学的発想に基づくものである。それは平衡状態にあるものを、仮想的にわずかに動かしてみて、公理と矛盾しない要請からその釣り合いの条件を導くという「仮想変位」の方法である。この方法を用いてヨルダヌスは静力学の諸法則を導いた。特に斜面上の重さの釣り合いの法則の証明に初めて成功したといわれている(11)。この着想は実に素晴らしいもので、静力学と動力学を統一する方法を内包している。事実、この分析法は１９世紀にラグランジュらによって定式化された解析力学において実現される。現代の解析力学の方法「仮想変位の原理」、または「仮想仕事の原理」と呼ばれるものの

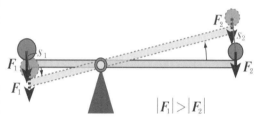

梃子の釣り合いと仮想仕事の図

前身である。　さらにヨルダヌスは「重さの本性」についても、落下法則と関連させて考察を行った。

(ⅱ)運動論

　１４世紀には運動論の研究が盛んになった。その一つは、ブラッドワーデン（１２９８頃~１３４９）を中心とするオクスフォードのマートン学派によるアリストテレス運動論の数学的定式化である。もう一つは、ジャン・ビュリダン（１２９５頃~１３５８）らのパリ学派のインペトウス理論である。
　まず、ブラッドワーデンたちはアリストテレス運動論を、数学によっていろいろと定式化することを試みた。それを通してその運動論の矛盾や難点を浮き彫りにして、その克服を目指した。第１章に示したアリストテレスの運

動法則（速度ｖは駆動力Ｆに比例し、抵抗Ｒに反比例）をｖ＝ｋＦ／Ｒと表した。ＦとＲが同じなら運動は起こらないはずなのに、この式ではｖはゼロにならないゆえ、この法則は実際と論理的に矛盾する。そこで

$$v = k \log (F / R)$$

として、一応辻褄をあわせることはできた。これが契機となって運動の数学的定式化の研究が進められた。だが、彼らはこの式と現実の運動との合致を吟味しなかった。ただアリストテレス運動論を、論理的矛盾のないように、いかにして数学的に定式化するかに専念した。つまり、アリストテレス自然学のうちに留まった研究であった。

　しかし、マートン学派の功績はこれに止まらず、運動の速度、時間、距離などを、グラフで表す方法を開発したことである。縦軸に速度、横軸に時間を取って運動を表現することで直感的理解を容易にし、等速運動や加速度運動を分析することができた。グラフ表示の方法は、連続的に変化する運動を正確に扱うことを可能にした極めて重要なものである。

　その方法で、等加速度運動に関するマートンの法則（運動距離は、初めと終わりの速度の平均、つまり中間速度と時間の積に等しい）を導いた。また、これによりダンブルトンのジョンは等加速度運動における移動距離は時間の２乗に比例することも導いたといわれる。このグラフ表現は、近代力学の形成過程でガリレオ、デカルトらにより活用される[13]。

　ビュリダンらのパリ学派は、ブラッドワーデンらとは対照的に、アリストテレス運動論の現象との矛盾に着目して、その克服に努めた。アリストテレス運動論の難点は、まず投射体の問題での媒体説にある。それに対する批判は、６世紀にすでにフィロポノスが行った。媒体は運動に抵抗こそすれ運動体を押して運動を持続させるものではないと。媒体説に替わって、マイル説は運動体に作用が直接与えられるとした。その後、傾向説や残留説が提唱された。それらは投射体に手から与えられた運動の傾向や駆動力によって飛び続けるが、飛行中に抵抗により「傾向」が消えるか、あるいは「残留力」を消耗して運動は止まるというものである。

162

ビュリダンのインペトウス理論は、運動体にインペトウスが与えられ、それによって飛び続けるが、抵抗がなければインペトウスは失われることなく飛び続けるというものである。この点がそれまでの説と決定的に異なる重要な点である。インペトウス理論は天体の永久運動にも適用された。ここではアリストテレスの天上界と地上界を画然と区別する壁はなくなっている。自由落下運動については、落下体の重さによりインペトウスが次々に与えられる加速度運動であることを説いた。このように、インペトウス理論は、運動現象を通して経験的事実に基づきアリストテレス自然学を否定したわけである。

　グロステストと R. ベイコンの「数学的実験科学の方法」は、この運動学において、数学的科学の方はマートン学派により、実験科学の方はパリ学派によって、その形を整え始めたと見ることができよう。彼らは、ガリレオなどと共に、近代力学の先駆者たちと呼ばれる所以である。

（6）天文学・宇宙論

　西欧中世の科学で、近代力学ひいては近代科学への道を拓いたものは、運動論と並んで１６世紀のコペルニクス地動説である。

　１２世紀にはプトレマイオス天文学が復活し、アリストテレス宇宙論に対する批判を孕んだアラビア天文学の成果を引き継いだ。観測を重視したアラビア科学において天体観測の機器と観測技術は大いに進歩していた。

　１５世紀末には羅針盤の発明によって大洋航海時代を迎えると、それまでの暦や星座の作製や、占星術からの要請ばかりでなく、正確な海図作製のために天体観測の精密化が進み、天文学は急速に発達した。そして、惑星運行の正確な観測データから惑星運動が詳細に論じられるようになり、アラビア天文学から引き継いだプトレマイオス天文学の見直しの機運が高まっていった。この動きと自然観の変化とが相まってコペルニクスの太陽中心の地動説が生まれ、自然観の大転換となる。

　すでに述べたように、コペルニクス以前にも、いくつかの地動説はあった。古代ギリシアのアリスタルコスは太陽中心説に基づく地球の自転と公転を唱

えた。また、地球中心説ではあるが、地球の自転説はインドではアーリヤバタが、西欧では１５世紀のニコラウス・クサヌスが提唱した。クサヌスは無限宇宙を唱え、地球は多数ある星の一つであり、その宇宙の中を運動しているといった。その運動が感じられないのは、静かに航海する船中の人が船の移動を感じないのと同じであると説明した。この素晴らしい着想は、ガリレオが運動の相対性によって地動説を正当化する論法に用いたものである。だが、クサヌスは太陽を巡る地球の公転には気づかなかったそうである。また、１４世紀にニコール・オレムは太陽を崇拝し特別視する新プラトン主義の立場から太陽中心説を唱えた。彼は『天体・地球論』の注釈において、地球の日周運動を否定する従来の自然学的および神学的解釈を論破して、日周運動の可能性も論じた。だが、これらの先駆的意見は、いずれも当時は一般に受け容れられず、否定されるか無視された。しかし、１６世紀になると太陽系と地球運動に関するこれらの考察の蓄積により、自然観の変化とともに、漸く状況に変化が現れた。

（7）コペルニクスの地動説

　コペルニクスの『天球の回転については』（１５４３）は、キリスト教会から異端視されることを恐れて出版をためらっていたが、ついに彼の死の直前に出版された。コペルニクスは、それまでに蓄積された観測データから、惑星の不規則な運動を統一的に理解するための単純かつ秩序立った太陽系の模型を作ることを目指した。その太陽中心説は、また、ギリシア以来の「円の概念」によりよく適合すると考えたからでもある、といわれている。このように、コペルニクスはギリシア自然学をまだ多く引きずっていた。たとえば、恒星天球の存在を認めて、宇宙は有限であると信じていた。そのことはこの時代にはむしろ当然であろう。何事も、伝統的自然観や思考法から一挙に脱出することは非常に困難である。

　惑星運動を秩序立てて説明しうる単純な模型として、太陽を中心に据えればよいことに気づいた天文学者はコペルニクス以前にもいたようである。にもかかわらずそれを提唱しなかったのは、単にキリスト教の教義にもとるか

164

らというだけでなく、むしろ地球が動いているとしたときに想定しうる天文学と運動学上の諸々の困難を説明できなかったからである。だが、この時代になると、アラビア科学の遺産のうえに、オレムやクサヌスたちの考察が地動説の可能性を示唆した。また、ルネサンスによって台頭した新風、スコラ哲学の権威よりも観察・測定に基づく自然研究を重視する姿勢と、新プラトン主義の太陽中心思想などが支えとなって、コペルニクス革命として結実したといえるであろう。

コペルニクスは太陽中心の地動説を唱えるに当たり、過去のアリスタルコスやオレムなどの地動説を知っていたようである。したがって、太陽中心の地動説は、惑星運動が多数の周転円や離心円など複雑な技巧を用いずとも、簡単に理解されるという単純な理由だけではないことは明らかである。

まず、アリストテレス、プトレマイオスの宇宙体系を批判し論駁しなければならかった。プトレマイオス天文学は惑星運動をかなり正確に記述していたのに対し、コペルニクス体系ではかえってその精度は悪くなるという弱点もあった。また地球の公転運動を自然学的に正当化せねばならなかった。たとえば、地球の公転速度は非常に大きいから地球はばらばらに崩壊してしまうという批判に対しては、地球よりも遥かに速く回転している恒星天球は破壊されないではないかと、コペルニクスはかわした。もちろん、これでは批判をかわすのみで、科学的説明になっていないし、地動説はこれ以外にも多くの問題を抱えていた。

それにもかかわらず、コペルニクスがあえて地動説を唱えたのは、恒星を含めて、惑星の不規則な運動を統一的に理解するための単純かつ秩序立った太陽系模型が必要であるという自然観があり、それこそは地動説であるという信念があったからであろう。科学の新説は実証的データに基づいて一歩ずつ論理的に突き詰めていった結果生まれるとは限らない。むしろ自然観に基づく発想と総合的判断から生まれる信念が支えになっていることが多い。

（8）空間革命

165

多くの問題を抱えたコペルニクス地動説が一般に受容されるには長い期間が必要であった。だが、この地動説はアリストテレスの階層的天球の有限宇宙模型を崩壊して、無限に開かれた等方等質空間の宇宙への転換であり、それは正に空間革命であった。そしてその空間革命こそは近代力学の形成に不可欠なユークリッド的宇宙空間を準備したのである。

　しかし、太陽中心の地動説と、無限宇宙説が一般に受容され、科学的理論として定着するには、克服されねばならない自然科学上の諸問題があった。その主なものは、いわゆる恒星の年周視差が見られないことと、地球の公転運動が感じられないことであった。

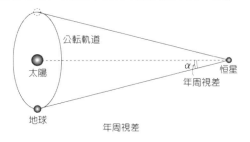

　年周視差は地球が太陽を中心に公転しているならば、同一の恒星を半年後に観測すれば方向がずれて見えるはずなのに、当時の観測ではその視差が見られなかった。アリストテレスの恒星天球模型では、恒星までの距離はずっと近いと想定されていたので、年周視差は当然観測されると予想されたのである。

　年周視差がないという、この結果と矛盾しないように、天文学者のティコ・ブラーエは折衷模型を考えた。地球を止めておき、他の惑星が太陽を巡りそれ全体が地球を中心にして回転するというものである。このように当代の一流天文学者さえも地動説を受け容れない理由があった。実は恒星は遥かに遠方にあり、年周視差は小さすぎて当時の観測精度では見えなかったのである。そのことがずっと後になって分かり、恒星天球は否定され無限宇宙が提唱されるのである。

　地球の公転運動についていえば、公転速度は毎秒３０ｋｍである（当時はもう少し小さい値）、これほどの高速度で運行すれば地上のものは吹き飛ばされ、地球自体も分解飛散してしまうと思われていた。しかも人間は地球の運動を感じないし、真上に投げ上げた物は元の位置に落下してくる。この経験的矛盾を力学的に説明するにはガリレオの「運動の相対性」の理論を待た

ねばならなかった。また、コペルニクス模型では惑星運行の予測は、プトレマイオス模型よりかえって悪くなったが、この点は後にケプラーの楕円軌道の導入などによって修正されるのである。地動説はこのような自然学的諸問題を一つ一つ克服せねばならなかったのである。コペルニクス地動説の受容は、当時の自然学理論の大変革のうえになされたのであって、宗教的理由のみによって批判されたわけではない。

永年信奉されてきた理論はそれを支えるだけの諸々の根拠があるのであって、惑星運行が整然と説明できるという単純な理由のみで覆るものではない。一つ一つの事柄を説明するだけなら、多数の理論が可能であるが、多くの事象を同時に整合的に説明できる理論は限られてしまう。天動説はその中で生き延びてきたのであるから、それを覆すのは並大抵のことではなかった。

キリスト教からの弾圧ばかりでなく、当時の科学者からも疑問視されていた太陽中心の地動説ではあったが、その中でコペルニクス説を熱烈に支持して、無限宇宙説を唱えたのはジョルダーノ・ブルーノ（１５４８－１６００）である。彼は天球を否定して無限に開かれた宇宙を想定し、太陽系はその宇宙に浮遊する多数の恒星系の一つであると主張した。ブルーノ説は天文観測による裏づけがまだない時代であったが、素晴らしい卓見であった。周知のように、彼は異端者として捉えられ、火刑に処せられた。だが、コペルニクスに始まった１６世紀の空間革命はブルーノ説によって一応完成したとの見方もある。

太陽中心の地動説は、まさに天地をひっくり返す自然観の大転換であったが、それは同時に、人間中心主義への懐疑とキリスト教自然観への批判を呼ぶ思想革命でもあった。

こうしてガリレオ、デカルトなどの先駆者たちは、近代科学の方法、諸概念、諸原理、諸法則の基となるものを発見し、あるいは準備した。これらの中には、近代科学を部分的ではあるが先取りしたと思われるものもあるが、個別的または外見的にはそう見えるものでも、実質的内容では近代科学のそれと必ずしも同質とはいえないものもある。自然観が異なり、科学の理論体系が違う場合、同じような表現（用語）でも実質的内容が質的に異なること

はよくある。たとえば、慣性法則の発見前と後では、運動や力の概念の理解の仕方は違うのである。それゆえ、先駆者の業績評価ではこの点を考慮してなされるべきである。

（9）中世西欧の技術

　１３世紀の頃から、中国から伝来した３大技術、火薬、羅針盤、印刷がこの頃の西欧で改良され、普及された。

　大航海時代（１５世紀）には精度の高い天体観測の技術と経緯度を決定するための定量的地理学が求められた。羅針盤の改良による海洋航海には、進んだ航海用器具を必要としたので、機械、器具の製造技術の進歩により精度の高い測定器具が発達した。それに刺激され、また生産技術から生まれた技術と相まって、機械学が発達した。

　火薬の改良は化学的研究を促した。また火薬を用いた大砲は弾道力学を生んだ。

　１５世紀に、グーテンベルグによる金属活字を用いた印刷術の改良と紙の普及は、書籍文化を生み知識の普及を推進した。その効果として、特に指摘されることは、職人技術の記録が公開されると、それが大量に出版されて科学者や芸術家に読まれ広まったことである。それにより職人、芸術家、学者間の広い交流を作りだした[14]。思考形式や発想の異なるこの３者の相互交流は社会構造と思想の変革をもたらしたばかりでなく、近代科学の誕生には欠かせない要因であった。

第5節　まとめ：中世における科学の継承と発展
（1）異民族による学術文化の受容と発展

　文明の盛衰にともなって学術文化も運命を共にしてきた。一つの学術文化が廃れると、それは他の文明圏に引き継がれ、その地で新たな学問として蘇生した。古代ギリシア・ヘレニズムの科学文明の伝統は、民族的、文化的には近いはずのローマ帝国には移行せず、シリアーペルシアを経てイスラム圏に引き継がれ、文化的にはむしろ異質のアラビアに根付き、アラビア科学と

して発達した。その後、アラビア科学はラテンから西欧に移り、そこで開花した。ラテン、西欧がむさぼるように吸収したのはギリシアとアラビアの学術であるのに、なぜあれほど論理的に優れたギリシア人はアラビア科学を、新たな学術として受容し発展させなかったのだろうか。古代ギリシアは、その後すでに経済的、文化的に衰退して力を失っていたからといった単純な理由ばかりではないであろう。学術文化の継承、展開は、社会制度や生産技術以外に、学術の発展段階に応じて、その内容とレベルにマッチした自然観や思考形式を有する文明圏（あるいは民族）によってなされてきた。

それゆえ、近代科学の誕生において、東西にわたる各文化圏において中世社会の精神文化、特に思想、自然観などが、近代科学へと発展しうる条件を備えていたか否かが問題なのである。ギリシアの「静的論理」は古典科学のレベルの理論形式にはマッチしていたが、さらに進んだ近代的な科学の「動的論理」には適合していなかったといえるだろう。近代科学へ向けて進化するにはもう一つの知的転換が必要だったわけである。ラテン、西欧では、中世の間にその準備をしていた。

和辻の自然風土を「一次的風土」とすれば、この精神的風土は科学誕生のための「二次的風土」である。中世の西欧社会は近代科学のための二次的風土が培われていたわけである。

西欧ではキリスト教「神－人間－自然」の階層的自然観のうえに、全能の神が創生した世界は整然とした合理的世界であるとみなされた。その自然の仕組みは神の啓示により理解可能であり、それを知ることは神の意志を知ることに通ずると考えて自然学の研究に向かった。

東洋においては、インド文明はオリエントやギリシア文明の影響を受けたが、インド人は半閉鎖的であり、ほぼ数千年にわたり同一のアーリア民族中心の文明が続いた。中国もずっと漢民族の文化を主流としてほぼ同一の文化が継承されてきた。一時期他民族の支配を受けたことがあるが、その支配者は文化的には漢民族文化に吸収されてしまったといわれている。つまり、インド、中国の自然観と思考形式は基本的には変化せず、学術文化的にはほぼ閉じていたといえるだろう。しかも、その自然観と思考形式は東洋的「自然

論」（自ずから然る）に見られるように、自然の仕組みを分析法によって論理的に追求するというものではなかった。その是非はともかくとして、その姿勢は近代科学の形成には適してなかった。そして、古代からの文化を受容、継承するに止まり、新たに発展させるに足る発想の転換も起こらず、また他の文明圏（または民族）がそこには現れなかった。それが、中世以後の東洋で科学が停滞した大きな原因であろう。

　科学を担う文明圏（民族）が代わっても、その科学を継承、発展できるのは、序章で述べたように、科学の本質にある。すなわち、科学理論は客観性を有し、それゆえに言語により伝達可能であり、かつ歴史的に蓄積可能な知識体系だからである。科学の発展には、特にその質的転換期においては、その知識が同一文明圏（民族）に留まるよりも、むしろ異質の自然観と思考形式の文明圏に引き継がれ、発想の転換があった方がよいといえる。

（2）学術の継承、発展の条件

　一つの先進的学術文化が、ある文明圏で発達するとき、その文明圏（民族）を中心にして、周囲の文明圏との交流が盛んになる。したがって、その学術文化は当然周囲に伝達される。だが、その文化が伝達される文明圏のすべてが、それを受容し継承、発展させるわけではない。元の先進文明圏の進歩が停滞し衰退すると、その先進文化を継承し発展させたのは後発の特定文明圏であった。

　繰り返しになるが、ギリシア・ヘレニズムの学術文化は、ローマ帝国、北アフリカ、中東、インド、中国にも程度の差はあれ伝達されたはずである。しかし、それを受容したのは、オリエントのペルシア、シリアであり、そこを通してアラビアに引き継がれた。アラビア中心のイスラム圏のみがギリシアの学術文化に強い関心を持って受け容れ、そして発展させた。それ以外の文明圏ではギリシアの学術文化の優位性は認めたであろうが、その内容に特に興味と関心をもって積極的に受容しようとしなかった。その理由は、それらの文明圏が、ギリシアの学術を受容発展させるに足るレベルに達していなかったということもあろうが、それよりも自然観や思考形式の違いで、ギリ

170

シアの学術に興味と関心がなかったか、あるいはそれ以外のことに関心が向けられたためであろう。

ローマ帝国の場合は、ギリシアの学術文化を評価し受容したが、領土拡張と帝国国家建設のために土木、建築の方面にエネルギーを注いだ。インドの民族は文化においては優越意識を持ち、閉鎖的で他文化の受容には積極的ではなかった。ギリシア・ヘレニズムの学術に接しながらもローマ、インドでは強い興味と関心がなかったわけである。その理由は、社会制度の違いもあろうが、ローマ人やインド人の自然観や思考形式がギリシアとは違い、学術文化に対する意識がギリシアの学術文化とは異質であったからであろう。

アラビア科学の形成と隆盛には、東西の学術文化を融合し発展させうる多民族知識人の協力が必要であった。単一民族（アラビア人）の限られた着想と発想では、行き詰まった当時の科学を転換させることは不可能であったろう。アラビア科学は広くイスラム圏における多民族の協力を可能にした学術的政策（知の尊重と強制支配の排除）に負うているであろう。商業自由都市における商人は、外に開いた広い視野を持ち自由な発想をする。その様な精神風土の中から、科学の担い手（知識人）が生まれその活動を支えた。新天地で過去の学問を継承し新たな展開を起こすには、異文化を受容しうる多民族の多角的観点と発想が必要であることはアラビア科学の誕生が好例であろう。

中世においてはアラビア科学はイスラム圏内はもとより、その周辺にも拡がっていったはずである。特にモンゴル民族の築いた帝国の支配はイスラム圏にも及んだ。しかし、遊牧文化から脱出して間もない彼らは、科学文明には関心がなかったのであろう。技術は生活にも結びつくのでその有用性を直ちに理解できるが、まだ「自然哲学」から抜け切れていない抽象的な学術、科学の意義を評価するにはそれ相応の精神と知的レベルが必要である。

イスラム文明の衰退以後、アラビア科学は当時文化的には田舎であったラテンから、次いで西欧になぜ移行したのか。あれほど知的で論理的なギリシア民族になぜ再び戻らなかったのか。その主たる理由は、中世の学問のレベルと性格が、古代のギリシア的発想、思考形式（論理）と自然観にマッチし

171

ていなかったからと思われる。ギリシア数学とギリシア科学は演繹的論理の偏重にあるうえに、その理論内容は静的な論理で融通性がなかった。たとえば、ギリシアの伝統数学や自然学では、異質のもの（次元の異なるもの）同士の比は意味がないと考え排除された。一例を挙げると、「長さ」と「時間」は異質のものであるから、その比をもって「速さ」を定義する操作は排除された。異質のもの、つまり異なる類は同列に扱えないとして、同一操作を行うことを禁じていた。このように硬直した発想の論理では、実証性を伴う動的な理論へと移行しつつあった中世から近代の科学には適応しえなかった。観念論的なギリシアの論理と、比例や図形幾何などの静的理論を超える自由な発想と思考形態が次の段階には必要だった。

　科学に限らず学問の芽生えと発展には、文明圏（あるいは民族）の自然観や思考形式が深く関わっている。自然の仕組みに関する認識においては、その仕組みの「何処に」着目し、そして「いかなる」ことに関心を持つかによる、すなわち着眼点と問題意識によって発想と思考方法が異なる。その違いによって科学志向か技術志向か、または芸術に向かうかなど、取り組む分野が異なる。さらに、科学に限っても、その進歩、発展の様相は自然認識における着眼点と発想に強く依存する。東洋と西洋では、問題意識や理論構造が異なるのはその違いによる。

　他文化の学術の受容には、まずそれを受容しうる知識水準に達していること、そして興味、関心があることがまず必要条件である。さらに、それを継承、発展させるには、自然観と思考形式がその次の学術段階に適合したものでなければならない。それとは対照的に、実用的技術の場合は、先進技術を必要とするレベルの社会組織や生活様式であるならば、その必要に応じて必然的にその技術を受容し進歩させる。しかし、抽象的科学の場合はその価値を認めて、強い関心と興味をもたねばならない。それを左右するのは、自然観と思考形式であろう。

　では、なぜそのような自然観と思考形式がその文明圏（民族）に生じたかが次の問題である。その答えは単純ではなく、まだ確かな結論はえられてないが、そのベースには少なくとも自然風土と精神風土についての風土論があ

172

るように思える。

　ここで誤解のないように断っておくが、「科学の継承、発展に適した文明圏や民族」といっても、それは民族の優劣といった差別を意味するものではない。人類の営為は多様であり、科学・技術以外にも多くの学問、思想、および政治、経済、芸術、宗教、スポーツ等々、それぞれの分野でそれにマッチした民族が能力を発揮してきた。人類の文化はそれらの総合によって築かれてきたからである。

第3章　近代科学の形成

　近代科学が最初に成立したのは力学からである。力学の形成過程と並行して成長し、互いに補いつつ築かれたのは真空論と原子論、および光学である。

　それら分野の発達過程で、グロステストと R.ベイコンの提唱した「数学的実験科学の方法」が、この時期の科学進化の過程で具体的に実現されるのである。より確かな実証をうるにはいかなる実験を行うべきか、またいかなる数学を用いるべきかは、まだ確立されていたわけではない。この頃の科学者はそれら実証の方法、手段を工夫開発し、実験法と新たな数学を模索しながら研究を進めたのである。そのなかでも優れたものは、ガリレオの開発した「仮説帰納法」である。それは、まず仮説を立て、思考実験を用いた帰納的推論によって結論を導き、その結果を実験により検証するという方法である。

　その近代物理学の基礎はガリレオ、デカルト、ホイヘンスらを中心に築かれ、１７世紀の終わりにニュートンの総合で一応完成することになる。

第1節　近代物理学誕生の前夜

　１６世紀から１７世紀にかけて、コペルニクス地動説を初めとした空間革命、真空論の成立、ガッサンディの原子論の復活、デカルトの機械論的自然観といった新たな自然観への転換がなされる中で近代科学は築かれていった。

（1）新たな科学のための哲学

　このような息吹はそれに相応しい世界観を要求した。古い中世の自然観に代わって、近代科学を育む新しい哲学、自然観の出現への期待である。それに応えたのが、当時国内産業と海外貿易の発展によって興隆しつつあったイギリスのフランシス・ベイコン（１５６１〜１６２６）と、フランスのルネ・デカルト（１５９６〜１６５０）の二人であった。

　F.ベイコンは科学研究こそ民族の進歩、発展に大きく貢献するものであると考え、科学の正当な目的は科学的新発見と科学・技術の力によって人間生

活を豊かにすることだと主張した。彼は『新論理学ノーブム・オルガノン』
（Novum Organum）において、科学の方法として、帰納法を提唱した。彼の
帰納法は、それまでの観念的な演繹法に対立するものである。それは多くの
体系的な資料収集と系統的実験による事実の集積から帰納的に結果を見いだ
すという方法である。そのために組織的研究を行う研究所の設立を企てたが
実現はしなかった。だが彼の思想は、後のロンドン王立協会に活かされたと
いえるだろう。

　彼の科学方法論は荒削りであったが新しい学術研究を提唱鼓舞して、当時
の科学者を刺激した。ベイコンの科学の方法と、積極的かつ系統的実験と体
系的データの集積による帰納法は、ガリレオに引き継がれ確立された。

（2）デカルトの自然哲学

　デカルトの科学哲学とそれに基づく自然学は近代科学の形成に極めて重要
な役割を果たしたばかりでなく、彼の哲学はその後の西欧思想に大きな足跡
を残した。それゆえ、彼の哲学と科学方法論をやや詳しく論ずべきであろう。
その基本的なものは『方法序説』（１６３７）と『省察』（１６４０）に述
べられている。

　それによると、哲学は一本の樹であり、その根は形而上学、幹は自然学で
あると考えた。それゆえ、彼の形而上学と自然学とは不可分の関係にある。
このように、デカルトの「心身二元論の形而上学」と「永遠真理創造説」は
自然学の根拠であった[1]。

　デカルトは、アリストテレスの自然学を批判して、その基礎原理を破棄し
ていった。デカルトはまずすべての物の存在を疑い、その末に確かなものと
して残るものは、現在考察している自己（コギト）の存在であるとした。だ
が「われ思う」だけではコギトの存在が確実だとはいえない。それを確実に
するものは神の存在に求め、そのために、デカルトは「神の存在証明」を『省
察』で試みた。完全性かつ無限性を有する神が存在すれば、その神が人間に
「生得観念」を付与したのだから、人間の理性的認識は明証的であり、明晰
かつ判明だと考えた。神の創造したものには誤りや嘘はなく、正確であるか

175

らというわけである。それゆえ、「神の存在証明」は彼の自然学の基礎づけにも必要であった。

デカルトの新科学哲学における方法論の中心は、"検討しようとする物事を、問題の解決に必要なだけ各要素に分割し、最も単純な要素を見いだすこと、そしてまったく疑問の余地のないほど「明晰かつ判明」に精神に現れるもの以外は事柄の判断に含ませないこと、そして次ぎに、単純要素から出発して論理的推論を重ね、一段々々複雑なものの認識に達するという演繹的方法である。"こうしてえられた自然認識の正しさは神によって保障されている。それゆえ、実験は思考を助ける補助手段に過ぎないと考えた。

物質的事物の本質は人間の生得的な数学的観念によって規定しうるとした。そして数学の論理は最も確実なものであるとみなして、数学的自然学（物理学）の構築に向かった。

「普遍数学」の創始

デカルトはすべての自然学を扱いうる数学体系の構想を抱き、それを普遍数学と呼んだ。つまり、特殊な質料にかかわることなく、すべての自然学に通用する一般的な学問（数学）の構築を目指したわけである。そのために、それまでの数論や代数学、幾何学といった個別の数学ではなく、数論と幾何学を統一した「普遍数学」を築いたのである。

すでに述べたように、ギリシアの伝統数学は、異質のもの（次元の異なるもの）の比は意味がなく排除された。それゆえ、異質の「長さ」と「時間」の比をとって「速さ」とする操作は排除された。その伝統を引きずって、ガリレオの時代でさえ、速さを単位時間に通過する距離で表すか、速さの大小を二つの速さの比で表していた。これがギリシア数学と自然学の限界を示す大きな要因であった。だが、デカルトはその考えを超えて、比例論の考察から数量比を幾何学化し、次数の異なる量（たとえば 1、x、x^2、‥）でも同列に扱えることを示した。こうして任意次数の代数的量を幾何学上の連続量として表し、数論と幾何学を統一した。さらに座標概念を導入して座標幾何学（解析幾何学）を創始した。

176

この座標幾何学（普遍数学）の構想は、実に素晴らしいものである。これによって物理学、特に運動学の飛躍的発展が可能になった。座標幾何学がなければニュートン、ライプニッツの微積分学は生まれなかったことを思えば、その意義は計り知れない。

第2節　近代物理学の形成

コペルニクスの地動説に始まる空間革命が当時の科学者によって認められるまでには、ガリレオの地動説擁護論が必要であった。地動説が受けいれられ自然観が転換すると、アリストテレス自然学の衣を脱ぎ捨て新たな地平に立ち、改めて自然を観察し、考察するようになった。この中間段階に立って新たな視野の下で自然を観ることは、近代科学の成立には不可欠なステップであった。

（1）ガリレオの功績

物理学におけるガリレオ・ガリレイ（１５６４～１６４２）の重要な功績は、いうまでもなく、地動説の力学的擁護、自由落下法則の発見、慣性法則の発見、そして真空の存在を提唱したことである。

ガリレオの科学の方法は「仮説帰納法」である。仮説を立て、思考実験を用いた帰納的推論によって結論を導き、実験により検証する。

（ｉ）地動説の力学的擁護

周知のように、ガリレオは自ら作製した望遠鏡を用いた天体の観測で、アリストテレス説に反する事実を次々に発見した。月の表面は完全な球ではなく凸凹があること、木星には四つの衛星があること、太陽表面の黒点は移動し生成消滅もすることなどから、地球は特別なものでなく他の惑星と同様の存在であることを知って、彼は地動説の正しさを確信した。地球の運動が感知されない理由は、ニコラス・クサヌス（１５世紀）の着想と同様に「静かに航海する船中の人が船の移動を感じないのと同じである」と説いた。これは、現代流にいえば、いわゆる「運動の相対性」と「慣性運動」に基づく説

177

明である。その船のマストの上から落下する物体がマストに添って真下に落ちるのは、その物体は船と同じ進行方行のインペトウス（駆動力）を共有しているからであるというわけである。人も空飛ぶ鳥も地球と一緒に運動するすべての物は、すでに地球と同じインペトウスを持って移動しているから、地球に対する相対運動のみ考えればよい。ガリレオはそれを『天文対話』（原名は『プトレマイオスとコペルニクスの二大世界体系に関する対話』１６３２）にまとめ、コペルニクスの地動説を力学的に擁護した。それが後に異端訊問にかけられて、彼は地動説の撤回を迫られ、本は発禁となった。

　ガリレオはアリストテレス自然学を否定して、それを打ち崩していったのであるが、まだ円を特別なものとみなして、天体の円運動を永久慣性運動と考えていた。彼はケプラーの惑星に関する３法則をそれほど重要視していなかったようである。その理由は「円」の概念にこだわって、楕円運動の重要性に気づかなかったのであろう。アリストテレス体系を崩して新理論を開拓していったガリレオのような天才ですら、ギリシア的伝統から一挙に脱却できなかった。

　ガリレオは異端訊問の後、フィレンツェ郊外での謹慎中に物理学の研究を続けた。そこでの画期的業績は『新科学対話』（原名『機械学および位置運動に関する二つの新しい科学についての対話および数学的証明』１６３８）として発表された。

(ii) 自由落下法則

　力学の分野では、まずガリレオが重力による落体の法則を、数学を用いた推論と斜面を用いた実験によって確立した。アリストテレスの落下運動論は、ビュリダンのインペトウス論によりすでに克服されていたが、正しい落下法則は見いだされていなかった。まず、落下速度は重さに比例するというアリストテレス論は矛盾に陥るとして否定し、すべての物質の落下速度は重さによらず同じであることを、思考実験を用いて証明した。落下法則については、最初彼は落下距離は速度に比例すると想定したが、それでは論理的矛盾に陥り、誤りであることに気づき訂正した。自由落下運動は等加速度運動である

ことを前提にして数学を用いた論理的考察によって、落下距離Ｓと落下時間
ｔの関係は

$$S = g t^2 / 2$$

となることを導いた（ｇは重力加速度を表す定数）。そして斜面を用いて実
験的にそれを確かめた。この法則は空気抵抗など副次的な要素を排除した理
想的状況下（真空中）での法則であり、落下運動の本質を明らかにしたもの
である。

　ガリレオがこの法則を導くにあたり、自由落下は加速度運動であるという
インペトウス理論やマートン学派の運動の数式表示法が貢献していることは
いうまでもない。それにしても、この落下法則は、運動法則を数学的に最初
に正しく定式化したという点でもその意義は非常に大きい。

　さらに注目すべきことは、この法則は重力加速度ｇと時間ｔのみに依存し、
物体の質、重さや形などに一切よらない普遍法則ということである。そして、
抵抗がなければ（真空中では）すべての物体は同じ加速度で落下することを
示す。したがって、この法則は自由落下運動に止まらず、ｇの代わりに加速
度ａを用いれば、一般的な等加速度運動にも適用できることが肝要である。
後にこの法則を円運動や放物運動など、いろいろな加速運動に適用し、分析
を行うことができた。それゆえ、この落下法則は力学理論を築くための手段
として重要な役割を果たした。

　もう一つ着目すべきことは、地上のすべての自由落下現象は同一加速度運
動であることを示すのみでなく、それを敷衍すれば、地球を中心に円運動を
続けている月の運動（地球中心に向かって落下しつつ巡る運動）もこの法則
によって分析できるということである。それゆえ、この法則は万有引力のア
イデアを陰に内包しているのである。この点はあまり気づかれていない。

(iii) 慣性法則の発見
　力学理論の基礎原理の一つは慣性法則である。慣性法則の発見で力学の研究
は初めて正しい軌道の乗ったのであるから、それは力学理論の基盤である。

179

ガリレオはインペトウス説の限界を克服して、慣性法則の原形を発見した。

　ガリレオは振り子と斜面を用いた実験と思考実験とを巧みに組み合わせた推論で落体の法則や慣性法則を発見した。次図のような滑らかな斜面のA点から球を転がり落とすと、最下点から再び上昇を始めてA点と同じ高さのB点まで昇って静止する。そのことは振り子の運動からも推測できる。そこで、右側の斜面の角度を変えて水平にした極限では球は何処

Aと同じ高さまで上がる

A

B

どこまでも行く

O　　　　　　水平板

慣性法則の発見

までいっても静止せずに、等速運動を続けるだろうと推測した。すると重力に逆らわずに水平運動をすれば、つまり力の作用がなければ球は最下点での速度を保ったまま永久に等速運動を続けるだろうと。

　ガリレオはこの実験の分析に、「インペトウス」の代わりに「運動の量モメント」の概念を導入して考察している。そのことは彼がすでにインペトウス説を超えていたことを示している。いずれにせよ、この慣性の発見は、アリストテレス以来の物質観、力の作用がなければ物体の運動はいずれ止まる、すなわち運動に関する物質の本性は静止にあるという物質観からの脱出である。物質の本性は静止ではなく、同一の運動状態を維持する「慣性」にある。慣性法則の発見の意義は、力の作用は速度の変化、つまり加速度を生ずることにあること、すなわち力学法則は加速度と力との関係にあることを示したところにある。こうして、力と速度を関係づけるアリストテレスの運動法則は完全に否定され、ガリレオは力学の正しい定式化に道を拓いた。

　だが、ガリレオの「慣性法則」は完全ではなかった、というよりも誤っていた。なぜならば、彼の「慣性運動」は「重力のない水平運動」に限られていたからである、これがガリレオの到達した慣性法則の原形である。すると、その水平軌道は地球を一周する円運動になる。それゆえ、ガリレオは天体の円運動は永久の慣性運動であると考えていた。このことはガリレオがまだ古代ギリシアの自然像から完全に抜け切れていなかったことを示している。

180

正しい慣性運動はデカルトによって確立された。完全な意味での慣性運動は無限に開かれた等方等質な空間においてのみ成り立つ。有限宇宙では、宇宙の端で等速運動を続けることは不可能であるし、空間が等質でなければ外力の作用がなくとも物体の軌道は曲る。（密度の一様でない空気中で光の速度が変化し、進路が曲るのと同じである。）デカルトはブルーノの唱えた無限宇宙を支持し、それを前提として、等方等質空間のもとでの等速直線運動をもって慣性運動とした。彼は等速直線運動以外はすべて外力が作用しているとし、円運動は絶えず中心に向かう力が必要であるから慣性運動ではないことを示した。

　デカルトは正しい慣性運動をこのように定義し、物理学において慣性法則の重要性を認識して、この法則を力学理論の基礎に据えた。それは素晴らしい卓見であった。

　天球に囲まれた有限階層的宇宙に代わって、等質な無限宇宙の受容という空間革命は、精神的な面ばかりでなく、このように自然観の転換という科学の面でも近代力学の形成に不可欠なものであった。まったく力が作用しない物質の状態は現実には存在しないから、慣性法則は抽象的思考の産物である。このような極限的仮想状態を抽出して、隠れていた本質的特性を発見し、それを基にして科学理論を構成する方法は西欧近代科学の一つの特徴である。こうした方法は東洋にはほとんど見られない思考法である。

第3節　近代科学の基礎となる自然観

　科学革命には自然観の転換が伴う。１７世紀に近代科学が成立するには、アリストテレス的自然観に代わる新たな自然観が必要であった。それに応えたのが原子論的自然観、機械論的自然観、および数学的自然観である。これらの自然観はニュートン力学の形成過程に生まれ、近代科学成立の導きの糸となった。そして成立後にも引き続き近代科学の基礎に据えられてきたものである。原子論は物質的実体に関する観点を、機械論は自然の構造と仕組みに関する観点を与え、そして数学的自然観は自然の仕組みを読み取り記述する言語を規定するものである。とにかく西欧近代科学の背後にはこれら自然

181

観があることを意識すべきである[2]。

これら自然観は相互に関連して成長したが、その背後にあってその成立を支えたものは、宇宙構造に関する空間革命と真空概念の確立である。

（１）真空の存在

古代ギリシア以来、真空の存在をめぐる議論は原子論と深く結びついている。エピクロス・デモクリトスの原子論もそれ以後も、真空の存在を前提としており、無限宇宙を主張してきた。他方アリストテレス自然学では真空の存在は否定され、有限な階層宇宙論に立っていた。その原子論は無神論的性格のゆえに、またアリストテレスの権威に押されて、長い間否定され無視されてきた。だが、アリストテレス体系への批判とともに、１７世紀には真空の存在の可能性と原子論が復活した。

その頃、鉱山での水揚げポンプで、井戸水は１０ｍ以上組み上げられないという経験事実から、「そのポンプの筒の上部は空ではないか」と真空の可能性が想像されるようになった。真空を否定する根拠として自然の「真空嫌悪説」があったが、「真空の怖れ」は絶対でなく有限であると考えるようになった。ガリレオは真空の存在を想定して、「真空の力」と推測される現象例をいろいろ挙げている（『新科学対話』）。それを確かめるために、ガリレオの弟子トリチェリーは、水の上昇限界は１０ｍだが水銀なら７６ｃｍなので確実な実験がしやすいことに着眼して、井戸水の代わりに水銀柱を用いて実験した（１６４３）。そして水銀柱の上部に空間（真空）のできる理由を大気圧が有限であるためと説明した。その大気圧説を擁護するために、気圧の低い山頂では水銀柱が低くなることを示した。その決定的証拠はパスカルの「真空中の真空」実験である（次ページの図）[2]。

「トリチェリーの真空」実験

その後ゲーリケが真空ポンプを発明し、真空科学は急速に発達した。

真空の存在を追求するこの例は、仮説－推論－実験という実証科学の方法の典型である。このように、論議を積み重ね、実験法を工夫して徹底的に問い詰める姿勢のなかで近代科学の方法は築かれたのである。

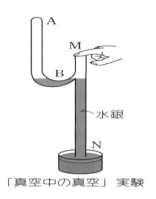

Mの領域が真空のためBでは左右が同じ高になる。

「真空中の真空」実験

（2）原子論的自然観

真空の存在の確認は、物質と空間の分離を意味し、原子論の復活と隆盛に不可欠であった。ピエール・ガッサンディ（１５９２～１６５５）はギリシア原子論を復活させた。古代ギリシアの原子論にまつわる無神論の非難をかわすために、彼は宇宙創成時における原子の最初の運動を神の一撃に帰した。それ以外はエピクロス・デモクリトス流の無限宇宙の中を自由に運動する機械論的原子論を踏襲し、宇宙の構成要素としての原子を基に自然現象すべてを原子の運動に帰した。

他方、デカルトは真空を認めず、そのうえ分割不可能な原子を否定してガッサンディと対立した。彼は宇宙を充たす微粒子的媒質を仮定し、その渦動運動によって天体の運行や重力の成因を説明した。しかし、デカルトは原理的に分割不可能なものの存在を否定したのであって、その微粒子は実質的には原子と同じ役割を果たしたと見なしうる。

１７世紀には、上記の二人の影響を受けて、この原子論とともにボイルの粒子哲学が隆盛になり、物質観の転換をもたらした。粒子哲学はあらゆる物体に共通な実体として、延長をもつが分割不可能、かつ不可透入性の粒子を考えて、その運動、形、大きさとそれらの相互作用によって自然界の物質の多様性を説明しようとするものである[2]。

このような原子論や粒子哲学が生まれた背景には真空の存在が確認された

ことと、この後に述べる機械論的自然観の成立があったことを忘れてはならない。

　原子論は１７世紀以後の近代科学における自然観の主流となった。だが、原子の存在は２０世紀初頭まで直接的に確認されていなかったから、原子論的自然観は、いわば形而上学的自然観であった。それにもかかわらず、原子の存在を前提とした原子論的自然観は近代科学の成立から現代科学への過程で指導的役割を演じた。これと似た状況はエーテル仮説などほかにも見られる。それらは実証科学としては一見正道な方法ではないように見える。しかし、最初は多くの間接的証拠（傍証）によって仮説を立て、それを徹底的に問い詰めて最後は実験で検証するのであるから、実証科学の方法を踏み外しているわけではない。「仮説－演繹－実証」のサイクルの期間が長いだけである[3]。

　原子論的自然観はニュートンにも引き継がれ、ニュートン力学の誕生に不可欠な役割を果たした。ニュートン力学の基礎には原子論があることは、質点力学を基に運動法則を立てたことや、等方等質の無限空間と一様時間の概念などの仮定にみられる。

（3）機械論的自然観

　機械論的自然観はデカルトによって築かれた。彼は心身二元論を唱え、心は神学の対象であるが、肉体はその構造、仕組みとも機械であるとみなした。そして宇宙は機械仕掛けで動いていると主張した。

　機械論的自然観の始原はアラビア科学にまで遡るだろう。アリストテレスの目的論的自然観に対する批判は、すでに後期アラビア科学の時代に芽生え、西欧ルネサンスを経て次第に成長した。前章で言及したように、アラビア科学は観測・測量を重視した。静と死の砂漠のなかでは、自然観察や測量に関心が向き、多くの観測機器を必要としたのであろう。その影響であろうか、アラビア人は人工物を通して自然を観察する傾向があった。いずれにせよ、砂漠的風土において自然を観るこの姿勢が、無機的な機械仕掛けの自然像を生む土壌となったのであろう。

１４世紀ルネサンス以降、自然学と数学を結合させた「理論機械学」ともいうべき研究が起こり、精巧なからくり機械の製作や永久機関の考案までなされた。さらに１７世紀にはマニュファクチュアの隆盛によって工業技術の大規模化が進むと、各種の機械装置の製作と利用が盛んになった。この機械化のなかで機械的因果律と自然法則の概念が培われたことも機械的自然観の生まれた背景の一つである。

　もう一つ、思想的な面ではキリスト教の自然観が大きな要因であろう。唯一絶対神の創成した宇宙は立法者としての神が課した法的規則に支配されており、人間も自然も神の意思に従うべきものだとの自然観がそれである。それによると、神の「法的規制」として人間社会に課せられたものが「法律」であり、自然界では「自然法則」であると解釈された。（ちなみに英語の law には法律と法則の二つの意味がある。それは英語に限らず、すべてのヨーロッパ語に共通している）。全能の神が創造し操縦する宇宙には無駄がなく、秩序正しく合理的にできていると考えられた。このような自然観が機械論の精神的基盤となったとみられる。そのことに着目して、ベルジャーエフは、近代科学はキリスト教の自然観が用意したとの見解を述べている[4]。

　いずれにせよ、秩序ある合理的世界像は機械論的自然観の思想的基礎であり、マニュファクチュアの技術と機械の発達はその模型を与えたといえるであろう。

　この法的規制という神学的自然観とマニュファクチュア時代の職人技術や機械装置製作の知識とが相まって、近代科学の意味での絶対的「自然法則」の概念が確立していったとみられている。それまではアリストテレス流に、自然法則を「自然の秩序」とか「規則性」といっており、明確な自然法則の概念はなかった。だがデカルトの頃になると、自然には「絶対的法則」が確立されており、宇宙における一切の存在と現象はそれに従うとみられるようになった。

　この例外を許さない絶対的自然法則こそは「近代的自然法則」の概念である。このような強固な思想は、多神論や自然論（じねんろん）の東洋の風土には起こりえない。この自然観の違いが東洋に近代科学が生まれなかった要

因の一つであろう。

　この背景の下でデカルトは機械論的自然観を体系化し、それを強力に提唱した（『方法序説』）。彼はアリストテレスの目的論的自然観を徹底的に批判した。アリストテレスによれば運動の原因は宇宙の秩序を維持するための目的実現の過程であり、すべての事物にはそのような運動変化の原因が内在しているとした。アリストテレス自然学はこのような目的論に基づいて、形相因と質料因によってすべての自然現象を説明していた。

　それに対してデカルトは、まず物質から形相因を剥ぎ取り、さらに自然界における運動変化の全過程から目的因を排除した。そしてすべての運動は機械的な直線運動（慣性運動）を基本とし、運動の原因は運動物体の中にあるのであって、それを動かすもの（外的起動者）にあるのではないとした。すなわち、自然的事物から形相因や目的因による「内発的運動変化」の能力を排除したのである。そうして、機械論的自然観に基づいて自然学（物理学）を築こうとした。機械論の原理は、自然理解において、それ以前のアリストテレスの目的論やヘルメス主義のオカルト的説明に較べて、単純明瞭で理解しやすい。機械論の本質は自然全体を「構成要素（部品）の組み合わせ」とみなし、それらが因果的決定論に従って機械的に運動するというところにある。それゆえ、機械論は自然の仕組みのうちで最も単純な部分を抽出し、それによって力学理論を定式化するのに適しており、力学の構築に決定的役割を果たした。

（4）数学的自然観

　正数比や幾何学的図形を自然の原理と対応させる素朴な数学的自然観は、古代ギリシアのピタゴラス、プラトンから始まったが、それは思弁的、観念的思考の産物であったので、やがて神秘主義に陥った。他方、アルキメデスは数学の論理を厳密な分析手段と演繹手段として活用した。対象は主として静力学であったが、数学を自然科学に用いることの有効性を意識的に実行した。数学と自然科学との関連性を象徴する古代ギリシアの二つの潮流はアラビアから西欧に伝わった。そして、この思弁的・神秘的な数学的自然観と、

186

数学論理の自然科学への合理的な適用法とは、ともに近代科学成立前の西欧に復活し、当時の科学者に大きな影響を与えた。そのために、近代科学成立前後の科学者たちのなかには合理主義と神秘主義の両面を備えた者が少なからずいた。コペルニクス、ケプラー、ブルーノ、ニュートンらの二面性はよく知られている。

　１３世紀のグロステストーＲ．ベイコンの「数学的実証科学」は、自然科学における数学と実験との重要性に着目し、数学による理論的証明と実験による実証とを結合する方法の意義を力説した。それは合理的な「数学的自然観」の第一歩であった。それを最初に実現した第一人者はガリレオであり、その後がパスカル、デカルト、ニュートンたちといえるだろう。

　ガリレオは、アルキメデスの数学を用いた合理的研究方法から多くを学んだばかりでなく、当時開放された職人技術から実験に役立つ技術を吸収した。そして数学的自然観に立って、自然科学の研究と記述に数学を用いることの意義を強調して、「自然という書物は数学 (幾何学) によって書かれている」、それを解読するのが科学者の役目であると考えた（ガリレオ『偽金鑑識官』谷泰・山田慶兒訳　中央公論社）。

　古典的な数学的自然観と近代科学における数学的自然観の本質的な違いは、前者の思弁的・観念的性格に対して、近代科学のそれは実験科学と結合して実証の裏づけがあることである。それを支えるためにも、近代物理学の成立には数学の論理的性格の転進が必要であった。古代ギリシアのユークリッド幾何学、比例論などの静的数学から、変数や関数を用いた動的数学への進展が不可欠だったのである。

　その先駆けは、マートン学派による運動学の数量とグラフ表示であり、そしてデカルトの普遍数学による動的数学への転進である。その結果として生まれたニュートン、ライプニッツの微分・積分学は数学の革命であるばかりでなく、物理学の本質的変化と発展の契機となったことを思えば、数学論理のこの質的転換の意義はいくら強調してもし過ぎることはない。

　数学的自然観に立てば、数学は自然科学、特に物理学の現象や理論を表現し記述する「言語」として不可欠である。だが、この数学的自然観が正当で

あるためには、アリストテレスが指摘したように、数学の論理が自然の論理（自然の仕組み）と照応していなければならない。だが、それは自明ではない。では自然科学の数学的記述が正当性を有する根拠は何処にあるのか。それを論証することはできない（２０世紀にヒルベルトが論証を目指したが成功しなかった）。

　数学的自然観が自然科学の記述に適している根拠の一つに、次のような両者の照応関係がある。数学の論理は抽象的で普遍性を有していること。また、数学の演算規則は厳密かつ一義的に決められているために、演繹的計算の結果は一義的である（確率理論でも確率計算は一義的である）。他方、近代科学においては自然法則は普遍的であり、因果律に基づいて例外を許さない決定論的法則とみなされている。数学と自然科学との間のこの類似性は両者の結合を妥当とする必要条件を充たしているであろう。代数や変数は一つで無限に多様な数を表現できるし、また関数概念を用いて無限の量的関係を表現しうる。このことは自然界に存在する反復可能な無限の現象を単純な法則で表現するには、数学記述が最も適していることを示している。

　数学の論理も経験事実に根ざしているから恣意的なものではないが、その論理体系が無矛盾であり、かつ健全性（公理と推論規則が妥当であること）を有すれば数学の論理体系として可能であるから、その理論は現実との対応に基づく実証を必要としない。したがって、数学は「真理に無関心」であるとよくいわれる。それゆえ、自然の仕組みや構造を無批判に数量化し数学化してよいものではない。両者の論理構造がいかに照応しうるのか、そしていかなる数学分野が自然のどの分野の記述に適合しているかは、自然の仕組みの解読を通して自然から読み取らねばならない。その際の決め手となるのは、「自然科学の公理論的体系－推論規則と数学による演繹－観察・実験による実証」の方法である。この方法の繰り返し適用によって、数学的自然観の妥当性が根拠づけられてきたのである[3]。

　１７世紀のガリレオ、デカルト、ホイヘンス、ニュートンたちが開拓したその方法には、物理学の論理と数学の論理との見事な照応関係が見られる。そして、近代数学は近代物理学の形成と発展の過程で、互いに協力し依存し

あって築かれたわけでる。

　このように、原子論的自然観、機械論的自然観、数学的自然観は、当時の社会的、思想的基盤の上に相互に関連しつつ形成された。それらは自然を見る新たな目を準備したのである。

第4節　デカルト物理学

　デカルトは目的論的自然観に立つアリストテレスの自然学、特に運動論を全面的に否定して、機械論的自然観に基づき運動学を基礎とする物理学を築いた。デカルトは日常感覚的な経験世界への懐疑から、確実性の基準を追求した結果、最も明晰判明で確かなものは数学の論理であると考えて、自然科学を、ユークリッドの「幾何学原論」のように、基本公理（原理）を中心とする厳密な演繹的体系として築くことを目指した（『哲学の原理』）。

　デカルトの運動概念はアリストテレスのそれとは本質的に異なるもので、それは近代力学の基礎を固めた注目すべき概念である。アリストテレスは位置運動のみでなく物質の質的変化や量的変化も含めた広義の運動概念を与えた。それに対してデカルトは運動を位置変化に限定し、運動を物質の慣性概念と関連づけて、「運動は一つの状態」に過ぎないと考えた。

　デカルトは物質の本質は幾何学的延長（空間的拡がり）と位置変化（運動）であるとし、この延長と運動を第一性質、それ以外の物質の属性（固さ、色、香りなど）を第二性質とした。そして、第二性質は第一性質から導かれるとみなした。この延長と運動とを物質の存在原理として物理的世界の現象を説明しようとした。したがって、物理学の対象は物質とその運動に限り、力学を自然科学の基礎とみなした。物質の性質を第一性質と第二性質に分け、後者は前者から導かれるという発想はガリレオにもあり、後にイギリスのロックによって完成された物質観である。

　第二性質は一般的に数量化できない。色、味、固さなどの感覚的な質は数量化し難いから、これらを物理学の対象から排除して、第一性質に限定したことは、物理学の数学記述を志向したガリレオやデカルトにしてみれば当然であったろう。

189

デカルト自然学の基礎には、全知全能の神による「永遠真理創造説」という形而上学がある。その神によって創造された世界の物質と空間は同じ存在論的身分を有するゆえに、物質の本性は空間と同じく「延長」にあり、「物質即空間」という自然像に行きつく。それゆえ、デカルトは真空の存在を認めず、宇宙の全空間はエーテル的媒質、微粒子の流体によって満たされているとした。それゆえ、物質とは独立な不動の絶対空間を否定した。この宇宙像に立てば、空間の不動点は存在しえず、したがって運動は相対的となる[1]。デカルトはアリストテレスの運動論や宇宙構造は強く否定したが、真空を否定する「物質即空間」の概念と媒体による物質運動論は、その根拠は異なるがアリストテレス自然観を部分的に引き継いでいるといえよう。

　デカルトは、この媒質流体の運動作用により宇宙の生成過程と宇宙構造を導き、天体の運行現象から物質の運動まで因果的に説明しようとした。それゆえ、この宇宙は他の天体とともに、地球を包み込む一つの体系であり、地上の現象は常に媒質流体の渦運動の影響を受け、それと切り離せないゆえに全体論的宇宙像である。そして、力の伝達はこの媒質流体を媒介とする近接作用論である。すると天上界と地上界とは同質とみなされることになり、アリストテレスの階層的天球宇宙像は否定される。かくして無限等質の宇宙空間を想定した。それは、完全な慣性運動が成立するためにも必要であった。また、時間も空間と同様に、物質と相即的な概念であり、時間は持続以外の何物でもないといった。

　この宇宙観は壮大な構想であるが、すべての現象を媒質流体の影響の下においたために無理を生じ、物質の質量、重力、慣性などの基礎概念に欠陥や矛盾を抱えることになる。

　まず、媒質流体のなかで起こる物質運動はそれからの抵抗を受けるゆえ、質料も慣性も物質の量と表面積に依存することになる。また、重力は地球に引かれる力ではなく、媒質の渦動運動により地球に向けて押される圧力である。それゆえ、重力は物質量に比例するとは限らず、自由落下は一定加速度運動とはならないので、ガリレオの落下法則と整合できなかった。

　このような欠陥を内包しながらも、デカルトは慣性法則を力学の基礎原理

と考え、次の３原理を基に物理学の公理的演繹体系を構成した。

　　１．慣性の原理　　２．（直線運動をベースにした）運動量保存の原理

　　３．衝突に関する法則（運動量保存の原理に基づく）

　ここでデカルトの「運動量」は方向を無視したスカラー量であるから、その保存則は誤りである。デカルトが運動量の保存を唱えた根拠は、物理的現象からの帰結ではなく、完全な神が宇宙創生期に与えた運動の総量は不変であるという形而上学的な理由であった。これに限らず、デカルトは「永遠真理創造説」に基づいて、基本的な原理の根拠を常に全能の神に求めた。したがって、デカルト物理学は実験による実証科学ではなく、「数学的自然学」である。

　それにしても、このような発想をもって、基礎概念と基本原理、法則を中心とした演繹体系に物理学を構築しうることを、この時代に見通したことは当時としては素晴らしい卓見である。自然の仕組みに対する余程鋭い洞察力と強い自然観の支えがなければ不可能であろう。

　個々の事象や法則では、あれほどの業績をあげた天才ガリレオでさえ、このような発想に至らなかった。デカルトのこの演繹的体系化のアイデアはニュートンに引き継がれた。

　デカルトは直線的慣性運動を重視し、円運動は接線方向の直線運動（慣性運動）と法線方向の運動との合成運動であると考え、その求心加速度を求めようとしたが失敗した。その求心加速度を正しく導いたのは、彼の弟子、オランダのホイヘンスであった。さらに、彼はデカルト物理学の形而上学的性格を克服するため、経験事実からえられる原理と概念によって実証科学を構成し、デカルトの理論的欠陥を修正した。運動量に関しても、方向まで考慮した正当な運動量概念を定義し、正しい衝突の法則を導いた。さらに、振り子や遠心力の力学的解明において高度の数学的取り扱いの方法を示した。

　デカルト物理学は欠陥や誤りが多く、後にニュートンによって批判され否定されたが、その演繹的理論体系の構想は近代科学の原型を与えた。デカルト物理学は西欧大陸で受け容れられ定着していたので、ニュートン力学と対立し両派の間で長い論争が続いた。

191

また、今日デカルトの機械論的自然観と分析的方法はしばしば批判の対象になっているが、この時代に自然現象のなかで単純な物理現象（力学現象）を抽出して、機械論的自然観の上に公理論的な力学体系を築こうとした着想は天才的卓見といえるだろう。このような発想は、やはり全能の神が創造し支配する世界は例外を許さぬ整然とした世界であるという自然観があったから起こりえたのだろう。複雑な現実の自然を認識する過程には、自然の仕組みをこのように単純化して理解する機械論的自然観の段階を一度経ることは避けられなかったであろう。

第5節　惑星に関するケプラーの法則

　力学が近代物理学における一つの理論に体系化されるには、地上の運動ばかりでなく、天体の運行も力学の対象として包括されねばならなかった。円運動を基本とするコペルニクスの太陽模型は惑星運動を正確に予測しなかった。その弱点を楕円軌道を導入して克服し、かつ定量的法則にまとめたのはヨハネス・ケプラーであった。

　ケプラーは、彼の師ティコ・ブラーエの遺した惑星の運行に関する精密正確なデータを分析して、三つの法則として発表した（1619年）。

ケプラーの3法則：

第1法則（楕円軌道の法則）惑星は太陽を一つの焦点とする楕円軌道を描く。

第2法則（面積速度一定の法則）惑星と太陽とを結ぶ線分が単位時間に描く面積は一定である。

第3法則（調和の法則）惑星の公転周期の2乗は軌道の長半径の3乗に比例する。

　この法則は発表当初はあまり注目されなかったが、徐々に力学上の意義が認識されだした。その意義はいうまでもなく、太陽中心の地動説を不動のものとしたこと、そしてギリシア以来人々の思考を束縛してきた円のドグマからの解放である。彼は円軌道からのずれが大きい火星軌道の正確な表現を求

めてついに楕円軌道に到達した。ガリレオでさえ捨てきれなかった「円」から脱して「楕円」に達するには並大抵のことではなかった。もう一つの重要な意義は、天体の運動をも地上の運動と同じく力学の対象に引き入れたことである。惑星は円運動でなく、なぜ楕円軌道を描くのか、そして公転周期と軌道の半径との関係を力学的に説明しなければならないからである。

　それまで力学の研究対象はもっぱら地上の現象に限られていたが、これによって天上界と地上界の壁は取り去られ一つの世界に統一されたわけである。こうして宇宙は一つの体系として扱われることになった。

　空気抵抗もなく、力学法則が純粋に現れている太陽系の運行とその構造を正しく把握することは、近代科学成立には決定的に重要であった。ケプラーの法則はその力学理論にとって試金石であった。ニュートンは、彼の力学理論と万有引力の法則によりケプラーの法則を解明できたことで、自らの理論に自信をもって公表しえたといわれる。この辺の事情については、ニュートン力学の成立のところで再度論ずる。

　ケプラーは惑星の運行に関しては徹底して厳密な論理的分析を行ったにもかかわらず、他方では宇宙の仕組みについて神秘的な考えをもっていた。彼の最初の著書『宇宙の神秘』で、惑星は魂のようなものを有し意識的に運行しているとして、太陽系の構成や宇宙の調和を説いた。その原理はピタゴラス的宇宙調和の自然観を受け継ぐものであった。このような科学的精神と神秘的思想の両面をもつ科学者は、この当時ケプラー以外にも多くいた。これが合理的思考に脱皮しつつあった中世西欧の特徴である。

第6節　学協会の設立

　１７世紀には西欧の各地に多くの科学者、思想家が輩出して学術の交流が盛んになっていった。最初のうちは彼らの交流は個人的接触や手紙、出版物を通してなされていたが、次第に寄り集まって討論を重ね協力し合うようになった。１７世紀中頃から、科学者たちは活動の場として各地に学会や協会を設立し始めた。

　最初の協会は、１６０１年に商業的に繁栄の中心地ローマに資産家の援助

193

によって作られた。しかし、個人的協力によるものであったために長続きしなかった。その後、この協会は復活されてアカデミア・デイ・リンチェイ（山猫協会）と呼ばれた。ガリレオもその初期の会員であった。近代的学協会の草分けは、イギリスのロンドン王立協会である。この協会も、最初は科学者、医者、知識人らの自然愛好家の集いであった。１６６０年にチャールス２世の許可をえて設立された。それは王立協会ではあったが、財政的援助はなく会費制であったので自由な雰囲気で研究ができた。この協会は、Ｆ．ベイコンの科学振興の精神に鼓舞されて会員の活動は活発であった。次いで、フランスのパリに王立アカデミーが創設された。これは政府の機関であり、会員は国王から俸給を受けた。経済的には安定していたが、反面では政府の要求する問題の研究を義務づけられた。イギリスとフランスの学協会の制度の違いは、後の科学研究のスタイルと成果に対照的な影響を及ぼすことになる。

　ヨーロッパの各地にこのような学協会が設立されたことは、科学者の研究活動を一段と盛んにし、科学者の数も増えていった。近代科学の誕生は西欧の多民族の研究協力によるものであるが、これら学協会の設立はそのことに大いに寄与した。これも東洋には見られなかった現象である。

第7節　ニュートンの総合

　ガリレオ、デカルト、ホイヘンス、ケプラーらによって整えられ培われてきた力学上の概念や原理、法則を近代的な一つの理論体系にまとめて、天上界と地上界のすべての力学的現象を統一的に説明する理論の形成はアイザック・ニュートン（１６４３－１７２７）に委ねられた。

（1）ニュートン力学の成立

　ニュートンはケンブリッジ大学のバロウ教授の跡を継ぎ、力学や光学の研究で功績を挙げていた。ニュートン力学の成立はロンドン王立協会と密接な縁がある。当時のロンドン王立協会はロバート・フックが会長を務めていた。彼は理論、実験ともに優れ才能豊かであった。だが、ニュートンとの間には仲違いがあり、ニュートンは一時協会から遠ざかっていた。

194

この頃、ケプラーの惑星に関する法則が見直されるようになり、力学的に重要な意義を持つことが認識されるようになった。惑星の楕円軌道は太陽からの引力によるとの考えが台頭した。フックもその考えに立って、その引力は距離の2乗に反比例すると予想したが、数学的解析の力量不足で行き詰まっていた。フックはニュートンを協会に復帰させようとする交渉のなかで、二人の間に力学上の論争が始まった。そこでニュートンはケプラーの法則の重要性に気づき、その解明に取り組み始めたといわれる[2]。

　ケプラーの第2法則（面積速度一定）は太陽に向かう中心力の存在を示す。第1法則の楕円軌道の解析からその引力が距離の2乗に反比例することをニュートンは明らかにした。このことはニュートンの勝れた数学的才能を示すものである。

　その研究成果を公表することを勧めたのはハレーであった。ニュートン力学を集大成したその原稿は1686年から87年にかけて3回に分けて王立協会に送られた。そうして生まれたのが不朽の名著『自然哲学の数学的原理』（3部作）である。題名が長いので通常「原理」を意味するラテン語の『プリンキピア』と略称されている。

　ところがこの出版過程で、万有引力のアイデアに関してフックとの間に先取権争いが持ち上がった。フックはニュートンとの先の論争で、距離の2乗に反比例する引力のアイデアを述べたので、それを書くように要求した。ハレーの取りなしで、そのことを脚注に書くことで折り合いがついた[2]。

　ニュートンは、これより以前に、彼の力学の構想をたて、それと同時に万有引力のアイデアを持っていた。ケプラーの法則を解くことは正にそのテストケースであったわけである。その頃ヨーロッパにペストが大流行したので、ニュートンはそれを避けるために田舎に疎開をした。その間にニュートンは彼の力学の体系をほぼ作り上げていた。それはその当時1665-6年の彼の備忘録に遺されている。その構想にあたって、当然ながらガリレオやデカルトの影響があったろう。

　そこに書かれた論稿には、力学の基本概念（速度、運動量、力など）と基本法則がほぼすべて見られる。まず、慣性の法則、方向性をもった正しい運

動量とその保存則が述べられている。力の概念を導入し、力は運動量の変化の原因であり、その大きさは運動量の変化に比例する（運動法則）。そして、物体の衝突において運動量は保存され、一方の運動量が失われた分だけ他方の運動量が増すと、作用＝反作用の法則の原型が述べられている。さらに、重要なことは、円運動における遠心力（求心力の逆方向）の考察から、万有引力の着想となった遠心力の大きさを導いたことである。ガリレオの落下法則を用いて、求心力は（速度の2乗）／（半径）に比例するという結果がえられる。その結果から月の遠心力の大きさと地球の重力を比較できる。つまり、月の円運動において、単位時間に地球の中心に向かって月が落下する距離と地上の自由落下の距離を比較できる。こうして、月の円軌道の半径と周期とから月が地球に向かって単位時間に落下する距離を求め、地上の自由落下距離と比較した。月への地球の引力は距離の2乗に反比例すると仮定して地上の重力と比較したが、その当時は地球の半径の測定精度が悪かったために、予測との一致はよくなかった。そのために、ニュートンは力学の研究を中断してしまった。しかし、万有引力のアイデアはすでにここに芽生えている[2]。

　疎開からロンドンに帰ったニュートンを力学研究に引き戻したのは、上述のようにフックであった。ニュートンはケプラー問題を解明することにより、彼の力学理論と万有引力の正しさに確信をもった。この頃には地球の半径の測定も改善され、引力の距離の逆2乗則も確かめられたからである。

　それにしても、ニュートンが地球の引力（重力）を、地表の物体から月にまで拡張して、その強さを比較するという着想は何から生まれたのか。アリストテレスの階層的天球模型を否定した無限等質宇宙、さらにケプラーの法則などにより、天上界と地上界の壁を取り除いて、天体を地上と同じ力学の対象とする考えが生まれていたことがその背景にあったことはいうまでもなかろう。だがそればかりではなく、意識すると否とにかかわらず、ガリレオの自由落下法則がそのヒントになったと推測される。真空中ではすべての物体は質量や性質に関係なく、石もリンゴも羽毛も同一加速度で（同一時間に同一距離を）落下する。この事実は地球の重力の作用はすべての物体に対し

て斉一的であることを意味する。ならば、その重力作用を天上界にまで延長し、月にも適用しうると想定したのではなかろうか。地上における重力作用の斉一性、すなわち落下距離の同一則がなければ、月の落下距離を地上のそれと比較しても意味がないからである。ガリレオは地上での自由落下法則を導いたが、彼自身は地球の重力の起源については、まだそれを考察するレベルに達していないといって探究しなかった。だが、その落下法則は重力のイメージを変え、万有引力の概念を生む土壌を用意したといえるだろう。

　万有引力の法則の発見において重要なことは、その力の距離依存性である。万有引力の大きさが距離の２乗に反比例するということは、地球上の物体の落下現象のみを見ていたのでは導けない。地上のリンゴの落下と遠い月の落下を比較してはじめて分かることである。３次元空間の球の表面積は半径の２乗に比例するから、万有引力が途中の空間で吸収・湧出されなければ距離の２乗則は論理的に導けるが、それのみでは実証科学の法則にはならない。

（２）『プリンキピア』とその意義

　『プリンキピア』の意義については、すでに多くの人により詳しく論じられているので、今さら繰り返すまでもないだろうが、近代科学の成立過程とその後の自然科学の発展に関連するところを、筆者の見解を交えて簡単にまとめておく。

　『プリンキピア』は実証科学として力学理論を最初に体系化したものであるが、それは力学に限らず近代科学の論理と方法のとるべき形式を提示した画期的なものである。すなわち、それは形而上学的な原理、仮定から出発する自然哲学ではなく、経験に基礎をおく原理、法則を中心にして、実験的実証法と数学の論理によって定式化された演繹的理論体系である。

　デカルトのようにアプリオリな原理を基に演繹的な物理学の体系を築こうとすると、その原理の真理性の根拠を絶対者の神に求めざるをえなかった。それに対して、ニュートンは分析によりえられる経験的知識を基に理論体系を構成し、それによって総合するという「分析－総合」の方法を確立した。それは自然認識の方法に神を必要としない論理であり、科学がやがて宗教か

ら独立する道を拓いたのである。そして１８世紀には合理主義に基づく理性の自立から啓蒙主義へと進むのである。それゆえ、『プリンキピア』は中世に提唱されたグロステスト・ベイコンの「数学的実験科学」の思想を実証科学として完成させたといえよう。

　『プリンキピア』の内容は力学理論としては、後からから見れば当然ながらまだ不完全である。『プリンキピア』では最初に基礎概念として物質の量（質量）、運動量、慣性の力などの定義を与えている。質量とは比重と体積の積と定義しているが、比重の定義がないので循環論であり、定義になっていない。そして、時間・空間については、物体の運動などと関連した経験的な相対時間と相対空間のほかに、他の何者にも関わりなく存続する真の数学的な絶対時間と絶対空間を導入した。このように相対的運動と絶対的運動を峻別したが、並進運動に対しては原理的にも実験的にも両者を区別できない。けれど回転運動については絶対運動を実験的に見いだすことができると主張した。ニュートンが絶対時間・空間の存在を必要とした理由は、力の定義に際して、実在の力と加速度系に現れる見かけの力（遠心力など）とを区別するためであったと思われる。これについては万有引力のところでもう一度触れる。この絶対時間・空間の概念は、後にマッハの批判を契機に重大な議論を呼ぶことになり、アインシュタインの相対性理論により否定されることになる。

　これら基礎概念の定義の後に、力学に関する三つの基本法則を与えて、理論体系を構成している。それは数式ではなく言葉で述べられている。それを単純化して現代的にいえば、

　　１．力の作用のない限り、物体は静止または等速直線運動をする（慣性の法則）
　　２．運動量の変化は加えられた動力に比例し、力の方向に起こる（運動の法則）
　　３．作用にはそれに等しく方向が反対の反作用がある（作用＝反作用の法則）
運動法則は動力が作用する物体の状態（位置や速度）に関係なく、力に比

例した加速度を力の方向に生ずるというところが斬新である。この３法則に次いで、力の独立性を示す力の加法則（平行四辺形の法則）や運動量保存則などが述べられている。

　ニュートンはデカルトの機械論的自然観と公理論的演繹体系化の方法を踏襲しながらも、『プリンキピア』の第３部では宇宙に充満する媒質流体を否定し、デカルト物理学を批判した。ニュートンは当時の原子論的自然観に立ち、基本的実体として原子を用い質点力学を形成した。２質点間の力をベースに質点の運動法則を局所的な力学として定式化したことが、彼が力学理論を築くことに成功した最大の理由である。

　質点力学は質点の位置運動のみを扱えばよく、拡がりのある物体の運動と違って回転運動を考慮しなくてすむので問題が単純化され、したがって運動法則も単純化できる。多体系は２体問題の組み合わせにより、原理的に解くことができる（実際に問題を解くことは難しいが）。こうして、デカルト物理学では説明できなかった力学の問題を解くことに成功した。

　万有引力ｆは２物体の質量ｍと距離ｒのみに依存する普遍的な力であり、かつ遠隔作用である点で当時としては画期的なアイデアであった。その表式は

$$f = Gmm' \diagup r^2 \qquad (Gは万有引力定数)$$

ニュートンがこの法則を発見するには、上記の運動法則が必要であった。なぜならば、円運動の求心加速度が力に比例することを前提として万有引力の大きさを求めたこと、そして２物体の質量の積に比例することを導くには、作用＝反作用の法則が必要だからである。それゆえ、万有引力の法則の発見は力学の運動法則と並行してなされたことに留意すべきである。

　ニュートン力学の骨格は、慣性法則に基づく力と加速度の定義、および物質の性質や状態によらない物体固有の普遍的質量概念の定義を用いて、質点の運動法則を定式化したところにある。また、時間・空間に関しては、経験的な相対時間と空間の他に絶対的な真の数学的時間と空間の存在を仮定した

ことも見逃せない。

　注目すべきは、ニュートンは自ら開発した微分・積分を用いずに、それまでと同じ幾何学や数学を用いて『プリンキピア』を記述していることである。その理由は、馴染みのない微分・積分では一般に理解し難いと考えたからであろう。さらに、微積分の記述法や演算法がまだ十分整っていなかったためであろう。現代のように演算に便利な表記法は、ニュートンとは独立に、かつ同時に微積分を開発したライプニッツによるものである。

（3）ニュートン派とデカルト派の対立：万有引力をめぐる論争

　『プリンキピア』が全ヨーロッパに伝わると、ニュートン力学に対してデカルト物理学派から批判が湧き起こった。それ以後、いずれの力学理論が正しいか、その優劣をめぐり両派の間に激しい論争が長く続いた。特に万有引力に関する論争は激しかった。万有引力は画期的なものではあったが、それが遠隔作用であったために、媒質流体を媒介とする近接作用論のデカルト派は強く反発した。万有引力のように何もない空間を伝わる「遠隔作用」は実在の力ではなく、数学的仮説に過ぎないと批判したわけである。

　この頃、ヨーロッパ大陸ではフランスを中心にデカルト物理学が支配的であったので、力学理論、および万有引力の成因と伝達機構を巡り、両派の間に長年の論争が起こった。ニュートンは「私は仮説を作らない」といって万有引力の実在性を主張した。つまり、万有引力によって天体の運行や地上の運動がうまく説明できれば、それが実証になるというわけである。だが重力の成因と伝達機構については説明できず、「空間は神々に満ちている」といって神の下に逃げざるをえなかった。

　万有引力とは直接関係ないが、力学理論の正否について、地球の形状をめぐる両派の論争も激しかった。ニュートン力学では地球の形は自転により赤道が膨らむレモン型となるのに対して、デカルト物理学では媒質流体の圧力により南北に少し長い縦長のメロン型になるとみなされていた。そこで、地球の経線の長さを実測して形を決定しようと、パリの天文台長カッシーニを先頭に測定がなされ、デカルト派を支持する結果をえた。だが、木星の形状

観測から赤道が膨らんでいると推定し、ニュートン説に味方したモーペルチューイはその測定精度に疑問を持ち、自ら理論計算を行った。それを確かめるべく観測隊長となって、緯度の異なる地点を選び北極にまで出かけて精密測定を行った。その結果はニュートン説に有利なオレンジ形であった。こうして、ヨーロッパ大陸においても、デカルト物理学に代わってニュートン力学が次第に受けいれられ定着していった。

　ニュートン力学と万有引力の法則の信頼性を一層確かなものにしたのは、惑星海王星の発見であった。太陽系の外惑星、天王星の軌道は太陽と内惑星の引力のみを考慮して求めたニュートン力学の結果と少しずれていたので、万有引力の法則を疑問視する意見もでた。だが、イギリスのアダムズとフランスのルヴェリエは独立に、その軌道のずれの原因を他の外惑星（後に発見された海王星）の引力の影響であることを摂動計算を用いて説明した。その予想通り１８４６年に、ベルリン天文台のヨハン・ガレによって海王星が発見された。この発見でニュートン力学は絶対的な権威をかちえた。こうしてニュートン力学が全西欧に受けいれられ定着した。

第8節　第一科学革命

　アリストテレス自然学を超克して、ニュートン力学に始まる近代科学への理論転換は、最初の科学革命であった。ニュートン力学の誕生は近代的実証科学の第一歩であり、正に科学革命である。それを境に自然科学ばかりでなく、自然観の転換とともに思想界にも強大なインパクトを与えた。

（1）科学革命は二段階で達成

　このような理論体系の全面的転換は一回の飛躍で起こるのではなく、その転換過程で新旧理論の中継ぎとなる「中間段階」があり、それが重要かつ不可欠な役割を果たすことを強調したい(5)。旧概念の多くは新たな自然認識の状況に対して通用しないので、ほとんど無力である。それゆえ、新旧理論を媒介する中間のステージが要る。理論転換の過程でこの中間段階の視座から、それ以前の理論を改めて見直すと、それまでとは異なる自然の姿が浮か

201

び上がる。その視野の下に新たな地平が開かれ、その先の世界が見えてくる。この中間段階は、まだ旧理論の衣を一部引きずりながらも、新概念や実体の新モデルを一部取り入れつつ新理論への足場を固める過渡的段階である。それゆえ、この中間段階の理論はまだ完備でもなく、整合的でないところもあるが、そこから新たな第一歩を踏み出すことで自然認識が一段と深まり、新理論が築かれていくのである。

　近代力学の成立の場合は、コペルニクスの地動説に始まる空間革命によって一様無限宇宙空間、惑星に関するケプラーの法則、ガリレオの慣性法則、および原子論の定着と真空の発見までが中間段階といえるであろう。この段階を経た後で、近代科学への本格的な研究が始まったわけである。これらの発見がなければ、ケプラーの法則の意義も理解されずその解明もなかったであろうし、力学法則の成立もなかったであろう。

　ちなみに、近代科学の成立以降20世紀における現代科学の誕生まで、いくつかの理論転換があるが、それらは部分的な理論転換であり、このような全面的な科学革命ではないので、中間段階といえるほどのものはない。全面的な理論転換である第二科学革命は20世紀初頭における量子力学の誕生である。この場合の中間段階は「前期量子論」といわれるものである。

（2）自然法則概念の転換

　ニュートン力学の誕生と近代科学成立の基礎には、これまでに述べてきたように、原子論的自然観、機械論的自然観、および数学的自然観がニュートン力学には強く反映されている。ニュートンは機械論的自然観に立ち、宇宙は決定論的力学法則に従って運行すると考えた。だが、彼は宇宙創成期の神の一撃と神の操縦する宇宙を信じていたし、錬金術など神秘的な面を有していた。しかし、ニュートンの意思とは関係なく、結果としてニュートン力学は神の操縦を必要としない自然学の論理を獲得した。そして自然科学が宗教から独立する理論的基礎を用意したわけである。

　もう一つ見逃せないことは自然法則観の転換である。アリストテレス自然学における目的論的自然観の宇宙では、自然界の法則性は宇宙秩序（コスモ

202

ス）を維持するために存在するものであった。すなわち、まず宇宙の構造と
秩序があり、それを維持するように法則が存在するとみなされていた。ニュ
ートン力学では、そのような法則観とは逆に、因果律に基づく必然的力学法
則から宇宙の構造と秩序を説明するような理論構成になっている。つまり、
宇宙秩序から自然法則を説明するという観点に代わって、逆に自然法則から
宇宙構造、秩序を説明し理解するようになった(6)。それは自然観、自然法
則観の１８０度転換である。かくして決定論的自然法則に従う宇宙という「力
学的自然観」が西欧で確立していった。それはまた、信仰の時代から理性の
時代への移行でもあった。

（３）ニュートン力学成立の社会的影響

　ニュートン力学成立の影響は単に物理学にとどまらず、自然科学全般、思
想界、および社会にも強く及んだ。

　まず第一に、ニュートン力学が地上界の力学現象と天文学（特に太陽系の
惑星運動）において成功し権威を勝ち取ると、上記のように、ニュートン力
学は実験科学の方法として、自然科学全般の論理と方法の手本とみなされる
ようになった。

　第二には、それが世界観の転換をもたらしたことである。アリストテレス
以来引き継がれてきた天上界と地上界の間にあった壁は完全に取り除かれ、
二つの世界が万有引力と力学法則によって統一された。これだけでも大きな
思想革命であるが、自然観への影響はそれに止まらなかった。ニュートンを
初め当時の科学者や思想家の中には科学と神学との融合を計る試みもあっ
た。しかし客観的には、近代科学は神の助けを必要としない論理を獲得した
ので（宇宙創生時の神の一撃を除き）、科学者はしだいに自然科学の原理を
理性の力によって自然自体の内に求めるようになった。すなわち、科学はそ
れ自体で存立し独自の方法を持つものとして、宗教から独立する道を歩み始
めたのである。こうして西欧社会は「信仰の時代」から「理性の時代」へと
脱皮し、それによって科学の性格も変化した。それ以前の１７世紀までの西
欧の自然哲学、すなわち自然科学の目的は宇宙を創造した神の計画（意志）

203

を理解することであったが、ここに至って、科学は自然の仕組みそのものを理解することを目的とし、それを人間の幸福のために活かすことにあるとみられるようになった。後者の観点、すなわち科学の技術的利用価値はF．ベイコンの思想を受け継いでおり、１８世紀の啓蒙主義に強く見られる科学観である。このことは、長期的には宗教の権威を失墜させ、「宗教革命」への道を拓いたことを意味するから、近代力学成立の宗教への影響は計り知れないものがある。

　第三は思想界への影響である。自然科学が神と訣別し、信仰の時代から理性の時代を迎えたことは思想革命であり、それゆえ新たな哲学が求められた。ヒューム、カント、ディドロなど多くの思想家、哲学者が近代科学に基づく自然観や哲学の形成に努力した。

　ヒュームは、ロックに始まる経験論的認識論（知識の起源を感覚的経験に置く）を突きつめて、因果律を否定するに至った。ガリレオ、デカルトたちのように機械的因果律は自然のうちに客観的に実在するものと一般に思われていたが、ヒュームは「因果性は経験の習慣性から生まれた期待」に過ぎないというのである。つまり、機械的因果律の客観的存在を否定して、それは自然現象のなかに反復して現れる原因、結果の関係を経験的に理解し、それが将来も同じように続くであろうことを習慣的に期待しているに過ぎないというのである。ヒュームは神学や形而上学に災いされずに、ロック的内観（内省）とニュートン的実験科学の方法とによって人生や自然を探求しようとした。ヒュームのこの思想はカントを覚醒させ、カントをしてニュートン力学の論理を哲学的に基礎づけることに向かわせたといわれている。カントはニュートンの実験科学の方法を肯定的に理由づけ、自然学的認識の客観性を（観念論ではあるが）一応基礎づけたといえるであろう（『純粋理性批判』）。

　カントは、それまでの神を中心とする世界理解ではなく、神の視点を離れて人間の自然認識の能力の限界を明確にしようとした。彼は時空の存在論的意味を明らかにすることで、自然と人間の認識能力の関係を把握しようとした。それによると、実体、属性とか原因、結果の因果律といった概念を用いた判断形式が人間には先天的に備わっていて、それによって十全な経験が成

立する。その経験は、感覚的に受容された時空という形式と、実体と属性、原因と結果など判断上の概念形式との協同作用によって可能となるという。しかし彼は、空間についてはユークリッド幾何を、論理についてはアリストテレス論理学を絶対的なものとし、認識能力や因果的判断の形式的な基礎をそれらの絶対性に求めた。このような観念的な判断に基づき、認識は人間の思考形式に依拠する観念的なものとする点で観念論ではある。しかし、経験によってえられた個別知識を理性の働きによって整合的に体系化するのが自然科学であると考え、自然認識は「われわれにとっての客観性」の追究であるという点で、カントの認識論は「客観的観念論」といわれる。

　他方ではこれとは別に、力学的自然観から生じたもう一つの問題があった。自然法則は原因－結果の必然的因果律に従うとする力学的決定論を認めると、すべての自然現象は宇宙初期の条件によって定められていることになる。もし自然は力学法則に従って機械的盲目的に運動しているのであるならば、人間の一人ひとりの運命さえも宇宙創生時に決定されているとみる運命論に陥る。さらに、それは人間の自由意志とは何かという、人生観にとって深刻な問題をも投げかけた。

　また社会的影響として、理性の時代に相応しい啓蒙主義が特に１８世紀のフランスで盛んになったことも見逃せない。そのなかでもディドロを中心にして「百科全書」が編纂されて（１７５１～７２）新しい科学の姿を啓蒙した。この啓蒙主義はフランス革命に精神的準備を与えたといわれる。

　第四には、自然科学が学問として社会的権威を獲得すると同時に、科学者の社会的地位が高くなったことがあげられる。ニュートンの科学的功績を讃えて、彼に貴族の称号が与えられたことはその象徴である。また学協会の活動が盛んになり、大学での科学教育も普及するようになって、科学者が職業として成り立ち、科学が社会における一つの制度として認められるための素地が築かれた[7]。たとえばフランスでは、革命の後ナポレオンが科学・技術を重視する政策を打ち出してから、エコールポリテクニークから有名な科学者が輩出された。科学と技術の結合は産業革命により急速に高まり、科学の物質文明への寄与が大きくなった。

205

その結果徐々にではあるが、宗教と科学の社会的地位が逆転して行くのである。それまでは西欧においてはキリスト教が精神的にも社会的にも優位にあって、人間精神と社会を陰に陽にコントロールしてきた。したがって、科学も宗教の下に置かれていたが、その関係が逆転し、精神的な面でも物質的な面でも科学は人間生活と社会制度を変える力を持つに至った。現代社会で科学・技術の果たしている役割を見れば、そのことは歴然としている。

これらの変化は漸次、しかも長期にわたって起こったので余り意識されないが、近代力学の成立はこの意味でも人類史上特筆すべき歴史的事象なのである。したがって、その意義を科学史としてばかりでなく、社会科や歴史科で取り上げて、科学・技術の社会的機能を詳しく教えるべきである。特に、現代のように科学・技術は政治、経済までも動かす力を持ち、日常生活の隅々にまで浸透していることを思えば、理科や科学史以外の教科を通して社会における科学の果たす意義と役割を総合的に教えることが必要であろう。

第9節　近代物理学の完成へ

ニュートン力学は実証的かつ演繹的理論体系として、近代科学の規範となるものであった。しかし、ニュートン力学は発見法的に築かれたので、その理論体系は荒削りであり、しかも不備のところがあったので、その理論体系の吟味と整備が必要であった。それを契機に、自然科学、特に物理学の前線が急速に拡大していった。こうして、１９世紀の半ば頃に近代科学がほぼ完成するのである。

（1）ニュートン力学の整備から解析力学へ

１７世紀の終わり頃にニュートン力学が誕生し、１８世紀にかけてその正しさが認められて定着した。その理論体系は近代力学（今で言う古典力学）の核心となるものはすべて含んでいたが、理論的にも形式的にも不備な点を多く抱えていた。たとえば、質量や力の概念、運動量と活力（vis viva 運動エネルギーに相当）の区別も明確でなく概念的にも曖昧なところがあった。さらに、多体系の扱い、特に拡がりのある物体の運動理論や流体の力学など

すべての力学系を質点力学のみによって扱いうるか疑問であった。ニュートン力学を理論的に完全な体系にするためには、これらの概念を正確に定義し、そして解析的数学を用いて理論形式を整備する必要があった。それには解析的数学、微分積分学が不可欠であった。１７世紀にニュートンとライプニッツが独立に創始した微積分学は、幸いに18世紀初めまでに、ライプニッツたちが微分積分学の基礎を今日のような形式につくりあげていた。その微積分学と解析学を駆使して、ニュートン力学を現在見るような形式に整備することに貢献したのが、D．ベルヌーイ、オイラー（スイス）、モーペルチューイ、ダランベール、ラグランジュ（フランス）たちであった。

　なかでもオイラー（１７０８～８３）の業績は大きい。彼は慣性、質量（物質の量）、力を明確に定義し、質点の解析的な運動方程式を与えた。それを基に連続体にも適用しうる形式を築き、さらに剛体の力学を完成させた。こうしてオイラーはその質点の運動方程式が全力学の基礎であることを示した。

　この力学の発展史において、面白いことに最初はフランスを中心にして大陸のデカルト派はニュートン力学に対抗したが、ニュートン力学の優位性が認められると、その理論的不備を整え厳密な理論体系に仕上げたのも、またフランス主導の大陸派であった。ここにイギリス人と大陸人とに思考形式の違いが見られる。

　その思考形式の違いをP．デュエムは「広い精神」（イギリス的）と「深い精神」（フランス的）と呼んで、次のように分類した[8]。

　「広い精神」は、複雑な集合の認識でも、相関的重要性を保ったまま知覚し、多数の具体的概念（具象的事実）を明晰に見て取る能力－全体と細部を同時に広く弱く把握する能力である。だが抽象化や演繹は苦手である。「深い精神」は抽象的体系化を志向し、原理的なものに注目する。全体よりも細部に深く強く注目し、演繹的思考と抽象化が得意である。

　この指摘は妥当であろう。イギリス人は 具体的概念（具象的事実）を発見法的に見て取り、モデルを描いて物事を把握する能力があるのに対して、フランス人は原理的なものに注目して抽象的理論化を得意とし、論理的かつ演

207

繹的思考を好む。思考形式における両者のこの傾向は力学史ばかりでなく、数学においても、またその後の電磁気学や熱力学の形成過程にも見られる。

　それはさておき、力学理論の体系化において見過ごせないものは、保存則の発見である。そのうちで最も重要なものは、運動量とエネルギー保存則である。運動量の保存則は不完全ながら早期から提示されていた。だが、正しい形式は運動量と活力（エネルギー）の概念的区別と物理的意味がダランベールによって明確にされてからである。その後に、ヘルムホツが、運動エネルギーとポテンシャルエネルギーの和として力学的エネルギーを定義し、その保存則を導いた（１８４５）。エネルギーの概念は、力学から熱、電気、化学エネルギーなどへ次々に拡張され、エネルギー保存則は全自然現象を貫く普遍法則となった。エネルギーに限らず、各種保存則があるが、保存則は物理学理論の骨格をなす極めて重要な概念である。それは予測を可能にし、次の発見の有力な手掛かりとなるゆえ、保存則の発見の意義は非常に大きい。

　こうした状況のなかで、力学研究のもう一つの流れがあった。それは力学を新たな原理に基づいて、新たな形式に構成し直そうという活動である。経験的、帰納的に見いだされた原理や法則ではなく、もっと基本的原理から力学理論を再構成しようというのである。こうして生まれたのが解析力学である。解析力学を形成するための主要な問題は、理論の基礎に据える力学原理を見いだすことと、解析数学の変分法の開発であった。

　その力学原理は「仮想仕事の原理」と「最小作用の原理」である。「仮想仕事の原理」は、１３世紀に静力学における釣り合い条件としてヨルダヌスがそのアイデアをすでに定式化していた。それを動力学に一般化したもので、微少な仮想変位を想定し、その仮想変位による仕事がゼロになることを原理とするものである。「最小作用の原理」は、光の進路に関するフェルマーの原理（光の伝播は最短時間の経路を選ぶ）を改良して、モーペルチューイが質点の運動に適用したものである。すなわち、「質点の運動経路はその作用量が最小となる条件により決まる」というものである。

　変分法の研究は１６９６年頃にＪ．ベルヌーイにより「最速降下線の問題」

を提起したときから始まった。その問題とは、質点が重力の作用の下で与えられた２点を結ぶ曲線に添って上から下に落下するに要する時間が最小になる曲線の決定である。その後、等周問題（長さ一定の曲線で囲まれた面積最大の図形の決定）と関連して、ライプニッツ、ニュートン、オイラーらにより開発された。

　解析力学はラグランジュやハミルトンたちによって構築された。解析力学を築いたラグランジュの目的は、「力学問題の解法を一般的公式に帰着させ、その公式から問題解決に必要なすべての方程式が与えられるような力学理論を築き、見透しの良い統一体系にまとめること」（『解析力学』）であった。その方法は幾何学から離れて図形に頼ることなく、一貫して解析的方法によるものであった。解析力学のラグランジュ形式は数学的にも非常に美しいものであり、その形式は、アインシュタインの一般相対性理論の定式化に影響を与えた。

　ハミルトンはラグランジュ理論の美しさに魅せられ、光学の理論を転用して正準理論という力学を築いた。それは位置座標と運動量を独立変数とする力学理論である。

　この解析力学によって力学は飛躍的に発展することができたが、力学としてのその理論内容はニュートン力学と同等である。しかし、ラグランジュ方程式とハミルトンの正準方程式などによって、力学の本質的論理構造が明らかになり、その適用範囲も広がった。

（２）微分積分学の誕生：数学革命と科学

　デカルトが幾何学と代数学を結合した「普遍数学」は解析学への道を拓き、数学の発展史において画期的なものであった。それは「幾何学の代数化」であり「代数の幾何学化」でもあった[9]。その解析学からさらに飛躍して生まれたのが微分積分学で、それは正に１７世紀における数学革命であった。ニュートンは「流率法」といわれる手法をまとめ上げ，接線問題からさらに求積問題の基礎を創始した。ニュートンよりもやや遅れて、ライプニッツ（１６４６〜１７１６）も独自に接線法や求積法の基礎を編み出した。彼は

209

さらに、ベルヌーイ兄弟の協力をえて微積分学の理論的体系の基礎を築いた。

　この微分積分学なしにはニュートン力学の形式的整備と発展はおろか、近代物理学のような威力ある科学の構築は不可能だった。そのことはいくら強調してもし過ぎることはない。それゆえ、近代科学誕生という科学革命は同時に数学革命でもあった。

（3）力学的決定論

　ニュートン力学の確立により、１８世紀以降、力学的決定論が支配的自然観となった。自然界のすべての現象は質点（原子）の力学的振る舞いによって生ずる。そして、すべての運動は初期条件（最初の位置と速度）を与えれば、運動方程式によって一義的に決定され、その結果も導かれるというわけである。これが力学法則に従う因果的決定論である。すると宇宙の創生時に、それ以後のすべての運命は定まっていることになる。

　後に、フランスのラプラスは力学的決定論を強調して、『確率の解析的理論』（１８１２）において「ある瞬間に自然を動かしているすべての力と、自然を構成するすべての存在の状況を知ることのできる知性が、これらの与件を解析できる大きな能力を有するならば、宇宙の全運動をただ一つの数式のなかに捉えることができるであろう。」と誇らしげに述べた。

　この自負を支えているのは、これまで述べてきた原子論的自然観、機械論的自然観、および数学的自然観である。

力学的自然観批判、自然の多様性：しかし、自然はもっと多様であるという思想も芽生えてきた。自然は数学的科学（力学）のみによって支配されている機械のように単純なものではない。自然はもっと複雑かつ能動的であるとの自然観である。そのことは自然科学の進歩によって科学の前線が拡大するとともに明らかになっていった。観察・実験に基づく帰納法によって、さらに自然の多様性を認識するのが自然科学の主流となるべきだという科学観がそれである。

　その思想を最初に唱えたのは、自然の有機体論説で知られるフランスのビ

210

ュフォン（１７０８～８８）であった。彼は数学的真理の限界を意識し、事実によって支えられる自然科学的真理がより本質的であると主張した。次いで、フランス啓蒙主義、「百科全書」派のディドロ（１７１３～８４）も、観察・実験による帰納法の意義を力説した。外力により運動する物質を対象とする力学の捉えた自然は運動変化に対して受動的である。だが、自然はその様な受動的物質により構成されたものではなく、それ自身の内に動因を有し自ら生成、発展する物質からなるという進化論的、有機体論的自然観を唱えた。それは２０世紀後半にＩ．プリゴジンの提唱した「発展の科学」（複雑系科学）の先駆をなすもので、注目すべき科学観である。

第１０節　科学の前線が拡大：物理、化学、生物学

　１８世紀の科学は自然の複雑さ多様さにも目を向け始め、まず電磁気学、光学、熱（力）学などの本格的研究が始まった。産業革命以後の技術の進歩と相まって、観察・実験の手段（機器）が開発されたので、これらの分野も含めて科学の対象はみるみる拡大していった。１８世紀から１９世紀にかけて、物理学の諸分野のみならず、化学、生物学の分野においても全面的に開花し近代科学が完成に向かった。

　産業革命は１７８０年頃にイギリスで始まって、フランス、ドイツなどヨーロッパ諸国から、さらにアメリカに伝わり１９世紀の中頃に完成した。紡績機の発明が契機となって機械化が進むと、機械製造の原料としての鉄の生産、製鉄業が盛んになった。機械運転、製鉄業、鉱業に必要な動力として、水力に代わる強力な動力機が要求されるようになった。それに応えて出現したのがワットの蒸気機関である。蒸気機関の原型は１７０５年にイギリスでニューコメンがごく初歩的な蒸気機関を作っていた。それにＪ．ワットが飛躍的な改良を行って工業用の原動機となる蒸気機関を発明した（１７６５）。この蒸気機関は、１９世紀における熱力学の基礎となったカルノー理論誕生のヒントになった。

　この頃イギリスのバーミンガムで満月の夜に、多分野の科学者・技術者が集う交流会「月光協会」（１７６６～１８００）が発足し、新たな科学・技

211

術を推進する役割を担った。産業革命のなかでの技術の発達は、経験的知識による試行錯誤でなされたものが多かった。すなわち、科学よりも技術先行型であり、技術が科学に刺激を与えたといえる。しかし、１９世紀になると科学と技術の結びつきが強くなり、やがて科学主導となっていく。実際に化学工業や電気工業は科学理論の応用によって発達可能な分野であった。このように、科学と技術の結合は、それまでの科学が帯びていた自然哲学という色彩から脱して技術への応用が意識されるようになった。それによって、科学と技術は相互に協力しあい両者の急速な進歩発展をもたらした。

（1）電磁気学

電磁と電気の存在は、方位磁石や摩擦電気などによって、東西ともに古代から知られていたが、その本性については近代まで未知のままであった。羅針盤の発明によって磁石が貴重な役目を果たすことから関心が高まり、ギルバートの「地球の巨大磁石説」（１６００）もその成果の一つである。

１７世紀から西欧で磁気と電気について本格的研究が始まった。起電機と蓄電器の発明、さらに定常電流を作るヴォルタ電池の発明（１６９３）で電気の研究が容易になった。電気の実体としてフランクリンの電気流体説（１７５０）が提唱されると、理論的考察がし易くなり定量的な電気理論が急速に進んだ。

静電気力に関するクーロンの法則の発見は、定量的精密実験の草分けであった。クーロンの法則は電気力、磁気力ともに万有引力と同形であるゆえに、現象論的には遠隔作用とみなされるようになった。

電気と磁気の間に何らかの関係があることは昔から予想されていたが、電気と磁気の力に関するクーロンの法則の類似性からもその推測は強まった。両者の関係を最初に掴んだのはデンマークのエールテッドが発見した電流の磁気作用である（１８２０）。これは電磁気学における画期的発見であり、ここから電磁気学が始まったといえる。この発見を契機にして、堰を切ったように一挙に研究が進展した。特にフランスのアンペール（１７７５～１８３６）は電流の磁気と磁石の関係に関する理論を次々に発表した。その

212

一つが、電流の方向に垂直な面内で右ネジの廻る向きに磁場が生じるという「アンペールの法則」（１８２０）である。さらに刮目すべきものは、「環状電流と磁石の同等性」を示す理論である。これにより、電磁気の研究はすべて電気の研究に帰せられることになった。

当時電磁気学の研究には二つの方向があった。その一つは大陸のアンペールやウェーバーに代表される「電気力学派」である。彼らはその名の示すように、ニュートン力学にならって、電気力と磁気力を万有引力のように遠隔作用として力学的な理論の構成を目指した。

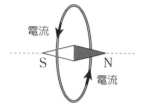

環状電流と磁石の同等性

他方、イギリスにおいてはファラデー（１７９１～１８６７）、マクスウェル（１８３１～１８７９）らが電場、磁場のような「場」を媒介にした近接作用の立場で力の伝達理論を築いた。

電気力学派は、電気間力のクーロンの法則、電流の磁気作用に関するアンペールの法則、電流要素が磁極に及ぼす力のビオ・サヴァールの法則などのように電気間や電流間の力を定式化することに専念した。電荷や電流要素を力学の質点に対応させて、電気間と電流間の力を、重力のようにそれらを結ぶ直線に添って働くとし、その力の大きさを決定することを基本課題としたのである。アンペールは「現象の原因となる力の成因について仮説を設けず、実験から導かれる法則の数式を求めることに満足すべきである」とその立場を鮮明にした。これは万有引力の成因と伝達機構に関する論争を念頭においたものである。電気力学派は現象論的には電磁気現象をうまく説明できたので、それで一応成功したかに見えたが、１８３１年にファラデーの発見した電磁誘導の法則（磁場の変化によって電流が生ずる現象）は、その遠隔作用論では理解できなかった。

それに対して、ファラデーは電気分解のモデルなどからヒントをえて、電気力線や磁力線という概念を導入して電気力と磁気力の伝達作用を考えた。ファラデーは、電磁誘導の現象を、導線が磁力線を横切るときに電流が生ずると説明した。この解釈は遠隔作用の立場ではできない。

ファラデーのアイデアを引き継いで、電場、磁場の概念を発展させ、さら

213

にそれまでに発見されていた法則をまとめて電磁気学の統一的理論を築いたのはマクスウェルである。彼は真空中に渦管と荷電ボールを想定し、渦管の回転で磁力線を、荷電ボールの移動で電流を表した。それを基に１８６４年に電磁気学の基礎方程式を導いた。それがマクスウェル方程式である。マクスウェルのモデルはあまり実在的でないので批判もあり、疑問視されていた。後に彼はそのモデルを捨て、真空中にエーテルの存在を仮定し、そのエーテルの緊張状態で電場と磁場を表した。そのエーテルモデルを用いてマクスウェル方程式を再定式化した。マクスウェル理論は６個の式からなり、曖昧さもあってやや分かりにくかったが、その余分なものを取り去り現在のように首尾一貫した４個の方程式に整備したのはO．ヘビサイドやH．ヘルツである。

　そのマクスウェル理論から導かれた最も重要なものは、電磁波の存在の予言である。マクスウェル方程式からは電磁場の振動がエーテル中を遠方まで伝播する波の方程式、すなわち電磁波の方程式が導かれる。その伝播速度が光速度に一致することから、彼は「光の電磁波説」を提唱した（１８６４）。その電磁波の存在は１８８８年にドイツのヘルツによって検証された。それによって、マクスウェル理論は信頼を勝ちうると同時に、科学者たちはエーテルの実在を信じるようになった。エーテルは以前から光の媒体として仮定されていたが、ここに至り光エーテルと電磁場エーテルは統一され、物理的実体として重要な役割を演ずることになる。

　このような電磁気現象は、力学のみでは自然理解は不十分であること、すなわち力学的自然観の限界を認識させた。

　電磁気学理論の形成の歴史においても、力学の場合と同じように、ヨーロッパ大陸とイギリスにおいて思考形式に対照的な特徴が見られる。フランスとドイツの電気力学派は、数学的定式化により正確な理論形成を志向した。それに対してイギリスではモデル（力線模型、渦管模型やエーテル模型）を考案し、それを用いて発見法的に理論を形成するという方法である。この思考形式の違いは、後に見るように、熱力学の形成に顕著に見られる。

214

（2）光学

　光学の研究は、西欧ではキリスト教の世界創生神話の光と関連して特別な意義を有する。

　中世における数学的自然学の発達は光の研究を通してなされた。しかし、１７世紀には新展開があった。ニュートンによる光の分散理論、およびホイゲンスによる光の伝播理論は、光を物理学の対象として研究する道を拓いた。それ以後、光の本性に関して粒子説と波動説とが併存し、互いに論争した。１９世紀に漸く決着がつき、波動説が定着することになった。そして、最後はマクスウェルの電磁波説が確立し、その媒質エーテルがやがて物理学上の大問題となる。すなわち、エーテルの存在を追求することから、アインシュタインの相対性理論が誕生し、物理革命を呼ぶのである。

　光学の発達史についてはこれ以上のことは割愛する。

（3）熱学から熱力学へ

　近代物理学の体系には、力学、電磁気学、および光学のほかに、もう一つの流れとして熱学、熱力学、熱統計力学がある。この分野はその研究方法も理論も、力学や電磁気学などとは異質の分野である。そこには質点力学や電磁場の理論とは異なる自然法則が存在することを意味する。

(i) 熱素説

　１８世紀には錬金術から脱皮した化学の進歩がみられた。熱の本性はフロギストン（燃素）と考えられ、熱と温度の区別すらも明確でなかった。空気の化学研究から水素、酸素などが発見され、燃焼は酸化現象であることを明らかにしたラヴォアジェ（フランス）が熱の本性として１７８９年に「熱素（カロリック）」を導入した。熱素は流動的不変実体であり、その総量は保存すると仮定された。ラヴォアジェはその熱素をさらに役割によって区別し、物体間を自由に移動する自由熱素と物質に結合された束縛熱素に分けて、潜熱や摩擦熱などを説明した。その熱素によって熱現象を熱自体の作用に帰し、他の現象と区別して研究できるようになった。それゆえ、熱量が保存する現

象に関しては定量化が可能となり、かなりの成功を収めた。

　熱学の研究に不可欠な温度計は、最初ガリレオが空気の膨張を利用した空気温度計を発明したといわれているが、さらに正確なものは液体や水銀を用いた温度計である。それらを発明したのは、それぞれファーレンハイト（１７１４）とセルシウス（１７４２）である。

　イギリスのブラックは１７６０年頃から、熱素説に基づいてまず熱と温度を区別し、熱容量、比熱、潜熱などの基礎的概念を発見し確立した。彼は熱の現象論において熱学の形成に大きく貢献した。さらにフランスのラプラスとポアッソンは熱学の数学的定式化を行い熱素説の熱学はそれによって一応完成されたかにみえた。この頃もう一つ見逃せないものはフーリエの熱伝導論を著した『熱の解析的理論』である。彼は熱伝導方程式を導き、その式の解法のために、三角関数を用いたフーリエ級数を開発した。フーリエ級数は熱伝導論のみならず、数学においても画期的な進歩をもたらした。

　この頃気体の研究が盛んになり、理想気体に対するボイル－シャールの法則（気体の体積、圧力と温度の関係ＰＶ＝ＲＴ）から、絶対温度の存在が導かれた。温度には下限があり、－２３７℃を絶対０度とする絶対温度が定義された。理想気体の式から現象論的に導かれたこの絶対温度は、後にケルビンが熱力学によって理論的に定義したので熱力学的温度（目盛り）といわれ、その温度目盛りを記号Kで表す。絶対０度で一切の分子運動は止まるとみなされた。絶対温度に下限のあることの認識は、熱の分子運動論と関連して興味ある問題を提起することになる。

　熱学は熱の本性として「熱素」という不変実体の存在を仮定して、マクロ的物質の状態（気、液、固の三態）の変化を、温度や熱量とそれに伴う物理量を用いて探求するものである。熱現象としては、それで一応の成功を収めたかに見えたが、熱素説に矛盾する現象が発見され、熱素説は覆される運命にあった。それに代わって登場するのが「熱の運動論」であり、熱力学が取って代わる。

(ii) 熱の運動論

イギリスのラムフォードは大砲の掘削で摩擦熱が無尽蔵に発生することから束縛熱素説に疑問を呈し、熱の運動論を唱えた（１７９８）。他方では気体の熱的性質に関する研究が盛んとなっていた。その中で、フランスのゲーリューサックは、気体の自由膨張において温度が低下するはずとの予想に反して全体の平均温度は変わらぬことは、熱素説に矛盾することを示した（１８０７）。それ以外にも熱素説に反する現象はあったが、熱素説を否定する決定的証拠とは直ちには認識されなかった。それほど熱素説は巧みにできており、熱量が保存する範囲の熱現象をうまく説明していたのである。

　熱素説と併行して熱の分子運動論は１８世紀頃から力学的自然観のもとで細々と命脈を保っていたが、漸くこの頃から台頭し始めた。熱力学は、熱素説を否定し、熱の運動論として熱現象と力学現象とを関連づけて考察することにより生まれた。熱学と力学を結合する最たるものは熱機関である。産業革命の結果、動力機関の要求が増大し蒸気機関の能率を上げる研究が進められた。初期には熱機関の製作と改良は手探りでなされていたので、蒸気機関に関する一般的な理論の必要性が感じられていた。

(iii) 熱機関：カルノー機関

　熱機関の理論を最初に築いたのはフランスのエコール・ポリテクニーク出身のサディ・カルノーである。彼は熱機関の作動における最も本質的な部分を抽出し理想モデルを考案した。それは高温と低温の熱源、およびそれにより作動するピストンから成るもので、準静的に無限にゆっくり１サイクルを稼働する可逆熱機関である。この理想化されたモデルは今日「カルノー熱機関」と呼ばれているものである。カルノー熱機関は熱力学の理論形成には不可欠なモデルとなった。カルノー

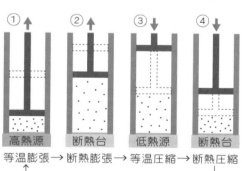

カルノーサイクルの操作

はそのモデルを用いて熱力学の基礎理論を創始し、熱機関の効率について極めて有効な法則を導いた。彼はそれを『火の動力についての考察』（１８２４）として発表した。カルノーは最初の理論では熱素説によっていたが、後に熱の運動論に修正した。カルノー理論は分かりにくいので当初は注目されなかったが、埋もれていたその理論の素晴らしさと重要性に気づき、それに解析的表現を与えて世に知らせたのは同じくエコール・ポリテクニーク出のクラペイロンである。

　熱の運動論が一般に受けいれられ定着するには、熱と運動を関係づけ、両者の相互移行を量的に捉えたエネルギー保存則の確立を待たねばならなかった。

(iv) エネルギー保存則

　エネルギー保存則は１８３７〜４７年頃に、多くの人たちによっていろいろな形で提唱された。その中でJ.R.マイヤー、H.von.ヘルムホルツ（ドイツ）、J.P.ジュール（イギリス）が有名である。エネルギー保存則がこの頃次々に唱えられた背景には、自然界における諸力の根源は一つであるという、ドイツを中心とする自然哲学があり、それが当時科学者に強い影響を与えていたといわれる。電気と磁気の根源は一つという考えもその一つであった[10]。

　医者のマイヤーは南方に航海したとき動物の血液が赤くなることから、動物の活動と体熱の関係についてヒントを得、運動、熱、化学作用などの本質を同一視して、エネルギー保存則に達したといわれている。ジュールは電流を媒介として化学作用、熱、電気を統一的に捉えた。彼の「熱の仕事当量」の測定はよく知られている。ヘルムホルツは力学的エネルギーの保存を運動方程式から導いた。そして、すべての形態のエネルギーは力学的仕事に等価であると主張した。エネルギー保存則はすべての自然現象を貫く最も普遍的、かつ重要な法則である。

　こうして科学の前線の拡大とともに、熱、仕事、電気、光、化学などの諸現象の相互連関が認識され、自然の諸力の根源は一つであるとの自然観が浸透していった。

(v) エントロピー増大則

　エネルギー保存則と並んで、もう一つ肝要な法則は１８５６年にドイツの
クラウジウスとイギリスのW．トムソン（後のケルヴィン卿）により独立に
発見された「エントロピー増大則」である。

　かねてからの疑問は、なぜ熱は高温から低温に拡散するのみで逆に熱の収
束はないのか、また熱源さえあればエネルギーを取り出して動力に変えられ
るはずなのに、なぜ熱機関には低温と高温の熱源が必要なのか、などといっ
たことであった。これらはエネルギー保存則のみでは理解できない。その疑
問解決の糸口は、カルノー可逆機関の１サイクルで保存する物理量のあるこ
とにクラウジウスが気づいたことである。その１サイクルで出入する熱量Q
と絶対温度Tとの比：Q／Tの和は可逆機関では保存するが、不可逆機関（不
可逆現象）では常に増大することを見いだした。この量は後にエントロピー
と名付けられた（「変換」を意味するギリシア語 τροπη に由来）。この
法則は後に一般化されて「熱の出入を断った閉鎖系ではエントロピーは増大
するのみで減少することはない」と定式化された。これがエントロピー増大
則である。

　エントロピー増大則はエネルギー保存則とは独立な法則であり、エネルギ
ー転換において変化しやすい方向があることを示している。言いかえれば、
エネルギーの総量は一定であるが、エネルギーには質の違いがあることを示
すものである。それによって、熱の拡散に関する最初の疑問が解かれ、第２
種永久機関（ある熱源から取り出した熱を、外部に変化を残さずに仕事に変
え続ける機関）は否定された。

　熱力学における主要な基本法則は、

　　第一主則：エネルギー保存則

　　第二主則：エントロピー増大則

である。（絶対０度に係わる第三主則は省略）

　この２法則は全自然界を貫く普遍法則である。熱力学の形成は狭い力学的
自然観を超えた新たな視野を拓き、決定論的力学法則では律しきれない現象

や法則が自然界に存在することを明確に示すものであった。全体は部分の単純和ではなく、ミクロとマクロの階層にはそれぞれ固有の質や法則が存在することが明らかにされたのである。

（4）熱（分子）統計力学

　熱の運動論は、熱の本性を分子の運動エネルギーとするものである。すると、熱力学は極度に多数粒子からなる体系のマクロ状態について、内部状態とその変化を対象にすることになる。それゆえ、力学や電磁気学などの単純系にはなかった温度やエントロピーといった新しい物理量が登場する。したがって、熱力学はその理論も方法も独自の体系をなし、エネルギー保存則とエントロピー増大則を基本法則として、広範囲の熱力学的現象を統一的に説明するものである。

(i) 熱力学の実体的基礎づけ

　　だが、熱力学における基礎概念や基本法則の実体的根拠が明らかではなかったので、熱力学は物質変化の本質的理論に達していない現象論的段階であり、まだ理論的にも不十分であった。その熱力学の基礎概念や理論を構成分子の運動によって実体論的に基礎づけ、説明したのが分子統計力学である。

　分子統計力学はニュートン力学を顕わには用いないが、その背後にはその基礎にある実体（原子、分子）の振る舞いは、基本的には質点力学の法則に従っていることを前提にしている。マクロ系は莫大な数の分子からなる多体系であるために、質点力学にはない多体系に特有の概念（温度、圧力、エントロピーなど）、および法則（保存則やエントロピー増大則など）が見いだされた。分子統計力学では、これら熱力学的基礎概念と基本法則以外に新たなものはほとんど追加されなかったが、それら熱力学の概念、法則を分子運動によって理解するには多体系に関する新たな概念と法則がやはり必要であった。

　たとえば、分子統計力学の基礎になる重要なものは、マクスウェルの速度分布則である。マクスウェル分布則は、平衡状態にある系の内部で自由運動

している分子の速度分布を与えるものである。それともう一つ、分子統計力学によって基礎づけられ、物理的意味が明らかになった最たるものはエントロピー増大則である。そもそもエントロピーとは何か、その物理的意味はマクロの熱力学理論では理解し難いものであったが、分子統計論により直感的に理解しやすくなった。

エントロピーとは多体系における秩序性の尺度である。整然と配列した秩序性の高い状態はエントロピーが低く、雑然とした無秩序状態はエントロピーが高いと定義する。ミクロの分子状態でいうと、系全体のマクロな物理量（系全体の体積、エネルギー、分子数など）は同じでも、個々の分子をエネルギー準位に配分する仕方はいろいろ可能である。

たとえば6個の分子系を考えよう（右図）。分子の取りうるエネルギー準位を1ε、2ε、3ε・・とし、6分子系の全エネルギーは12εとする。この場合、6個とも同じ2εの準位にある状態は1通りしかない。だが、それぞれの分子に番号をつけて区別すると、1ε、2ε、3εに2個ずつ配置された状態は90通りある。また、1εに2個、3εに2個、4εに1個配置された状態は180通りもある。このように全エネルギーは同じでも、ミクロ的にはいろいろな分子配位がありうる。

4ε	
3ε	
2ε	○○○○○○
1ε	
———————	
4ε	
3ε	○○
2ε	○○
1ε	○○

整然と秩序だった分子配位の方が状態数は少なくばらばらに散らばっている方が状態数は多い。その状態数をWとすると、エントロピーSは対数を用いて次のように定義される：

$$S = k \log W \qquad \text{（ボルツマンの定義）}$$

kはボルツマン定数といわれる普遍定数である。

すると、Wの大きいほどエントロピーは高いことになる。秩序性の高いほ

ど分子配位の状態数は少なく、乱雑な無秩序の方が状態数が多いので、乱雑な方がエントロピーは高いことになる。確率の高い方が起こりやすいから、Wの大きい無秩序状態の方が確率的に起こりやすい。したがって、自然に放置すれば確率の低い状態から高い状態（エントロピーの高い方）に移行する。これがエントロピー増大則である。

　エントロピー増大則とは「外から手を加えない自然な状態変化では、同一マクロ状態に対して可能な分子配位の状態数の大きい状態へ移行する」、いいかえれば、「確率的に起こりやすい（分子配位の）状態へ移行する」ということである。分子数が莫大な系では、秩序状態と無秩序状態とでは、状態数Wは後者の方が圧倒的に多くなる。それゆえ、無秩序状態から秩序状態へ移行する確率、すなわちエントロピーが減少する確率はゼロに近いことになる。気体が平衡状態にあるマクスウェル速度分布はエントロピーが最大の状態に対応する。

　一般に、分子配列に限らず、外から何ら操作を加えなければ、物事の変化は可能性の大きい（確率的に高い）状態の方向に向かう、ということをエントロピー増大則は示している。では最大の無秩序状態にあれば、その系はもはやそれ以上変化しえないから平衡に達していることになる、それはエントロピー最大の状態である。したがって、熱力学的平衡状態はエントロピーが最大の状態である。

　こうして、分子統計力学は熱力学のすべての法則を分子、原子の運動によって基礎づけることに成功した。

(ⅱ) 時間反転不変性とエントロピー増大則の矛盾の問題

　ニュートン力学の運動法則は時間反転に対して不変である。なぜならば、運動法則は時間の２階微分方程式であるから、時間の符号を変えても不変である。すなわち、過去に向かっても未来に向かっても法則は同じである。では、過去と未来に対して運動法則は対称的であるにもかかわらず、自然界の運動変化はなぜ一方的にエントロピーが増大する方向に向うのか。エントロピー増大則は時間の進行を一方向に決めるものである。運動法則の時間反転

222

不変性とエントロピー増大則とのこの矛盾は、力学法則以外に別の情報が必要であることを示している。そこに確率法則が関与していることを、上記のようにボルツマンが示したのである。このことからも力学的自然観のみでは自然理解は不十分であることがわかる。つまり、自然界の運動は力学法則のみに支配されているのではなく、確率法則も関与していることが見てとれる。

（5）原子論に基づく近代化学の形成

　錬金術から脱皮した近代化学は、酸素を発見して熱素説を導入したラヴォアジェから始まった。物質に関する究極要素として質と量（大きさ）が古代から追求されてきた。質の究極要素を表象するものが「元素」であり、量の最小単位は「原子」である。その元素と原子概念の性格とモデルは東西の地域と時代によって異なっていたが、それらは自然科学の発展過程で重要な役割を担ってきた。だが、原子の概念とモデルは物理学と化学の論理と方法に決定的影響を与えてきた。東洋では近代物理学も化学も生まれず、西洋でのみ築かれた。その要因の一つは、物質概念の面では、元素、原子の性格規定の違いにあるといえるだろう。

　近代化学への道は、17世紀のR．ボイル（イギリス）により拓かれた。ボイルは錬金術の神秘的性格を批判した『懐疑的化学者』（１６６１）において、錬金術の４元素や３原質（水銀、硫黄、塩）は実験的根拠のないものだと批判した。そして、物質の単一種（単体や元素）を決めるものは、その物質の性質のなかにあるのではなく、物質それ自体のなかに実体として追求すべきものであるといって、新元素概念の必要性を主張した。

　その後、ラヴォアジェは燃焼は急激な酸化現象であることを実証し、酸素の発見と同時に熱素説を唱えた。この研究において注目すべきは、彼が「質量保存則」を前提として化学反応を分析して酸素の発見に至ったことである。このような保存則は定量化への第一歩であり、定量的研究の基礎として不可欠ともいえるものである。事実、化学反応に関する「定比例の法則」（１７９７）の発見にも繋がった。

　ラヴォアジェは『化学要綱』（１７８９）において、新元素概念を次のよ

223

うに定義した「実験的分析によって到達した極限、いかなる実験的手段によっても分解されない物質である」と。この定義は実証的化学における初めての元素概念を与えたものである。ラヴォアジェの酸素の発見が契機となって、新元素が次々に発見された。こうしてギリシア以来の元素と錬金術に代わる近代化学の元素概念が成立した。

だが、ラヴォアジェの提示した元素表には光や熱素が水素・酸素などと同列に入っていた。この事実は彼ですら旧来の元素概念からまだ完全に抜け切れていなかったことを示している。画期的な新理論の提唱者でも過去の自然観を一部引きずっていたことは、これまで科学の転換期にしばしば見てきたことである。

１９世紀になると、イギリスのドルトンはラヴォアジェの成果の上に化学的原子論を築いた。彼の原子論は、まだ熱力学以前のもので熱素説と深く結びついていた。その上に、その原子論は多くの仮定の上に構成されていたので、いくつもの欠陥を宿していた。そのため誤った結論も導いた。それにもかかわらず、ドルトンは近代化学における優れた成果を多く残した。特に、原子の種類によって大きさと重さが異なるとして「原子量」の概念を導入して定量化学を築いた（『化学の新体系』１８０８）、その功績は大きい。

その後、スエーデンのベルセリウスは化学結合理論において、分子に関する「電気的２元説」を提唱した。その化学結合論は、すべての化合物は陰と陽の元素（または基）の電気的引力で結合しているというもので、彼はそのことを化学実験によって示した。この２元説は無機化合物では成功したが、有機化学においては説明できない事実が次々に見いだされ、化学研究は迷路に陥った。

その混乱状態を救ったのは、１８１１年にイタリアのA．アヴォガドロによって提案された仮説である。それは、「すべての気体は等温、等圧のもとで同数の分子を有す」という仮説である。このアヴォガドロ仮説は発表当時は無視され永年眠っていた。それを世に出したのはイタリアのS．カニッツァーロである。彼が１８６０年にアヴォガドロ仮説の重要性を指摘したことから一般に注目され、それによって多くの混乱は一挙に解決された。それ以

224

後、原子、分子の実体は化学会にしっかりと根づいていった。

　それをさらに強化したのは元素の周期律の発見である。ドイツのL．マイヤーとロシアのメンデレーフは１８６９年に独立に発見した。周期律によって未発見元素の存在が予言され、発見された。これだけでも素晴らしい成果であるが、さらに重要なことは、元素の周期律は各元素間の関係を示すゆえ、元素原子の間に何らかの内的関連のあることを示唆していることである。周期律の発見で近代化学の基礎は一応完成したといえる。

（6）生物学の新展開

　顕微鏡を用いた微視的世界の観察、および解剖学・生理学や博物学の進歩によって、生物学、医学も物理学や化学の形成と（定量的ではないが）歩調を合わせて着実に進歩し、近代生物学が築かれていった。

（i）解剖学・生理学

　１５世紀には、芸術家は人の形態を正確に表現するために解剖の知識を持っていた。有名なのがレオナルド・ダ・ビンチで、人体解剖に基づいた正確な解剖図譜を残している。　解剖学は１６－１７世紀に革新的進歩があった。近代解剖学につながるような解剖学を体系づけたのはベサリウスである。彼は『人体の構造について』（１５４３）を著して、ガレノス以来の誤解を正した。これによってベサリウスは解剖学者としての名声を不朽のものとした。

　イギリスのハーベーは『動物における血液と心臓の運動について』（１６２８）において血液循環説を発表した。血液循環説は１３世紀にイスラムのイブン・アン＝ナフィーズが述べたといわれているが、解剖知識に基づいて確立したのはハーベイとされている。この血液循環説が後に心臓や器官の正しい理解へと繋がった。

（ii）細胞学の形成

　顕微鏡の発明は１５９０年にオランダのヤンセン父子によるが、倍率改良と色収差の除去によって、微視的世界の正確な観察が進んだのは１７世紀以

降である。顕微鏡による細胞の最初の発見（１６６５）はロバート・フック
といわれている。細胞学の始まりはドイツの植物学者シュライデンが植物の
基本単位は細胞であると唱え（１８３８）、次いで翌年、動物学者のシュワ
ンが動物に拡張して、すべての生物個体の構造と機能は細胞から成り立って
いると説いた。これは生命観と生物学の研究法を転換させるものである。

　近代解剖学、血液循環説、そして細胞学説などのように、１７世紀には生
物学革命といえるほどの進歩、発展があった。

(iii) リンネの近代分類学

　これと並んで重要なものに、近代分類学と進化論の成立がある。生物の近
代的分類学を築いたのはスエーデンのリンネ（１７０７〜 ７８）である。彼
は動物、植物、鉱物の分類を精力的に行ったが、特に植物の分類学に貢献し
た。リンネは植物の生殖器官に着目して、植物の新分類概念を考案した。

　リンネは種の学名を「属と種」の２語で表す二名法を採用し、分類法を体系
づけた。さらに属・種の上位分類として、綱・目を設けて階層的な分類体系
を築いた。

　それまでの命名法は新種が知られると既存の種の名に新たな語を追加して
命名する場合が多く、複雑な名前が増え続ける状態があった。リンネの功績
は、階層的分類法によってそれらを見通しよく整理したこと、さらに今後の
新種の追加にも対応できるような体系を創始したところにある。彼が分類学
の父といわれる所以はここにある。現在の生物分類も、基本的にはこのルー
ルに従っているが、その頃に比べると階層構造はより多段階となっている。

　また、リンネの時代には進化の概念がまだなかったので、リンネの分類法
は形態の類似と異同によるもので限界があった。分類法は、自然認識の進歩
とともに新概念や法則が発見されると、それに基づいて新たに分類がやり直
される。生物進化論が生まれると、近縁同士を集めた分類群による系統樹が
作成された。分類学は進化生物を理解する上で重要な役割を担っている。

　その後も、生物に関する新しい技術や知見はすべて分類学に反映されてき
た。細胞学からは染色体が採り入れられ、さらに現代では分子遺伝学におけ

る DNA の塩基配列が分類学に反映され、そのたびに分類体系は見直しを迫られた。その新たな分類体系は次へのステップとなる。序章で分類学の意義を強調したように、このような状況は、生物学に限らずすべての学問分野にみられることである。

（ⅳ）ダーウィンの進化論

野外地質学が発達して生物や鉱物に関する博物的知識が累積した結果、生物種の変化が認識されだした。これも確かな分類概念に基づく分類学が成立したからである。最初に進化論を唱えたのはフランスのラマルクである。動物は環境に適合してよく使う有用な器官は次第に発達し、逆に使わない器官は衰えて機能を失うという「用不用説」をラマルクが提唱し、個体が生涯の間に身につけた形質（獲得形質）が遺伝することを主張した（１８０９）。ラマルクの進化論は多くの学者の注目を集めたが、批判も多く賛否の議論が続いた。

生物進化論を確かなものにしたのは、その半世紀ほど後のイギリスのチャールズ・ダーウィンの『種の起源』（１８５９）である。ダーウィンはビーグル号で地球一周する航海を行い、航海中に各地の動物相や植物相の違いから種の不変性に疑問を抱き、進化論に達した。アルフレッド・ウォーレスが１８５８年にダーウィンに送った手紙のなかで同様の進化論が書かれていたことに驚き、同時に２人の論文を発表した。ダーウィンはさらに執筆中であった『自然選択』と題された大著の要約をまとめ、１８５９年に『種の起源』として出版した。

ダーウィンの理論は、自然選択による適者生存の論理、すなわち「自然淘汰説」によって生物進化を説明するものであった。ウォーレスとダーウィンの進化論は膨大な資料を基に築かれた理論であるが、賛否両論の激しい論争が起こった。特にキリスト教会からの反発は当然ながら激しかった。進化とは生物の遺伝的形質が世代を経るなかで変化していく現象として説明された。この進化論は生物学における革命的な新説であるばかりでなく、それはコペルニクス革命に匹敵する思想革命でもあった。

227

現在では、改良されたダーウィンの進化論（ネオダーウィニズム）が認められ定着しており、ラマルクの進化論（獲得形質の遺伝）は否定されているが、ラマルク説を見直す動きもある。

　進化論と並んで注目すべきものは、メンデルの遺伝の法則（１８６５）である。G.J.メンデル（オーストリア）は遺伝形質として遺伝子の存在を仮定し、それによる遺伝（粒子遺伝）の法則を提唱した。メンデルの遺伝法則は発表当初は注目されなかったが１９００年に再発見され、遺伝学の端緒となった。

（7）近代科学の完成

　以上のように、１９世紀末までに、物理学のみでなく化学と生物学も一通り、不完全ながら近代科学として成立した。すでに述べたように、この近代科学の完成には、産業革命のなかで発達した技術の協力が不可欠だった。生産技術の発達によって精密科学実験を可能にする技術が進歩したばかりでなく、新たな研究分野への道を拓いたからである。

　近代科学の中でも、物理学は先陣を切って１９世紀の間に全面的な発展を遂げた。力学、光学、電磁気学、熱力学の各分野で完成された理論体系が構築され、それら全体で物理学という一つの殿堂を築いた。そして、それらの理論は真理であり、今後とも変わらぬものと信じられた。それゆえに、物理学は自然を理解するに足る基本原理と方法をすでに掴んだとの自負を当時の科学者は抱いた。１９０２年にロード・ケルヴィンが行った　有名な講演はそのことを如実に物語っているだろう。「物理学は地平線上に見られる小さな二つの雲のほかは、綺麗に晴れわたった空にも比せられる」、その第一の雲はエーテル中での地球の相対運動が観測されない問題であり、第二は熱統計力学におけるエネルギー等分配則に関する疑問であった。しかし、その雲もやがて解決され消え去るだろうとの楽観があった。

　実証的科学を築くことに初めて成功し、それによって多くの実績を上げてきた物理学に対して、このように自信と誇りを抱くのも、当時としては無理なからぬことだったかも知れぬ。だが、それは単純すぎた。このような発想はキリスト教の自然観を持った西欧人に特有の信念のように思える。絶対神

の創造した宇宙の仕組みには無駄がなく理路整然としているゆえに、その原理を知り尽くす事は可能であるとの信念があるようだ。そのような科学観はこの時代ばかりでなく、２０世紀後半における現代物理学においても見られる、たとえば素粒子論における基本的相互作用の統一理論が完成すればそれが究極原理であり、後はその理論によって自然の仕組みを説明するだけだという考えが述べられたことがある。だが、それを主張するのは主に西欧の物理学者であり、東洋の物理学者にはそのような自然観はない。自然はもっと奥深くそう簡単には極め尽くせないというのが東洋的発想である。

それはさておき、地平線のその小さな雲は消えるどころか大きくなり、２０世紀の物理革命を呼んだのである。そればかりか、この二つの雲とは別に、物理学者の自負にもかかわらず、１９世紀末頃には、近代物理学に疑問を投げかける諸現象が次々に発見されていた。驚くほどの透過力を有するＸ線の発見（１８９５）から、ウランやラジウムの放射性元素の発見（１８９６、１８９８）、さらに陰極線の本体として電子の発見（１８９７）などは、元素原子の不変性に疑問を投げかけた。さらにケルヴィンの「二つの雲」と関連して、エーテルの存在に対する疑問、および熱輻射スペクトルの理論的矛盾などは、物理革命を予想させるものであった。

第１１節　西欧近代科学の性格と論理的特徴

西欧近代科学の形成過程とその完成までを一通り見てきた。この近代科学の源流は古代ギリシア、ヘレニズムばかりでなく、東洋の古代インド、中国にもあり、両者の学術文明を統合し発展させたアラビア（イスラム圏）の寄与も大である。それら複数の流れが合流して生まれたのが西欧近代科学であることは、改めて繰り返すまでもない。だが、その近代科学の論理的性格には、やはり西欧の自然観と思考形式が色濃く反映されているといえるだろう。

その自然観はこれまで述べてきたように、原子論的自然観、機械論的自然観、および数学的自然観であり、それらは絶対性の概念を基軸にした思考形式の所産である。これら自然観と思考形式は相補的な関係にあり、根底において相通じている。その観点から近代科学の論理的性格を掘り下げて考察し

229

てみよう。

（1）近代科学の基礎にある三つの自然観と世界像

　近代科学、なかでも最初に築かれた物理学の基礎にある重要な機械論的自然観、原子論的自然観および数学的自然観、これら自然観は独立ではなく相互に関連している。

　機械論は自然の仕組みのうちで最も単純な部分や要素を抽出し、それによって力学理論を定式化するうえで決定的役割を果たした。機械論の本質的なところは、自然全体を不変な構成要素の組み合わせとして捉え、それら諸要素が因果的決定論にしたがって機械的な運動と変化を繰り返すという見解である。その最も基礎的な構成要素が不変実体としての「原子」である。その原子の機械的運動（結合と分離）によって全自然を理解するのが原子論的自然観である。その原子の機械的繰り返し運動の決定論的法則は、整然とした一義的かつ厳密な数学の論理によって表現されるというのである。このように、相互に関連した三つの自然観をベースにして、決定論的法則の力学的自然観が生まれたといえるだろう。

　序章の初めに述べたように、自然に関する人類の主たる関心は、物質観、宇宙観、生命観であった。近代科学以前には、アリストテレス自然学が目的論的自然観に基づくプリミティブな世界観を与えていた。だが、それは形而上学的な描像であった。中世の葛藤を経た後、近代科学は上記三つの新自然観の上に統一した科学的世界像を提示した。だがそれは一応の到達点であり、第一段階の科学的世界像であって、もちろん不完全なものである。その自然像の骨格は以下の通り：

　　宇宙観：無限に開かれた等質な定常的宇宙であり、最初の神の一撃以後は、
　　　　　　機械仕掛けによって自ら運行する（決定論的法則）
　　物質観：物質の究極的実体は不変な原子であり（物質保存）、物質の多様
　　　　　　性は化学的元素原子の組み合わせで説明される
　　生命観：生物体は細胞よりなる。自然発生説を否定し、細胞は細胞より生

まれる。遺伝による種の保存、および突然変異と自然淘汰による
進化論

（2）「絶対性」の概念を骨格とする理論体系

　近代科学の理論的枠組みの骨格をなす基礎概念や原理・法則の性格を特徴
づけるものは「絶対性」の概念と「絶対化」の論理である。その「絶対性」
とは、時間・空間に関しては絶対時間・空間、および絶対的空虚かつ不動の
真空であり、物質に関しては不生不滅の不変な究極実体である原子、そして
法則に関しては例外を許さない絶対的自然法則、および因果律に基づく必然
的決定論などを指す。近代科学はその成立期から成熟期まで、これら絶対性
概念を拠り所にした「絶対化」の論理が働いているといえる。そして、これ
ら絶対性の概念は、機械論的自然観など上記の三自然観の基礎にあって、底
辺からそれら自然観を支えている。したがって、近代科学の理論体系は、こ
れらの絶対概念を骨格として築かれているわけである。

　人間の論理的思考は漠然とした概念を用いてなされるのではなく、できる
だけ明確な何らかの基準を拠り所にしてなされる傾向がある。たとえば、平
均値を基準にして、それからのズレで物事の優劣を判断するとか、あるいは
最低値を設けてそれを基準に物事の状態を判断する。それと同様に、不変実
体の原子の存在を仮定すれば、物質の運動、変化を理解しやすいし、さらに、
それに基づく物質保存則（質量保存則）を前提にすると物理的、化学的分析
がしやすくなる。原子以外の絶対性の概念についても同様である。すなわち、
絶対性概念を拠り所に考察を進めるならば、推論が容易になる。

　古代から中世までの東西の歴史を見れば明らかなように、西洋に比して東
洋にはこのような確たる絶対性概念の形成が脆弱である。ここに東洋と西洋
との思考形式の違いが明瞭に現れている。それゆえに、近代科学のように整
然とした強固な枠組みをもった理論体系は、東洋では生まれにくかったわけ
である。

　この絶対論的性格を有するニュートン力学の成立は、その後の自然科学の
あり方を規定したばかりでなく、決定論的自然法則に基づく力学的自然観を

生み、思想的にも社会的にも大きな影響を与えた。

　だが、自然科学の進歩はそれで終わるわけではなかった。２０世紀にはアインシュタインの相対性理論を契機にして、第二の物理革命が起こり、近代科学の限界を超える新物理学、量子力学が誕生した。この物理革命は近代物理学を「古典物理学」と呼ばしめるほどの大変革であった。２０世紀初頭におけるこの物理革命以後を現代物理学と呼ぶことにする。近代から現代科学への移行により、自然観も転換すると同時に、「絶対性」の概念は否定されて「相対的概念」で置き換えられて行く。機械論的自然観は進化的自然観（すべてのものは発展、進化すると見る）へ、また原子論的自然観は階層的自然観（素粒子、原子、マクロ物質から宇宙まで階層をなす）へと転換した。数学的自然観は近代科学から現代科学を貫いているが、同じ数学的自然観でも近代科学と現代科学とでは内容において違いがあり、他の二つの自然観の転換と連動している。

　「絶対性」から次の「相対性」への転換は、人間の自然認識の発展過程をよく示している。近代科学のように理論的枠組みのしっかりした科学を築くには、最初から掴みどころの明確でない「相対性」概念に拠るのではなく、まず不変実体とか、絶対的基準といった確かなものを拠り所にせざるをえなかった。その次ぎに、いったん確立した「絶対性」を否定して「相対性」概念を枠組みとした科学理論へと進んだのである。この「相対化」の論理は、個別的に分離して把握されていた諸々の絶対概念（時間、空間、物質、法則）を、変化と相互連関のうちに捉え直す、いわば弁証法的認識法であり、物事を無差別に相対化する「相対主義」ではない。現代科学のこの「相対化」の過程は自然認識の進化の手順を示すものである。ニュートン力学なしに、一足飛びにアインシュタインの相対性理論を築くことは、人間には不可能である[3],[11]。この認識の発展は、大筋として形式論理から弁証法論理への発展といえるであろう。

第4章　現代科学－２０世紀の科学の特徴

　前章までに、近代科学の誕生の過程を概観することで、近代科学がなぜ東洋でなく西洋で築かれたか、その理由を一通り見てきた。科学による自然認識はそれで閉じるのでなく、２０世紀の第二科学革命によって新たな展開を見た。さらに今後も進歩し、第三の革命も予想される。

　本書の最初の目的は、現代科学・技術のあり方への批判から、「科学はいかにあるべきか」を考えるために、近代科学の成立過程とその特性を明らかにすることにあった。それゆえ、ここで終わるのでなく、近代科学から現代科学への進展過程と現代科学の特徴を検討すべきである。その上に立って、将来社会における科学はいかにあるべきかを及ばずながら考察してみたい。

第1節　２０世紀における科学の展開

　１９世紀末における物理学者の自負（ケルヴィン卿の講演）に反して、二つの小さな雲は消えるどころか、ますます大きくなり物理革命を呼び起こした。

　前章の終わりに触れたように、それを予想させるものはすでに１９世紀末にいくつか現れていた。Ｘ線の発見が刺激となった放射性元素の発見や、陰極線の実体として電子の発見は、原子の不変性を前提とする近代物理学に疑問を投げかけるものであった。そして、二つの雲にまつわる問題は、エーテルに対する地球の相対運動についての疑問と、黒体の発する電磁輻射のスペクトル分布に関する矛盾であった。さらに、放射能の発見から、不変・不滅とされた原子の不可分性に疑問がもたれ、究極実体のイメージは崩れつつあった。これらの疑問は近代物理学への信頼を揺るがせ、やがて２０世紀初頭の物理革命を引き起こすこととなった。

（1）科学の新展開

　２０世紀はこの物理革命が契機となって、自然の奥深さと多様性に改めて開眼させられた。それは物理学ばかりでなく、天文学や宇宙論はもとより、

233

化学、物性物理、生物学までも新たな質的転換をとげる契機となった。なかでも、宇宙の誕生の謎と宇宙進化の解明は宇宙論を実証的科学にした。また、生物学においては、生物現象を物理、化学的に解明する「生物物理学」の誕生、および分子レベルで追究する「分子生物学」は正に生物革命であった。それらの新分野の発達によって、今や生物学は生命の起源の解明に迫りつつある。

さらに、情報科学という自然を新たな観点から見る新分野の科学が登場した。情報科学は、エントロピーと同じく、全自然を貫いて存在する「情報」をもとにして自然界の存在様式を別の観点から見直すものである。それゆえ、情報科学は自然と人間社会のすべてに跨がる横断的科学となった。

もう一つ見逃せないものは「複雑系科学」の台頭である。それは「存在の科学から発展の科学へ」というI．プリゴジン（ロシア生まれのベルギー科学者）の提唱で生まれた。これまでの科学は「何がいかに在るか」を追求する「存在の科学」であったが、自然界の発展、進化の法則と原理を探究する「発展の科学」が必要であり、両者を併せて自然認識は十全となる。これも近代および現代科学の欠陥であった。「発展の科学」は主として物質系の自己組織化と進化を課題にした。だがその後、視点を拡げて、物質のみならず、生物界や社会現象をも対象とする「複雑系科学」へと進展した。複雑系科学は、情報科学、認知科学（脳科学）、社会科学までも包含する広く横断的科学である。

このように２０世紀は、再び科学の全面開花を迎えた。それは近代科学の全面開花とは質的に異なる新たな自然認識の方法の展開である。それによって、またしても自然観の転換がもたらされた。すなわち、近代科学の基礎にあった機械論的自然観、原子論的自然観、および数学的自然観に対して、それぞれ進化的自然観、階層的自然観が取って代わった。数学的自然観は現代科学に引き継がれたが、その内実は一段と進歩している。これら自然観に関してはもう一度論ずる。

（２）現代科学は世界科学となった

西欧の近代科学は技術とともに、１８世紀末頃から広く世界の各地に徐々

に伝播して行き、そこで受容されていった。そして２０世紀の初期には、近代西欧科学はそれら地域の伝統的科学・技術を駆逐しつつ、それに代わり世界を制覇していった。したがって、２０世紀の科学は、その定着領域で見る限り、「西欧科学」ではなく、一応「世界科学」と呼べる様相を呈した。しかも２０世紀の現代科学は論理と形式において、そして認識対象の分野も広くかつ深くなり、近代科学とは質、量ともに格段の違いがある。

　西欧近代科学の形成過程で見てきたように、科学の継承、発展において、先行学術文化が異民族（異文化圏）へ移行する時期、特に科学理論の大転換期には自然観や思考形式の異なる多民族の協力が大きな役割を演じてきた。ならば、近代科学から現代科学への移行では、西欧の自然観や論理のみによって形成されるのではなく、広く世界の多民族の自然観と論理が反映されているかというと、必ずしもそうではない。現代科学も、その論理は近代科学とは質的に異なるが、基礎的原理と論理はやはり西欧的（やや広く「西洋的」というべきかも知れない）論理と自然観によって形成されている。たとえば、相対性理論や量子論、および分子生物学の創始と基礎理論の形成は西欧文化圏でなされた。つまり、現代科学の理論の根幹は西欧的発想と論理に基づくものであった。他文化圏の寄与は枝葉を茂らせ、その先に花を咲かせ果実を実らせることに貢献するにとどまったといえるだろう。現代科学の形成においてユダヤ系科学者の業績が目を引く。

　物理学分野では、比較的初期に日本の湯川秀樹の中間子論、朝永振一郎の繰り込み理論、坂田の素粒子複合模型など素晴らしい寄与はあるが、それらはすでに基礎が形成された相対性理論や量子力学の上に積み上げられた業績である。その他、アメリカ、ロシア、およびアジアの一部諸国の科学者の研究には、現代科学の発展に対して幾多の重要な寄与があったことも事実である。だが、現代物理学の形成に参加したのが遅かったために、２０世紀の科学革命には寄与できなかった。

　この事実は現代科学が基本的には近代科学の延長線上にある、すなわち、西欧的発想と論理によって成り立っていることを示している。しかし、西欧以外の多民族が寄与した枝葉の繁茂と果実の成果（理論の拡張と知識の蓄積）

235

は現代科学の体系構築と発展には不可欠なものである。その蓄積は徐々に自然観を変えてゆき、次の新たな科学への変革のための足場を築くことに多大の寄与をするだろうからである。その意味では現代科学は「世界科学」になったといえるだろう。世界の多民族の協力があればこそ、現代科学は新分野への展開とともに全面的発展が可能になった。

現代科学の基礎理論の形成は、またしても、なぜ西欧的自然観と論理が主流となったのか、その原因を探ることは容易ではないが必要なことであろう。なぜならば、その解明は近代科学および現代科学の不備を克服するためにも、さらに今後２１世紀の科学のあるべき姿を考察するためにも肝要だからである。だが、その問題は一旦脇に置いて、２０世紀現代科学の形成とその論理の本質的なところを概観することにしよう。

第２節　第二科学革命

２０世紀の科学の最大の特徴は、既存の物理理論の質的転換であるとともに、新たな観点を拓く分野の誕生でもあるという意味での科学革命である。それは第一の科学革命であった近代科学に次ぐ第二科学革命といえる。その先端を拓いたのはまたしても２０世紀初頭の物理学革命である。

その物理学革命の始まりは、いうまでもなく、Ａ．アインシュタインの相対性理論の誕生からである。もう一つは、１９００年のプランクの作用量子の発見と、その後に次々に見いだされた電磁輻射と原子構造に関する疑問を解決するために生まれた量子力学である。この量子力学こそ、近代物理学を全面的に根底から揺るがす真の革命であった。

相対性理論は、日常経験を超えた光速度に近い運動現象においてはニュートン力学は通用しないことを示した。そして、ニュートンの絶対時間・空間概念を否定して、時間・空間概念を根本的に変革した。時間と空間はアプリオリに与えられるものではなく、物質の運動を通して相互に関連づけて定義されるものであること、それによって４次元時空間を形成することを示した。さらに、物質質量とエネルギーの同等性を導き、エネルギー保存則の拡張と物質概念の変更をもたらした。こうして、相対性理論は、自然科学の理論と

いえども絶対的なものではなく、ある一定の条件のもとで成立するものであり、適用限界があることを認識させた。ニュートン力学は高速度に比して速度の遅い（v／c〜0）現象に対して成立する理論であり、v／c→0の極限として相対性理論に含まれることが明らかになった。この意義は計り知れない。

　こうして相対性理論は、それまで確実な実証的概念によって組み立てられていると思われていた物理理論の中にも、絶対時間・空間のような形而上学的概念（経験を超えた観念的概念）が秘かに組み込まれていたことに気づかせた。確実に検証されていないものは、もう一度洗い直して検討すべきことを認識させたのである。

　量子力学は、たんに物理学理論の変革のみでなく、自然認識の概念的枠組みをも変えた、いわゆる認識革命であった。量子力学は近代物理学理論と種々な点で本質的に異なるゆえに、ニュートン力学、マクスウェル電磁気学、熱力学などはもとより、相対性理論すらも古典物理学と言わしめるほど革命的な理論である。それゆえ、量子力学以前の物理学（近代物理学および相対性理論）を、以下では古典物理学と呼ぶ。

（1）物理学革命の始まり：相対性理論

　上記のように、物質の存在様式に関しては、19世紀末から古典科学に対する疑問が台頭していた。そして20世紀初頭、1900年にドイツのM.プランクが作用量子を発見した。作用量子は作用量に最小単位があり、ひいてはエネルギーの不連続性を示すもので、画期的な発見であった。それゆえ、作用量子は量子力学誕生の核となるものであったのだが、その発見当時はその真の意味するものを誰も見抜くことができなかった。その前に、A.アインシュタインの相対性理論が1905年に提唱された。

　第二科学革命以後の物理学の方法と形式は、基本的には近代科学のそれと類似であるが、理論体系を組み立てる論理構造には本質的変化が見られる。それについては、相対性理論と量子力学のところで詳しく述べる。

237

（ⅰ）特殊相対性理論

　光を伝えるエーテルに対する地球の相対運動の効果が種々考察され、実験によって検証されてきたが、明確な答えはえられなかった。一方、アインシュタインは絶対時間・空間に対するE．マッハの批判[1]の影響を受けて、運動の相対性の立場からニュートン力学と電磁気学の関係に疑問を抱いた。アインシュタインの関心は静止系と運動系における電磁法則の非対称性や光速度の問題だった。その考察によって、時間・空間概念に関する形而上学的性格に気づき、改めて時間・空間概念を再検討した。時空間を経験的に決定するためにいかなる操作が必要かを考察した結果、既成の時空間概念の根本的変革に思い至り、相対性理論の基礎を築いた。それを論文「運動物体の電気力学について」で発表した。

　相対性理論は次の二つの原理を基礎にしている：

　1）運動の相対性：すべての慣性系は物理法則に関して同等である

　2）光速度一定性：すべての慣性系において光速度は一定である

　慣性系（観測系）の速度に関係なく、光速度がすべて同じであるならば、互いに運動している二つの慣性系における同時性は一致せず、時間と空間尺度（スケール）も慣性系ごとに異なることになる。すなわち時計と物差しの尺度を慣性系ごとに変えねばならない（詳細は省略）。

　この相対性理論は慣性系を基準系とする理論ゆえ、限定されているので「特殊相対性理論」という。

　上記の2原理を充たす慣性系間の座標変換は、ニュートン力学におけるガリレイ変換とは異なり、ローレンツ変換という時間と空間が互いに絡み合って変換されるものである。

　時間と空間は独立な存在ではなく、相互に密接に関連していて、すべての慣性系で

$$x^2 + y^2 + z^2 - (ct)^2 = 一定 \qquad （cは光速度）$$

という4次元時空間（これをミンコフスキー空間という）を形成しているの

である。

　互いに相対速度ｖで運動している二つの慣性系を結ぶローレンツ変換から、運動系の長さ（Ｌ）は短縮して観測され、時間（ｔ）のスケールは延びて（遅れて）観測される、ということが導かれる。空間スケールの短縮率は

$$L' = L\sqrt{1-(v/c)^2}$$

である。時間スケールの伸び率は

$$t' = t\big/\sqrt{1-(v/c)^2}$$

である。すなわち、観測者のいる座標系から見ると、運動物体の長さは運動方向に短縮して短く観測され、運動している時計は遅れて観測される。

　このように時間・空間スケールが慣性系ごとに異なるということは、時間・空間は何時何処でも同一であると、アプリオリに決まっているものではなく、慣性系間の相対速度に依存して決まるというのである。そのスケールを決める原理は光速度一定性である。これは正に時間・空間概念の根本的変更である。

　時空間尺度が慣性系ごとに異なるならば、ニュートンの運動法則（運動方程式）も必然的に変更される。新たな相対論的運動方程式から、運動物体の質量Ｍは速度とともに増大することが導かれる：その増大率は

$$M\big/\sqrt{1-(v/c)^2}$$

である。そして質量とエネルギーＥとの同等性

$$E = Mc^2$$

が導かれた。その結果、物質不滅の法則に代わり、質量まで含めたエネルギー保存則が成立することになった。これは物質概念の革命的変更である。

光速度 c の値が大きいために、僅かの質量でも莫大なエネルギーになる。それゆえ、この質量とエネルギーの等価性の発見は、人類にとって計り知れない影響をもたらすことが予想された。それが原子核の変換による原子力利用である。

　アインシュタインの相対性理論は、ニュートン力学とマクスウェル電磁気学とは互いに理論的不整合であるとの疑問から始まった。その結果、ニュートン力学を修正して、マクスウェル理論と整合的な相対論的力学理論（両者ともローレンツ変換で不変な理論）に到達したのである。
　絶対空間を象徴する実体とみなされていたエーテルの存在はマイケルソン－モーレイの実験（エーテルに対する地球の相対運動の検証）で疑問視されていたが、決定的なものではなかった。アインシュタインの相対性理論はエーテルを否定し、空の真空を物理的空間とした。しかし、空の空間に電磁場や電磁波がいかにして存在し伝播しうるのかは疑問として残った。
　相対性理論の論理構成で注目すべき点は、光速度の一定性、つまり光速度 c が普遍定数として理論の不可欠な要石になっているということである。この普遍定数 c が存在しなければ、相対性理論そのものが成立しないということである。このような論理構成はそれ以前の物理学にはなかったことである。たとえば、ニュートン力学に現れる時間・空間や質量などはパラメーターであって、理論形成に不可欠な普遍定数ではない。それゆえ、普遍定数 c の存在を不可欠とする相対性理論は、物理学の理論構成に新たな論理を持ち込んだのである。これと同様な論理構造は量子力学にも見られる特徴なので、その意義を後にまとめてもう一度考察する。

（ii）一般相対性理論
　本来自然法則は、人間が定めた座標系に関係なく成立しているはずである。すなわち、いかなる記述法を用いるかに関係ないはずである。それゆえ、慣性系という制約をはずし、加速度も含めた一般座標系で成り立つ理論が望ましい。さらに、特殊相対性理論は電磁気理論では成功したが、重力に関し

240

ては無力であった。ニュートンが万有引力を発見した後も、その成因や伝達機構については未解明のまま残されていた。

そこでアインシュタインは、特殊相対性理論発表の１０年後（１９１５年）に、重力場を記述するために、任意の一般座標系で成立する理論、一般相対性理論を発表した。

その理論は次の二つの原理を基礎にしている：

１）すべての座標系は物理的に同等である（運動の一般相対性）

２）重力加速度と加速度系に現れる力とは同等である（等価原理）

アインシュタインは、この原理から重力は４次元時空間の歪みによって伝わる、すなわち、重力の成因は時間・空間の歪みだということを導いた。空間の歪みというのは、長さのスケール（物差しの尺度）が一様でなく場所によって異なること、時間の歪みとは時間スケール（時計の刻み）が一様でないというものである。重力の強いところでは空間は圧縮されて密になる。それゆえ、重力のあるところでは、ユークリッド幾何学は成立せず、リーマン幾何学という数学を用いて記述される。このように重力は時空間の歪みに帰着されるので、これを「重力の幾何学化」という。これも時間・空間概念のさらなる根本的変更である。

アインシュタインは重力場のなかでの物質の運動を与える（アインシュタインの）重力方程式をみちびいた：

$$R_{\mu\nu} - (1/2)g_{\mu\nu}R = \kappa T_{\mu\nu}$$

ここで、$g_{\mu\nu}$ は時空間のスケールを決める計量テンソルというもので、それにより時空間の性質（幾何学）を決めものである。Rと$R_{\mu\nu}$は時空間の曲率に関係する量で、$g_{\mu\nu}$とその２階微分で表される。またκはアインシュタイン重力定数と呼ばれるもので、万有引力定数に比例する。$T_{\mu\nu}$はエネルギー・運動量テンソルといわれるもので、物質や重力場のエネルギー密度を表す量である。詳細は抜きにして、要するにアインシュタイン方程式の左辺は時空間の幾何学的性質に関係する物理量であり、右辺は物質に係わる

量である。それゆえ、この方程式は時空間の幾何学的性質と物質分布との関係を与えるものである。すなわち、時空間の幾何学的構造（歪みの様相）が物質密度の分布を決め、逆に物質密度が時空間の構造を決めるという、相互規定の関係を示すものである。

このアインシュタイン方程式を宇宙に適用すると、宇宙の構造は中味の物質分布により決まり、内部の物資分布とその運動は宇宙の時空間構造（重力場分布）により決まるという仕掛けになる。このように、宇宙は容れ物の時空間と中味の物質は相互規定的に定まり、一つのシステムとして自己発展する。その相互規定性はどちらが原因でどちらが結果というような因果的関係ではなく、同時的に持ちつ持たれつの関係である。このような存在の理法を提起した科学理論はこれが最初である。これも自然観の転換である。

ブラックホール：アインシュタインの重力方程式は非線形方程式であるので、厳密解は容易にえられないが、最初に一つの厳密解を求めたのは K. シュバルツシルトである。彼は、静止物質の質量分布が球対称の場合の厳密解をえた。それによると、質量密度が極度に高い星、または巨大質量の星があると、ある半径のところで時空間の歪みが無限大になる。それをシュバルツシルト半径という。そのシュバルツシルト半径が物質分布の外側にある

シュバルツシルトの障壁

とき（外部解）、その半径のところは時空間の歪みが無限大になる。それゆえ、そこを通過するのに無限の時間を要するので、そこで空間が内と外に仕切られて不連続になっている。そこをシュバルツシルトの障壁という。すると、その障壁外部の時空間と内部の時空間は隔絶されて光りさえも出入できないことになる。内部から何の情報もえられないので外部から見ると暗黒になる。その障壁内部の空間をブラックホールと呼んでいる。

ブラックホールの内部と外部とは別世界である。したがって、この宇宙内

にブラックホールがあれば、そこはこの宇宙空間を裏返したような構造、すなわち別世界が埋め込まれた構造になっているわけである。ブラックホールは外から観測されないが、その周囲の天体やガス体の運動状態から、間接的にその存在を知る事ができる。実際に多くのブラックホールの存在が確認されている。こうして新たな宇宙像が生まれた。

（2）量子力学の誕生：最大の物理学革命

　量子論の第一歩は１９００年のプランクの作用量子発見から始まった。黒体から輻射される電磁波（光）のスペクトル分布は古典物理の電磁気学と熱統計力学では説明できなかった。M. プランクは、低周波領域から高周波領域まで全領域のスペクトルを実験値と一致する分布式を見いだすことによって、作用量子を発見した。その値は極めて小さく h $= 6.63 \times 10^{-34}$ J・s なので、その存在の発見が遅れたわけである。

　作用量子発見の革命的意義は、その発見者プランク自身も気づいていなかった。最初にその重要さに気づいたのはアインシュタインであった。アインシュタインはプランクの輻射式から光が波動性と粒子性の二重性を有することに気づいた。彼は光の粒子性から、それを「光量子」と名づけた。だが、波動性と粒子性は古典物理学では両立できない矛盾する概念であるから、光の二重性は信じがたい。だが、アインシュタインは光量子説を裏づける現象として光電効果をあげた。光電効果とは光を金属に当てると電子が飛び出す現象である。飛び出る電子のエネルギーと光の強度およびエネルギーの量的関係は光を波動としては説明できないが、光が一塊のエネルギー（ $\varepsilon = h \nu$、ν は光の振動数）を有する実体、すなわち光量子であれば見事に説明できることを１９０５年に示した。この光量子説も古典的概念を覆す画期的は発見であった。その後、光量子説は電子によるX線の散乱現象（コンプトン散乱）によってさらに裏づけられた。１９０５年はアインシュタインが相対性理論と光量子説を発表した記念すべき年である。この光量子説が契機となって、ド・ブロイは電子の波動性を提唱した。それまで電子は粒子とみなされていたが、電子も粒子・波動の二重性を有するというのである。その後、その二

243

重性は実験的にも検証された。こうして光や電子などすべてのミクロ粒子の二重性が認められ、物質概念が大変革を遂げた。

　他方で、電子や放射性元素の発見により、原子は不可分ではなく構造があると予想し、J．J．トムソンが陽電気を帯びた殻の中に電子が閉じ込められている原子模型を提唱した（１９０３）。しかし、α線を金属に当てた散乱現象において、大角度に散乱されるα線の数が、トムソン模型による予想よりも遥かに多いことから、E．ラザフォードは中心に重い核を有し、それを電子が取りまく有核原子模型を１９１１年に提唱した（それ以前に長岡半太郎が土星に模して有核模型を考えた）。その原子模型は古典物理によれば極めて不安定なので、ここにもまた新たな矛盾を抱えることになった。

　これ以外にも、以前から古典物理学では説明できない現象として、原子からでる光の規則性、すなわち輝線スペクトル系列（バルマー系列など）に関する謎があった。

　このように多くの矛盾を抱えて、物理学は混乱を極めていた。これらの理論的困難を解決する糸口を見いだしたのはN．ボーアであった。彼は、ラザフォード原子模型と、光のスペクトル系列の困難を、原子構造に関する大胆な仮定と作用量子を用いて解決した（１９１３）。

　古典物理学では原子核を取り巻く電子の軌道は任意半径の円軌道が許され、しかもその電子は光を放出して中心の原子核にごく短時間で落ち込んでしまう。そこで、ボーアは電子のエネルギー準位が飛び飛びの値

$$E_n \propto -1 / h^2 n^2 \qquad （nは整数）$$

の軌道のみ許されると仮定した。そうして、電子はこれら軌道間の遷移のとき光を出すとした。それによって、光のスペクトル系列は見事に説明できた。原子構造に関するボーアのこの仮定は古典力学を超えた大胆な飛躍であった。不連続な電子軌道を有するボーアの原子模型はJ．フランクとG．ヘルツによって検証された（１９１９）。

（i）前期量子論の意義と役割について

ボーア理論をさらに洗練させ、より一般的な形式に拡張整備したのは、主としてA．ゾンマーフェルトである。彼は周期運動に関するボーア－ゾンマーフェルトの量子条件と呼ばれている式を導いた。この量子条件は量子力学が完成する以前の「前期量子論」の段階では最も基本的な法則であり、多くの成功を収めた。

　前期量子論は次のようにまとめられる。

1）ボーア－ゾンマーフェルトの量子条件：周期現象に対して、1周期の作用積分が作用量子hの整数倍（nh）となる振動のみ許される

2）粒子性と波動性を結ぶアインシュタイン－ド・ブロイの関係式は

　　　E＝hν，　　p＝h／λ　　（νは振動数、λは波長、pは運動量）

　この量子条件によって、古典論では理解できなかった量子的現象の説明に成功し、混沌としていたミクロ現象の解明に光明が与えられた。しかし、この前期量子論は運動学的条件式であり、原子の電子軌道や調和振動といった周期的な定常状態に対してのみ適応しうる。それゆえ、電子が軌道間を遷移するときの光の放出機構や粒子の衝突、散乱などの力学的現象に関しては無力であった。

　そこで、非周期的現象や多電子系などにも適応でき、力学的運動や状態遷移の法則を統一的に与えうる本格的な量子力学理論が求められた。

　前期量子論は半ば古典物理学、半ば量子論に脚を置いた過渡的理論であるが、単なる過渡的段階ではない。不完全な初歩的理論と完成した理論とを繋ぐ過渡的認識段階ならば、他にも多くの例がある。前期量子論はそれらとは質的に異なる重要な役割を果たした。ニュートン力学の成立過程のところで述べたように、本質的な理論転換、すなわち科学革命は一挙になされるのでなく二段階の過程が必要である。一度中間段階に立って、その新たな視座から次のステップを踏みだすことによって完成される。

　古典物理学と量子力学とは、本質的に異質な対象を扱い、かつ異なる論理構造をしている。それゆえ、量子的現象を分析し、解釈するには古典力学では不可能であった。作用量子、粒子・波動の二重性、有核原子模型、原子ス

ペクトルなど、個々の発見は古典理論を用いてなされたが、さらにその先に現れた量子的現象の解明には古典物理学は通用しなかった。作用量子と二重性に基づき新たな視座に立った半量子論「前期量子論」によらねばミクロの量子的対象を正しく分析することはできなかったのである。前期量子論はそれに応え、量子的実体とその構造のモデルを与えることを可能にした。

　上記のように、前期量子論は初期の困難な問題を一通り解決し、定常的周期運動に関しては一応まとまった演繹的理論を形成した。さらに力学問題まで含めたすべての量子現象を統一的に扱いうる本質的理論への準備を整え、量子力学へと橋渡しをしたのが前期量子論である。

（ii）量子力学の成立

　完全な量子力学形成の要求に応えて、ミクロの量子的現象を統一的に扱える量子力学を築いたのはW．K．ハイゼンベルグとE．シュレーディンガーである。

　ハイゼンベルグの行列力学（１９２５）：状態間の遷移において、中間状態は不可知であるとして、始状態と終状態のみに着目する。これを「量子飛躍」といい、その状態遷移において、直接観測にかかる物理量を始状態と終状態に対応する行列で表現する。そして、その状態遷移を表現する物理量（行列で表現）の時間的変化を与える基礎的運動方程式の形は、古典の解析力学（質点力学）における正準理論と呼ばれる理論形式と同形である。物理量を表す行列の性質を決めるものは、力学変数である位置座標ｘと運動量ｐ（ともに行列）の交換関係

$$x p - p x = i h / 2 \pi$$

という「量子化条件」である（注：行列は掛ける順序に依存するから左辺はゼロでない）。この交換関係は行列力学理論の基礎となる量子条件である。

　重要なことは、状態間の遷移は一義的には決まらず、どの状態からどの状態に遷移するかは確率的に与えられるということである。状態間の遷移確率はその行列要素の絶対値の２乗で与えられる。原子の電子軌道のエネルギーを例に取ると、ｍ番目のエネルギー状態からｎ番目のエネルギー状態への遷

移に対応する行列要素を Emn とし、その遷移確率は｜Emn｜^{2}で与えられる。

　行列力学は、数式の上では質点系の解析力学と形式的に類似しているから、粒子・波動の二重性のうちの粒子性を反映させた量子理論といえる。

　シュレーディンガーの波動力学（１９２６）：ド・ブロイの物質波の理論を根拠にして、シュレーディンガーは波動方程式によって量子力学を定式化した。量子状態は波動関数ϕ(x)によって、物理量は微分演算子によって表現される。たとえば、運動量pは微分（－ih／2π)∂／∂x で表される。シュレーディンガーの波動方程式は波動関数ϕ(x)の時間的変化を与える微分方程式である。そして、波動関数が表す状態の観測確率はその絶対値の２乗で与えられる。たとえば位置xに電子を見いだす確率は｜ϕ(x)｜^{2} である。それゆえ、波動関数はド・ブロイの考えた物質波ではなく、確率波を表すのである。

　波動力学は量子的状態を表す波動関数ϕ(x)の運動変化を時間的に追跡するのであるから、状態間遷移（量子飛躍）のみを問題にする行列力学とは対照的な理論である。

　行列力学の物理量にせよ、波動力学の波動関数にせよ、それらの時間的発展を与える運動方程式は線形であり、決定論的方程式である。すなわち、初期状態が与えられれば、その後の物理量や波動関数は一義的に決まる。だが、その状態を観測するところで確率法則、すなわち非決定論が現れる。その遷移確率や状態の観測確率は｜Emn｜^{2} や｜ϕ(x)｜^{2} で表される。この確率解釈はM.ボルンによって提唱された。このように量子力学は、状態の運動変化に関しては決定論、観測に関しては非決定論（確率的法則）というように、二つの論理を継ぎはぎした構造をなしている。

　ここで強調すべきは、量子力学における確率法則は、統計的確率ではなく、物理法則の中に本質的に導入された確率法則だということである。このようなことは量子力学が初めてである。量子力学の非決定論的性格を示す典型的なものは、不確定性関係である。それは、電子（などのミクロ実体）の位置xと運動量pの値は同時には正確には定まらないというものである。xとp

247

の不確定さの幅をそれぞれΔxとΔpとすると、次の制約がある

$$\Delta x \cdot \Delta p \geqq h / 2\pi$$

すなわち、それぞれの測定精度には限界がある。位置xを正確に決めると運動量（速度）は完全に不確定になってしまう。この不確定性関係は、ミクロ粒子の有する粒子と波動の二重性からくる本質的な制約である。それゆえ、「原理」ではなく「関係」というべきである。

このように、行列力学と波動力学とは理論形成へのアプローチの発想も理論形式もまったく違うものであるにもかかわらず、同じ答えを与える。それゆえ、両者は表現形式こそ異なるが、同じ量子的対象を記述するものであり、理論的に同等である。そのことを最初にシュレーディンガーが示し、後にP.A.M.ディラックが厳密に証明した。結局、電子などミクロ実体の有する粒子・波動の二重性をそれぞれの理論は反映しているといえるわけである。

量子力学はその威力を発揮して、ミクロ世界の現象とその仕組みをほぼ完全に理解し解明できる理論とみなされている。そしてミクロ世界の理論はマクロ世界のそれとは異質の法則により支配されていることがわかり、ここに理論の階層性を意識する科学観が生まれた。

以上のように、量子力学の誕生は、古典的物理概念と法則概念の全面的改変に導く科学革命である。それによって自然認識の意味と自然科学の論理を改めて根本的に問い直さねばならなくなった。それは相対性理論の誕生よりも強烈である。ただし、確率法則といい、不確定性関係といい、それらの事実から自然科学は不完全にしか自然を認識できないと見るべきではない。自然の存在様式、存在の理法そのものが、その様な構造になっているのだと理解すべきであろう。

（3）素粒子論：究極物質を求めて

古代から近代科学まで、不可分・不変な実体とされてきた原子は、原子核と電子よりなる構造を有する実体であることがわかった。次に、原子核を構

成している陽子、中性子および電子は今度こそ最も基本的実体であると信じて「素粒子」と名づけられた。ところが、その後続々と新素粒子が発見され、それらの相互転化が確認されるにおよび、再び「素」ではなく「複合」粒子であろうと推測されるようになり、素粒子の複合模型が提唱された。現在は素粒子の構成子はクォークと呼ばれるもので、これまでになかった新しい特性を備えた実体であることがわかってきた。素粒子の複合模型は素粒子論の転換をもたらした画期的な理論である。

　素粒子論の歴史的展開を大別すると１９３０年頃からの原子核の研究を皮切りに現在まで、４段階の転換を経たと見ることができるだろう。第一期は、中性子の発見によって原子核は陽子と中性子からなる模型が確立し、その後に核力機構の解明がなされた時期。第二期はストレンジ粒子や不安定粒子の発見と、それら素粒子相互作用の分類および選択則の定立。第三期は、素粒子の複合模型と相互作用の対称性（およびその破れ）の理論の展開。第四期は、ゲージ理論に基づく相互作用の統一理論の成立である。この区分は時期的には一部重複したり、多少前後しているところがある。

（ⅰ）相対論的場の量子論と反粒子

　量子力学は最初非相対論的に形成された。しかしミクロ現象は光速度に近い現象が多いので、相対性理論と量子論の結合した相対論的量子論が必要である。相対論的量子論の成立により驚くべき新たな視界が開かれた。

場の量子論

　電子の波導関数を、電磁場のように、力学変数として再度量子化する「場の量子論」が、１９２９年にハイゼンベルグとパウリによって提唱された。この第二量子化の理論は光子や電子の粒子像と波動像を完全に統一する方法である。

　第二量子化の理論は、すべての素粒子を「場」とみなす「場の量子論」であり、素粒子の伝播と相互作用をその素粒子の生成と消滅の演算子によって説明するものである。

その場の量子論によればすべての素粒子は「場」ともなるし、また場の「源泉」ともなりうる。粒子間のすべての相互作用は量子化された素粒子場を媒介とするという近接作用の描像を形成した。たとえば、電磁気力は荷電粒子間の光子の交換で、核力は核子間のπ中間子の交換で生ずるというものである。

この場の量子論を相対論的に定式化した「相対論的場の量子論」は素粒子の相互転化と生成・消滅を見事に説明する理論であり、素粒子論には不可欠なものである。

反粒子、反物質、反宇宙の存在

量子力学の成立後間もなく、1926年にディラックの相対論的電子論が発表された。ディラック理論は電子について素晴らしい成功を収めたが、その方程式は負エネルギー状態の存在という困難を内包していた。ところが、その矛盾の解決から反粒子という思いも掛けぬ大発見に導かれた[(2)]。

電子にはその反粒子として陽電子が存在することが予言され、実際に、真空から電子と陽電子の対発生現象が発見された。陽電子（反電子）の発見は、この世界に対して裏の世界が存在することを示唆するものであり、正に驚天動地、コペルニクス的転換以上のことである。

ディラック理論からは、陽電子（反電子）のみでなく、陽子、中性子などスピン1／2のすべての素粒子にはその反粒子が存在することが帰結され、実際に観測された。

粒子・反粒子の対発生は、真空が単なる空虚ではなく、対立物である粒子と反粒子が無限に縮退（凝縮）した状態、すなわち物理的場であることを意味する。さらに、反陽子と反中性子からなる反原子核、それを反電子が囲めば反原子となる。そのことは反原子の集合体の反物質、反宇宙、つまりこの宇宙の裏の世界が存在する可能性を示すものである。そのことは自然界における物質の起源、ひいてはこの宇宙の起源に関する問題を科学的に解く鍵がえられたことになる。反粒子の存在と真空からの対発生の発見は、存在論的には自然界の多様性を示唆するものであるが、その認識論的意義は自然の底

知れぬ深奥を覗き見たことであり、その驚きは計り知れないほど大きかった。

　一般相対性理論のところで述べたブラックホールは、時空間を裏返した世界であったが、反粒子の世界は物質についての裏世界である。時空間にも物質にも裏表二重の世界があるわけで、そのことは人類の想像を超えて、自然界はいかに奥深いかを改めて痛感させるものである。

（ii）素粒子論の始まり

　１９２０年代までは、素粒子は陽子、中性子、電子、中性微子、光子といった極少数の実体のみと信じられていた。だが、陽子と中性子を強く結合している核力を説明するために湯川秀樹は１９３５年に中間子を導入した[3]。この中間子が契機となって素粒子論は新たな転換を迎えた。したがって、素粒子論の幕開はディラックの反粒子と湯川中間子からといえる[4]。

　１０５０年頃から、宇宙線現象の中に予期されなかった新粒子（ストレンジ粒子）が次々に発見された。素粒子の本格的研究はここから始まった。

　これらストレンジ粒子と既知の素粒子の生成・崩壊反応の様相から、相互作用の種類が分類された。その結果、素粒子間の基礎的相互作用は３種、強い相互作用、電磁相互作用、および弱い相互作用に分類されることが明らかになった（重力は弱いのでここでは無視できる）。しかもこれら相互作用には量子数の変化に関してそれぞれ決まった規則があり、その選択則に従ってすべての素粒子の相互転化や生成・消滅が起こるという理論が確立された。

　この後さらに、大質量の不安定粒子（共鳴粒子）、重粒子と中間子の仲間が続々と発見され、一層多様な粒子群の存在が確認された。それとともに、それら素粒子の相互転化の性質、すなわち３種相互作用と素粒子の相互転化の規則性が一段と明らかになっていった。

　物質の本性のうちで最も重要なものは相互作用である。物質の属性と運動の起因、及びそれらの認識可能性はこの相互作用による。素粒子の反応規則も、素粒子の量子数もすべて相互作用を通して定義されるのである。

（iii）素粒子の複合模型：クォーク

251

不安定粒子を含めて非常に多数の素粒子の存在とそれらの相互転化が発見されると、素粒子はもはや「素」ではなくなった。相互転化の規則性が定式化され、特に強い相互作用においては量子数が保存することから、それら素粒子は少数の基本的な粒子から構成される複合粒子であろうと推測されるようになった。その発想は、ちょうど多数の化学物質すべてが少数種類の原子の組み合わせでできているように、また多種類の原子核が陽子と中性子のみの組み合わせで構成されていることがヒントになっている。

　そこで素粒子の複合模型として、陽子ｐ、中性子ｎ、Λ粒子、およびその反粒子を基本とする坂田模型[5]が提唱された（１９５５）。その後、これら基本粒子の共通性をもとに、ｐ、ｎ、Λを同一視する「３次元ユニタリー対称性」という、荷電スピンよりも広い対称性の概念が小川によって提唱された[6]。この拡張された素粒子のユニタリー対称性は、次々と、より大きなユニタリー対称性や別種の新対称性概念を生む基になった重要な概念である。「素粒子の対称性」とは、主要な性質が同じ素粒子をまとめて一括りにし、その組の中の素粒子を同一視することである。そして、その同一対称性の組の中の素粒子の入れ替えに対して理論が（近似的に）不変であるとする分類概念である。「ユニタリー」というのは数学の言葉で、対称性の種類を表す（説明は省略）。

　坂田模型はいくつかの成功を収めたが、実在する素粒子群の一部と矛盾するところがあった。そこで、坂田模型に代わり１９６４年に考案されたのがゲルマン（アメリカ）－ツヴァイク（ドイツ）のクォーク模型である[7]、[8]。クォーク模型は、それまで最小単位と想定されていた粒子数（重粒子数）や電荷量（陽子を１、電子を－１とする）の単位を破り、重粒子数が１／３，電荷はそれぞれ２／３、－１／３、－１／３単位の粒子、ｕ、ｄ、ｓというクォークを基本粒子とするものである。重粒子は３個のクォークで、中間子はクォークと反クォークで構成される。

　クォーク模型はそれ以前の常識を破る半端な重粒子数と電荷を有し、既存の素粒子像とはかけ離れていたので、提唱者のゲルマンも数学的試論のモデルと考えていたほどである。しかし、３次元（特殊）ユニタリー対称性を有

し、実在の素粒子群およびその諸性質と一致するモデルはこのクォーク模型に限られるのである。しかもクォーク模型は素粒子の現象を見事に説明できたので、クォーク模型は一般に認められるようになった。

その後、新たな量子数の素粒子が発見され、それに対応してクォークも数を増やし、6種類のクォークの存在が確認されている。

ところが実はそれぞれのクォークはさらに3種ずつ存在することが明らかになり、それら3種を区別するものを「色量子数」と呼んでいる。それゆえ、クォークは全部で18個存在する。現在のところ、基本粒子はこれらクォークと6種の軽粒子とみなされている。

クォークは単独では現れないので、一時期その存在に疑問が持たれたが、クォーク閉じ込め理論が提唱され救われた。現在ではクォーク模型は確かなものと認められている。

最も基礎的なミクロ世界の存在様式は、クォークおよび軽粒子の物質場と、それらの相互作用を媒介するゲージ場とが基本的実体とみなされている。

ここでもう一度強調しておきたいこ

6種のクォークと軽粒子			
	クォーク	:	軽粒子
第1世代	u, d	;	e, ν
第2世代	c, s	;	μ, ν
第3世代	t, b	;	τ, ν

とは、素粒子論の進歩発展において、いろいろな「素粒子の対称性」の概念が導入され、その対称性によって素粒子が分類されてきたこと、しかも、その分類法が理論の推進に重要な役割を演じたことである。それによって諸々の分析と予測が可能になり、さらに高度の理論への足掛かりを与えたのである。

（iv）物質の階層性

物質の存在様式に関するもう一つ重要な側面は、物質の階層性である。物質を構成する実体として、段階ごとにマクロ物質、分子、原子、原子核、素粒子、クォークが考えられてきた。このように、それぞれの実体は、順に階

層をなしている。こうして、不可分な原子像は否定され、物質概念は根本的に変革された。さらに、上の階層には、惑星、恒星系、銀河、銀河系・・宇宙というように、自然界を通して上から下まで階層構造をなしている。

　物質の階層性：
　宇宙－超銀河－銀河団－銀河－恒星系－惑星－マクロ物質－分子・原子－
　　素粒子－クォーク－（サブクォーク？）　　　　　　　└→生物の階層

　ミクロ世界の各階層で基本的実体と思われるものも相互転化し、すべてのものは変転することが認識された。かくして、原子論的自然観に代わって階層的自然観が登場した。
　この物質の階層性を構成しているものは、相互作用の多様性である。そしてそれら相互作用にも階層性があり、それが相互作用の多様性を生み、物質の階層構造の基になっている。そして、各階層はそれぞれ固有の実体からなり、固有の法則によって支配されている。
　物質の階層構造は何処まで続くのか、この課題は自然科学として重要である。この階層は有限で止まるのかそれとも無限に続くのかは、目下のところ不明である。実証科学として、それに答えることは不可能であろう。

（ⅴ）相互作用の統一理論

　基本的粒子間に働く３種の相互作用（力）はすべてゲージ不変な相互作用と呼ばれるものである。詳細な説明は省略するが、このゲージ相互作用はポテンシャルエネルギーの基準を時間・空間の各点ごとに任意に取りうるという非常に特殊な性質を有する。通常の力学ではポテンシャルの基準（たとえばエネルギーがゼロ）を場所ごとに勝手に選ぶとエネルギー保存則が保たれないから、ゲージ理論はいかに特異であるか想像できるだろう。
　３種の基本相互作用（強、電磁、弱相互作用）の性質は、現象的にはかなり異なっているが、すべて類似のゲージ相互作用であろうと想定されるようになった。そして、極短距離ではそれら３種とも一つの対称的相互作用に統

254

一されるというのである。たとえば、宇宙生成のビッグバン理論によれば、宇宙は非常に小さな領域から爆発的に発生したから、その宇宙初期の高温、高密度の状態においては3種の相互作用は一つに統一されたものであったと想定されている。その統一的相互作用の対称性が破れて現在のように分岐し、異質の相互作用になったというのである。これを「相互作用の統一理論」という。

この統一理論の最初のアイデアはS．ワインバーグ（アメリカ）－A．サラム（パキスタン）－H．L．グラショウ（アメリカ）によって独立に提唱された（1967－68）。それによると、電磁相互作用と弱い相互作用とは、元は一つであったものが分離して、現在のように異質の相互作用になったというのである。その後、さらにアメリカのH．ジョージとH．L．グラショウは強い相互作用まで含めて3種相互作用の大統一理論を唱えた。宇宙初期に、その統一相互作用の対称性が破れて、異質の3種に分岐したという。その統一が破れて分岐するのは、P．ヒグス（イギリス）の導入したスカラー粒子（ヒグス場）の作用による。その相互作用の分岐と同時に、ヒグス場によってクォークや軽粒子に質量が生まれたという。これが物質質量の起源である。ヒグス粒子の存在は2014年に検証された。

重力相互作用は3種相互作用と異質であるが基本的相互作用の一つであるから、重力も含めて4種の相互作用の統一理論も提唱されているが、まだその理論は完成されていない。

相互作用のゲージ理論と相互作用の統一理論は、ビッグバン宇宙論とともに、それ以前の物質観と宇宙観の革命的大転換をもたらした。

（4）進化する宇宙：膨張宇宙論

20世紀の中頃までの宇宙論は、観測データが不足しており、推論によるものが多く、実証科学とはいえなかった。1950年以降、観測技術が急速に発達して膨大なデータが蓄積され、宇宙論は実証科学となった。

望遠鏡の巨大化により観測範囲の拡大と精度の向上が著しくなった。だが、それよりもさらなる進歩は可視光線のみの観測から抜け出して、長波長の電

波、赤外線、および短波長の紫外線、X線望遠鏡など、電磁波（光）の波長の違いに応じた様々な望遠鏡が作られるようになったことである。それによって、それまで予想もしていなかった発見が続いた。このように観測手段は多様化したが、地上で観測するかぎり地球の大気による擾乱や吸収によって天体からの情報の乱れは避けられない。そこで、人工衛星を用いた「宇宙望遠鏡」によって地球大気の外で天体を観測するようになった。人工衛星による観測精度の飛躍的進歩により、正確な情報が豊富になると、天体や宇宙空間に関する理論が飛躍的に進歩した。こうして、形而上学的な色彩をもっていた宇宙論は、２０世紀の後半から実証的科学となった。

　すべての銀河が地球から遠ざかる運動をしており、その運動速度は地球からの距離に比例するという観測結果から、ハッブルは宇宙が一様に膨張していることを発見した。すると、時間を逆にさかのぼって行くと、宇宙の初期は一点であったことになる。宇宙の始まりは、その極小領域からの大爆発であったとするビッグバン宇宙論が提唱された。これにより、宇宙の時空構造だけではなく、宇宙内部の物質も含めて宇宙自体の進化が宇宙論の対象になった。宇宙初期の物質は電子や中性子・陽子などからなるガス体と想定され、宇宙膨張とともに水素とヘリウムが作られた。星が誕生すると、その中心での核融合によってヘリウムよりも重い元素が生成されていくという物質進化の過程も解明され、それと同時に星の進化の系列も明らかにされた。

　ビッグバン宇宙論を裏づけるものは、宇宙に一様に存在する背景輻射（３K輻射）の発見や、宇宙の元素（特に水素とヘリウム）の存在比などである。これ以外にも、上記の星の進化系列など多くの間接的証拠を含めて、ビッグバン宇宙論は実証されている。

　宇宙の構造を論ずるには、重力理論を定式化した一般相対性理論を用いる必要がある。重力相互作用は、それ自体では非常に弱いが、他の力の作用域は有限であり宇宙スケールの遠くには及ばないので、宇宙論においては重力が基本的な役割を演ずるからである。宇宙の時空構造と内部の物質（天体）との関係を論じ、さらにブラックホールのような天体の存在と時空の歪みを

解明するにはアインシュタインの重力方程式によらねばならない。

　初期の宇宙が爆発したあと成長し続けるには、発生直後に指数関数的な急膨張（インフレーション膨張）を引き起こすことが必要である。その初期インフレーション膨張も重力方程式がもとになっている。そのことは佐藤勝彦とA．グースによって提唱された。

　現在の宇宙論のシナリオは次のようになっている。宇宙の初期は、ほぼ一点から始まり、最初の物質状態はクォーク・反クォーク、軽粒子・反軽粒子やゲージ場（光を含む）などが混沌としたスープ状態であったが、それから陽子・中性子、ヘリウムができた。それらのガス状態の膨張過程で、そのガスが切れて星や銀河が誕生した。その星の中で核反応によって重い元素が次々に形成されていった。星は爆発と再形成を繰り返し物質進化が進んだ。現在も宇宙は膨張を続け進化している。こうして、宇宙論は素粒子論と結合し、両者の協力によって解明が続けられている。

　自然界の物質（生物も含め）と時間・空間自体が、すなわち宇宙自体が進化発展するということは疑いえない。そればかりでなく、宇宙を支配する自然法則自体も宇宙進化とともに変化する可能性がある。このような発想は近代科学には全く見られなかった。自然界のすべてのものが変化するという進化的自然観が、機械論的自然界に代わって、現代科学の基礎になっている。

（5）量子化学と物質科学

　量子力学は化学にも画期的進歩をもたらした。量子化学の発達によって化学は質的な変貌を遂げた。特に量子力学は化学結合の機構と分子構造の解明に威力を発揮した。その結果、化学反応論が進歩し、新たな化学物質の合成を理論的に予測できるようになった。それはまた化学工業の飛躍的発達をもたらした。

　マクロ物質の性質（状態と特性など）を追求する物性論も量子化学とともに飛躍的な転換を遂げた。特に結晶格子の力学や固体電子論（エネルギーバンド理論）は量子力学がその基礎である。エネルギーバンド理論は半導体の

257

開発に不可欠である。半導体は真空管に代わって電気回路技術に革命をもたらした。物質科学の発達から、物質の有する機能性や自己組織化に着目するようになり、複雑系科学の誕生へ繋がっていった。

量子化学と量子物性論は急速な技術革新をもたらし、現代の先端技術に不可欠なものとなっている。

（6）生物学革命

生物界も階層的に捉えられるようになった。その大まかな階層構造は

生態系－生物種－固体－器官－細胞－細胞内小器官－生物高分子－
　　－生体分子・原子

細胞をすべての生物の最小単位とする昔の生物学からさらに下の階層に進んで、細胞内小器官の機能が解明されていくと、有機化学の発達によってそれらを分子レベルで追求する分子生物学が誕生した。

蛋白質の構造解析が進み、その分子構造が明らかになると、遺伝子の担い手は二重螺旋構造の DNA であることが J．ワトソンと F．クリック [9] によって明らかにされた（１９５３）。また、生命活動の基本である細胞の物質代謝の機構も分子レベルで解明されるようになり、今や生物学は生命の起源や生命の本質（生命とは何か）にまで迫ろうとしている。

遺伝情報に関して、分子生物学で一時期支配的原理とされたのが、１９５８年に F．クリックの提唱した「セントラルドグマ」である。それによると、すべての生物において、遺伝情報の流れは「DNA→（転写）→mRNA→（翻訳）→タンパク質」の順に、一方的に伝達されるという分子生物学の概念である。この情報の流れは一方的であり、タンパク質自体が RNA や DNA を合成するという逆過程はない。それゆえ、すべての生物の発生は DNA により決定されているというわけである。

DNA が遺伝情報の源であるということは実証的に認められるが、それがすべてであり、情報の流れは一方的で逆過程はないというのは極論、「ドグマ」

258

であろう。このような原理は西洋的発想のように思われる。自然界の物質過程では、作用と反作用とが必ず共存し、物事の存在様式は相互規定的な仕組みになっている。それゆえ、一方的な作用は存在しないと筆者は信じている。RNA から DNA への反作用、さらには細胞の小器官や細胞液から DNA への間接的な作用があるはずである。

　事実、RNA 型ウイルスが細胞に侵入すると RNA→DNA という逆転写が起こることが発見された。すなわち、セントラルドグマに従わない流れが存在する。

　DNA の解読は生物種の分類に新たな局面を切り拓き、生物進化の機構の解明と生物の分類法に大変革をもたらした。

　遺伝子 DNA の解読が進み、１９７０年代後半から DNA を人口的に操作できるようになると、遺伝子を人間にとって都合のよいように組み換える遺伝子工学が誕生、発達した。遺伝子操作は、自然の流れの中にあった生物種の維持や生物進化などの自然の仕組みを人工的に変えるものである。それは自然界になかった特異な性質を持った生物を作り、生態系のバランスを崩す危険性がある。また、それはヒトにも応用される可能性もあり社会的影響も大きい。それゆえ、遺伝子組み換え技術の研究には一定の歯止めが必要であり、研究者の倫理規定が定められた。

　生物物理学は生命現象の物理的側面を、物理学と化学の理論を用いて追求する分野であり、主として神経回路や脳のニューロンの仕組みと機能、および個体発生の機構を解明しようとしている。これも分子生物学とともに、生命の本質を追うものである。

（7）情報科学の誕生

　情報理論は１９４８年にＣ．Ｅ．シャノン（アメリカ）の「通信の数学化理論」から始まった[10]。彼は「情報」を熱統計力学のエントロピー概念を用いて定量的に定義した。熱力学のところで述べたように、エントロピーは無秩序さ（反秩序性）を表す概念で、無秩序な状態ほどエントロピーは高い。情報の方はそれと逆に、秩序性の高い状態ほどそこに含有される情報量

は多い。そこで、シャノンは情報量をエントロピーの逆、「負エントロピー」と定義した。数学的表現はエントロピーと同じである（ただし単位は「ビット」）。これによって、情報通信理論は定量化され、飛躍的に進歩した。

この「情報」概念の定義によって、エントロピーと情報概念が統一されて、熱統計力学の一層の発展がなされた。たとえば、統計力学における時間反転の非対称性のパラドックス（マクスウェルのデモンなど）が、この情報概念とエントロピーを結合することにより解決された。

情報理論の誕生は、通信技術や熱統計力学の分野の発展をもたらしたばかりでなく、自然認識の方法に新たな局面を拓いた。自然界を貫くものとして、物質的側面とエネルギー的側面があるが、さらにエントロピー的側面が加わった。物理学はこれらを対象にしてきたが、エントロピー概念を情報にまで拡張することにより、情報的側面として広く自然の様相を捉え直すことができる。物質的、エネルギー的変化には、エントロピー変化が普遍的に内在しているからである。

自然界のすべての存在は相互作用によって互いに影響を及ぼし合っている。物質間の相互作用はすべてエネルギー、運動量を伴っているから、すべての相互作用はエントロピー（情報）交換を伴う。それゆえ、自然界のあらゆる存在物は相互作用によってエントロピー（情報）を交換しているわけである。だから、地球にいても天体からの光や粒子流（宇宙線、ニュートリノなど）を観測することで、その中に含まれている情報から天体の状態を知ることができる。このように、自然界を情報とその流れとして見ることで、新たな自然像が浮かび上がってきた。

情報科学は自然科学から技術へ、さらに社会学にも拡張適用されていった。その結果、情報科学が人間社会に及ぼした影響は計り知れない。通信工学、制御工学、コンピュータ科学等の発達により、情報を科学の対象として扱う総合的情報科学が次第に形づくられてきた。このように、情報科学は自然科学から社会科学、人文科学に跨がる広範な分野を包含する横断的科学となっている。それはまた、認知科学や複雑系科学の誕生にも寄与した。

量子物性論によって生まれた半導体理論とその技術は、電子計算機と情報

260

機器の小型化と大容量化を可能にし、情報化社会の発達を推し進めた。電子計算機による計算機科学の発達は、それまで不可能であった複雑かつ膨大な数値計算を可能にし、定量科学・技術の飛躍的発展をもたらした。また、巨大加速器、人工衛星や宇宙ロケットなどの操作は電子計算機とそれによるシミュレーションなしには不可能である。

　電子計算機と情報機器の普及、および瞬時に世界を結ぶインターネットは社会に計り知れぬ影響を与え、情報化社会は人間社会を一変させた。これは第3の産業革命である。

第3節　現代科学の論理の特徴
　２０世紀における科学の全面開花は、近代科学の全面開花とは質的にも量的にも異なるもので、新たな自然像を拓いた。自然観の大転換ばかりでなく、科学理論の論理構成において、特に物理学で、近代科学とは異なる論理的転換が見られる。

（1）絶対概念から相対概念へ
　前章で述べたように、近代科学（特に物理学、化学）はその成立期から成熟期まで、「絶対的概念」を用いた「絶対化」の論理が働いていた。それに対して、２０世紀の第二科学革命以降、現代科学の成立過程でそれら絶対的概念は否定されて、「相対的概念」へ移行していった。近代科学における「絶対的概念」はそれぞれ個別的に把握された概念である。たとえば、絶対時間・空間、不変の原子、例外を許さない絶対法則などのように、分離独立した概念である。それに対して相対化の論理は、物事を変化と相互連関のうちに捉え直す、いわば弁証法的認識法といえるものであって、物事を無差別に相対化する「相対主義」ではない。

　時間・空間の性質は運動の相対性によって慣性系間の相互連関で定義される。原子も一連の物質階層の中で一つの結節点として、上下の階層との関連においてその存在が位置づけられる。さらに宇宙自体も、機械論のように同じ状態を定常的に繰り返し運行するというのではなく、その内部の物質進化

とともに発展進化する。それゆえ、この「相対化」というのは、機械論的自然観と原子論的自然観から、それぞれ進化的自然観と階層的自然観への移行と密接に関連している。

　近代科学から現代科学への移行において、数学的自然観の内容にも進展があった。それについて、ここで少し言及しておく。近代科学では運動法則などの動的自然法則は微分方程式によって記述されたように、解析幾何学、特に微積分学の活用が主流であった。その方程式を適用して力学などの物理現象を説明した。だが、それに留まらず、さらにその微分方程式の変換性（不変性）が追求されるようになった。いかなる変数変換（座標変換など）によってその方程式が不変（式の形が変わらないこと）であるかの吟味である。そのことの物理学的意義はこうである。ある変数変換に対する方程式の不変性はその式の表す法則の不変性でもあるから、そのことはまたその法則の普遍性と客観性とを意味する。たとえば、慣性系間の変換（ガリレイ変換やローレンツ変換など）で力学理論が不変ならば、特定の観測者ばかりでなく、すべての慣性系に対してその理論が成立するゆえ、その法則は客観的かつ普遍的法則であるといえる[11]。それゆえ、物理法則のこの不変性は科学の論理として重要な意味を持つ。

　変換性に関するこの観点は現代科学にも引き継がれたが、微積分学を用いた方程式の不変性に留まらず、さらに結晶構造や素粒子の性質に関する対称性にも拡張された（素粒子論の節を参照）。座標変換を含めて、すべての変換について、この不変性はその法則の対称性を表している。ガリレイ変換に対する運動法則の不変性は、空間と時間の一様性（等質、等方性）という対称性に対応している。それら変換性を表現する数学は群論と呼ばれるものである。群論は代数学に属し、解析幾何学とは別の分野である。その群論によって、いろいろな変換の性質と理論の構造（対称性）が明らかにされる。

　このように、微分方程式を用いて運動方程式を記述し、それによって現象を解明することに留まらず、さらにその方程式を不変にする変換性を吟味することは、その方程式（その法則）に内包されている物理的特性と意味をも

262

う一歩深読みすることである。すなわち自然の仕組みについてもう一段分析を進め、自然認識を深めることである。現代科学では、自然の仕組みの中に隠れている対称性を追求することが重要視されるようになった。これも数学的自然観の反映である。

自然法則観においても本質的な転換を遂げた。近代科学の法則概念は機械論に基づく「例外を許さない完全かつ絶対的法則」であり、自然法則は永久に不変であると想定されていた。すなわち自然科学の認識対象は一定不変であることを前提としていた。それに対して、現代科学でも例外を許さない完備な法則の構築を目指すが、量子力学で見たように決定論的因果法則ではなく確率的因果法則である。

もう一つ注目すべきは、宇宙進化論は自然科学の対象が変化することを明らかにしたことである。この点は、それ以前の自然科学と本質的に異なるところである。すなわち、宇宙の構造や物質が進化するばかりでなく、自然法則自体も宇宙進化とともに変化する可能性を宿している。このことは、目前に存在する静的自然（定常宇宙）を認識対象とするのではなく、進化する宇宙の初期から遠い未来まで全自然の存在様式を科学の対象にしなければならないということである。これも絶対的法則概念の相対化である。これらの事態は近代科学では想定もされなかったことで、自然観のコペルニクス的大転換といえるだろう。

（2）物理学の理論構成にみる質的変化

もう一つの変化は理論体系の論理的構成に関するものである。この論理転換は気づかずに見過ごされがちであるが、科学の論理的構造の変化として重要な意味を持っているのである。

一般に、物理の理論体系における基本的法則を表す方程式はいろいろな物理量をパラメーターとして含みうる。たとえば、ニュートン力学の中に質量 m、力 f、運動量 p などの物理量が変数やパラメーターとして含まれている。しかし、それらはニュートン力学の構成に絶対不可欠なものでなく、別の物理量を用いても力学理論は組み立てられる。電磁気学の場合も、電気素量 e、

263

電流 j や電磁場 E，H などはパラメーターや変数であり、それなしではマックスウェル理論は構成されない要石ではない。別の物理量を用いても理論は構成できる。つまり、理論の中に絶対不可欠な普遍的物理量は存在しない。

　それに対して、相対性理論の光速度 c や量子力学のプランク定数 h、一般相対論の重力定数（万有引力定数）G は、ニュートン力学やマクスウェル電磁気学の物理量とは本質的に異なった意味を持っている。なぜならば、相対性理論の場合、光速度一定性の原理を表徴する不変定数 c がなければ特殊相対性理論そのものが成立しない。また、もしプランク常数 h がゼロであれば、量子論そのものが存立しえないからである。それゆえ、これらの基本定数 c，h，および G は、それぞれ特殊相対性論、量子力学、および一般相対論的重力理論にとって本質的な基本定数であって、それらの存在がそれぞれの理論の存立にとって不可欠な要石であり、かつ決定的役割を演じている。それゆえ、これら三つの普遍定数は他の物理定数とは質的に異なる特殊な物理量である。と同時に、これら三つの理論は物理学のなかの基礎的理論として特殊な位置を占めているといえる。

　このような理論構成はそれ以前の古典物理学にはなかった論理であり、自然認識の新たな一面である。それゆえ、この理論構成に関する論理転換の意義を強調しておきたい。（注：ただし、古典物理学のなかで熱統計力学は特殊である。熱統計力学に現れるボルツマン定数 k は、c、h などと類似の役割を有し、上記の現代物理学の論理構成の萌芽が見られる。この k は分子、原子のミクロの物理量とマクロの物理量を結合するカスガイの役割をしている。）

　さらに、これら三つの理論の特殊性を示すものとして次のことに注目すべきである。これら基本的普遍定数 c、h、G を組み合わせてできるプランク長とプランク時間 ：

$$Lp = \sqrt{hG／2 \pi c^3} = 1.6 \times 10^{-33} \text{ m}$$

$$Tp = \sqrt{hG／2 \pi c^5} = 5.4 \times 10^{-44} \text{ s}$$

は現代物理学の限界を示すと想定されることである（プランク質量については省略）。すなわち、プランク長とプランク時間よりも内部（プランク領域）では物理的時間・空間概念は適用できないというわけである。このことは、現代物理学の限界を示すものがその理論体系に内包されているということである。

　ここで留意すべきことは、近代物理学から現代物理学への移行において、これらの論理転換は「絶対概念」から「相対概念」への転換の例であるが、三つの特殊な普遍定数の登場は、別の意味での「絶対化」の出現を意味する。何らかの拠り所のない相対性や非決定論のみでは客観的科学理論は築かれないからである。

　とにかく、現代物理学における相対性理論と量子力学とは、物理学の諸分野の中でも特異な地位を占め、最も基本的な理論である。これら理論も、科学の進歩によって、いつかは新たな理論によって超えられるであろうが、現段階ではこれら理論に矛盾する現象や、超克を必要とする明確な兆候は、場の量子論における発散（無限大）の困難を除いて現れていない。

（3）新たな概念による自然界の再分類

　２０世紀の現代科学は、自然観の転換とともに築かれた。階層的自然観と進化的自然観は、自然界の存在物と存在様式をその新たな自然観から見直すことを促した。

　情報科学、分子生物学、複雑系科学の登場により、自然の発展、進化の過程をその新たな自然観と科学理論をもってサイバネティクス的観点から統一的に捉えることもできるようになった。

　この観点から、自然界における物質（生物も含む）はミクロからマクロまで分類し直される。その新分類概念によって分類法が精密かつ正確になったばかりでなく、それまでばらばらに分離して個別的に把握されていた事物（存在）も根底において連繋しているという包括的な自然像が描かれるようになった。

　まず、すべての存在物は階層性の概念によって自然誌的（博物的）に分類

265

され、次にそれぞれの階層の中で、無機物質も生物もともに進化的概念に基づいて自然史的観点で系統樹に分類される。そのなかで、無機物質と生物とを一つの階層性の主系列と枝系列として統一するといった自然像が築かれた。こうして、自然界のすべての存在が階層性と進化の観点から、繋がりのある一つの系統樹に位置づけられるようになった。そして、これまで分科され専門化されてきた科学も相互に関連づけられ、再び統一的観点で体系づけられるようになるだろう。

　かくして、現代科学は近代科学に対する批判の一つ、西欧合理主義に基づく分析法による要素還元主義の手法から脱出し、それを克服してきた。

　このように、分類法は自然物の分類に限られることなく、自然界の認識形式として、科学の対象を体系的に諸分野に分類することによって、古典科学以来、科学の進歩に重要な役割を果たしてきた。

終章　２１世紀の科学：第三科学革命

第1節　自然科学は「人類による自然自体の自己反映」

　今後の科学の望ましい姿を考察するために人間と自然との関係を通して、科学の本質的性格を論じておきたい。このことについては、前置きとして、序章ですでに簡単に言及したが、再度ここで立ち入って考察する。

（1）自然、人類、科学の関係

　人間は自然の進化の過程で発生したことは、現代科学の示すところである。人間の記憶や思考なども高度に組織化された物質系の機能の一形態であることも、やがて科学的に解明されるであろう。それゆえ、人間は自然の一部である。自然の一部である人間の営為は、すべて自然の自己発展の一環である。自然科学も当然そこに含まれる。すると、序章で述べたように、"自然科学とは自然自体が人類を通して自らを解明する自己反映（自己認識）活動"ということになる。

　「自然科学は自然の自己反映」というこの科学観に立てば、自然科学を単に人間の側からの自然認識としてのみ捉えるのでなく、自然の側から見た「自然の自己反映（認識）」という観点からも捉え直すべきであるというのが、筆者のかねてからの主張である[1]。このように科学を規定すると、これまでの科学観では気づかなかった新たな科学の側面が見えてくる。

　自然科学は、人間が自然の外に立ち自然を対象化して観照的に認識するものという科学観が、西洋ではギリシア科学（自然学）以来２０世紀の現代科学まで続いてきた。だが、この「自然自体の自己反映活動」という科学観に立つならば、人間が自然の内部に在って共感的に自然を認識するということになる。この共感的姿勢は東洋的自然観である。人類が自然との共生を目指すための科学研究はこのような立場からなされるべきであろう。

（2）科学の不完全性：自己言及型の論理[2]

　「科学は自然自体の自己反映活動」ならば、自然科学の理論は自然が自らに

267

ついて記述する「自己言及型」の論理となる。すると、ゲーデルの不完全性定理の制約を受けざるをえない。ゲーデルの不完全性定理[3]（１９３０）によると、矛盾のない理論体系（正確には自然数論を含む一階の述語論理）は不完全であり、説明できない命題（科学の場合は現象と法則）や真偽が定まらない決定不能命題が存在する。それらの問題を解明するために、仮説を加え、あるいは基礎原理を変更することで新理論体系を作ることができる、それが科学の進歩、発展である。だが、その新理論も無矛盾な体系である限り、また新たに説明不可能な命題や決定不能命題が現れる。

　この過程は永久に繰り返されるから、自然科学は原理的に不完全であって、人間は自然を完全に知り尽くすことはできないことになる。ちょうど人間が人間自らを完全に解明できないだろうと同様に。このことは同時に、科学には終わりはなく、無限に発展しうることも意味する。たとえば、科学理論の基礎原理は説明も直接実証もできない仮定であるが、その原理をさらに高度の論理で説明するためには、新たに高次の原理を必要とするように、この連鎖は尽きることはない。

　また、ゲーデルの不完全性定理の帰結として、無矛盾な論理体系は自らの理論の完全性をその内部で証明できないというものがある。すると、科学理論は自らの理論の真偽をその理論体系の内部で自ら証明（検証）することはできない。自然自体は「自己完結的な存在」であろうが、そうであっても自然科学は自己完結的な理論ではありえない。それゆえ、自然科学理論の検証には、その理論の外部、すなわち自然に問いかける実験・観察が不可欠なのである。

　すなわち、自然科学は人類が自然の外部から鳥瞰的、客観的に観察して自然を認識するものではないから、自己言及型の論理となり、自然科学はその理論体系の内部で自らの理論の完全性を証明できない。つまり自己完結的な理論にはなりえない。それゆえ、自然に答えを求める観察・実験を通して理論の妥当性を検証しなければならない。これが自然認識としての実証科学に観察・実験が求められる所以である[2]。

　科学の不完全性と関連していえることは、自然科学の予言（予知）能力に

は限界があり、いかほどの未知の世界や未知の現象があるかをすべて見通すことはできないということである。

　科学理論が自己完結的でなく不完全性を示すことの例は、理論の基礎概念や法則の定義が循環論的論理構造とならざるをえないことである。ニュートン力学の場合では、「時間、長さ、速度」の定義における循環論的関係、および運動法則における「加速度、質量、力」の相互規定的関係である。

「データの理論負荷性」と「理論のデータ依存性」

　自己完結的でない自然科学は、その理論の検証として観察・実験によって自然に問わねばならないが、その観察・実験すらも理論との相互規定的関係にある。観察・実験も自然の一部である人間が自然に問いかける現象であるから、これも自然の中で閉じた行為である。したがって、観察・実験も自己反映的現象であるゆえに、相互規定的循環論となるのである。実証すべき課題の選択と、それを実証する実験手談とが理論に依存する。それゆえ、その実証の結果は当の検証すべき課題の検証であると同時に、基になった理論の検証にもなっているからである。

　P.デュエム[4]に由来し、N.R.ハンソンが提唱した「実験データの理論負荷性」（theory-ladenness）[5]はそのことを指摘したものといえるだろう。観察事実の解釈は理論を前提としてなされるものであり、理論の影響を免れることはできない。したがって理論の検証や反証の基盤となる純粋無垢の観察事実は存在しない、というものである。

　しかし、「データの理論負荷性」のみ強調すると、科学の客観性を否定することになる。それとは逆に、「理論のデータ依存性」を無視してはならない。実証科学は経験的知識の積み重ねでもある。「理論のデータ依存性」がなければ、自然からの情報を基に既存理論を用いてその枠を超えた新理論を築くことはできない。「データの理論負荷性」と「理論のデータ依存性」は相互規定的フィードバックの関係にある[2]。

　現代科学では実験技術が高度化し複雑化しており、膨大なデータの解析も

複雑である。その実験の設定とデータの解析は何重にも理論に依存している。それゆえ、データの理論負荷性はますます強くなっているので、唯一つの実験で実証されるという「決定実験」はない。関連する多くの実験データから整合的に決定する「間接的実証法」にならざるをえない。それゆえ、シミュレーションによる計算器実験が重要な役割をするようになっている。

自然科学は永久に完結しない

　たとえば、ニュートン力学の不完全さを克服するために、新たな原理の上に相対性理論と量子力学が形成された。相対性理論と量子力学、それを統一した場の量子論に矛盾する現象は現在のところ現れていないが、相対論的場の理論は質量や電荷に関する無限大（発散）の困難を抱えている。その困難は繰り込み理論によって一応回避されているが、理論的矛盾であることは否定できない。また、物質の究極実体はクォークであるのか否かに答えることはできないなど、理論の不完全さを意味する事柄は多く存在する。それゆえ、その矛盾と不完全さを克服するために、やがて新たな原理の上に新理論が築かれるだろう。このように、不完全さを補完しつつ、次々に新たな理論が築かれてきたし、今後も続くであろう。

　人間が人間自体を完全に解明することは不可能である。その認知科学も自己言及型の理論であるゆえ、完結することはない。自然は無限に豊かで奥深い。現代科学の射程外の実体や現象も存在することは疑いない。

（3）自然との共生を目指す科学・技術

　近代科学の成立以降、人類は科学・技術の力を用いて自然を支配し、人類の好きなようにコントロールしようとする奢りの思想を抱いた。その思想は、人類は自然の上に立つ存在であり、自然は人類のために存在するとの、西洋キリスト教の自然観に根ざすものであろう。その行き過ぎた自然支配の思想は、環境破壊をもたらし人類自滅の危機を招くまでになった。20世紀後半には人類はその過ちに気づき、自然との共生を目指すことが求められるようになった。自然との共生法はいかにあるべきかは、自然界における人類の地

位を自覚し、新たな価値観の上に見いだされるべきである。

　自然を支配し、人類のために自然を利用するという科学・技術ではなく、自然との共生を目指す科学・技術が求められる。人間は自然の一部であるゆえ、「自然科学は自然自体が人類を通して自らを解明する自己反映」という科学観こそが、その様な科学・技術に導くものであると思う。

　この科学観に立つならば、科学・技術開発の方向やアセスメントの評価基準も変わってくる。たとえば、地球や宇宙環境の保全にしろ、生物種の保存にしろ、そのアセスメントの結果が人類のためになるからとか、その結果がいつかは自らに跳ね返ってくるからといった人間中心の視点ではなく、自然のより良き「自己実現」のために、というのが評価基準になる。

　そのような自然観は、まさに自然との一体感をもって内部から自然を認識するという東洋思想にも通ずるものである。それを適切に表したものは、インドの「梵我一如」、すなわち梵（ブラフマン：宇宙を支配する原理）と我（アートマン：個人を支配する原理）が同一であるとする思想であり、それは人間と自然との一体感を示すものであろう。「自然科学が自然自体の自己反映」であるならば、科学も自然の自己実現の一環である。このことを自然との共生のための科学論の基本とすべきであろう。

自然の自己実現

　自然には秩序形成の資質、すなわち自己組織化、自己発展の能力が備わっている。宇宙をはじめ、その構成要素である物質の発展、進化は外からの超自然（神）的な作用によるものでなく、物質の相互作用による自己発展である。宇宙はビッグバン以後、一つの能動的体系（システム）として、それ自体に具わった内部相互作用による自己運動を行い、今日の状態にまで進化してきた。宇宙のこの発展、進化は、宇宙自体の内的創発（emergence）による自己運動であり、いわば自然にとっての「自己実現」の過程である。生物の発生、人類の出現は、いうまでもなくその結果である。すると、人類の知的活動である科学・技術も、自然の自己実現の過程の一要素とみなされる。ただし、この自然観はアリストテレスのような「目的論」ではない。この宇宙

の創発的自己発展による自己実現は目的論のようにゴールが定まっているものではなく、自然法則に従って「自ずから発展、進化する」というもので、「自然論（じねんろん）」に近い自然観である。

東洋的「自然論」は物事の運動、変化を現象論的に理解して、その原因をさらに一歩掘り下げて追求することを止めるもので、いわば思考停止の思想であると第1章では批判的に評価した。だが、現代科学の自然法則概念を纏った後の「自然論」を、創発による自己実現であると見直すならその意義は変わる。自然の運動、変化を自然法則に従って「自ずから然る」と理解する「新自然論」は、自然自体の内的創発によって自己運動を続けるという自然観であって、自己実現の思想に通ずるものであろう。

自己組織化による進化の過程は物質自体の自己運動によるもので、見方によれば物質系、ひいては宇宙の自己実現といえるものである。それは定めなき「結果」に向かう過程である。その方向は、発展の過程で次々に創発されていく。つまり、その自己組織化、進化は物質系自体の「創発」によって進行する過程、「自ずから成る」過程である。この創発は、物質系が境界条件のもとで、その物質系に内在する能動性の発露であり、新たな質や機能が生み出される自己運動である。

そのような物質系の発展進化の路は、サイバネティクス系のように、外部からの情報とその体系の内的状態に従って創発される。この過程は内的創発（必然）と外的作用を含む境界条件（偶然）の統一である。それゆえ、ダーウィンの進化論のような「突然変異」（偶然）と「自然淘汰」（受動的必然）に支配される進化とは本質的に異なる。突然変異という偶然の積み重ねのみの進化で、このように複雑な生物が発生したとは思えない。この観点は、物質系の発展、進化は、その系自体と外部（環境）との相互規定により決定されるというものである。

この自然観と上記の科学観（「自然科学は自然自体の自己反映活動」）は、今後の自然科学のあり方と科学研究の指針となりうるだろう。この科学観は、２１世紀の科学の主流となる宇宙進化、生命の本質や生物進化などの複雑系科学、および人間自体を認識対象とする認知科学などの分野において必然的

に要請されるはずである。これら諸分野は、理論自体が自己言及型の論理だからである。さらにこの科学観は、自然を支配し利用するというこれまでの科学・技術のあり方から脱却して、自然との共生を目指す自然科学・技術の精神的基礎となりうるだろう。

　この地球に生物が発生し、人類にまで進化したことは、非常に希有なことである。その人類がこの地球、ひいては宇宙に対していかなる影響を及ぼすであろうか。見方を変えれば、人類の発生は自然にとっての一種の「実験」ともいえる事象であろう。

第2節　21世紀の科学

　17世紀に始まった第一科学革命によって、近代科学（古典科学）は物理学を中心に19世紀までに一応の完成をみた。近代科学の役割は「実証による確かな知」の体系を築いたところにある。

　20世紀初頭の物理革命を契機にして、第二科学革命が起こり、これが現代科学の全面開花となった。それまでの自然科学の基礎分野は、主として自然の仕組み、および物質の存在様式と運動、変化に関する原理、法則を追究する物理学と化学であった。その現代科学は強力な「予測能力」を発揮してミクロ世界、反物質世界、ビッグバン宇宙など未知の世界を切り拓いてきた。

　そもそも、自然科学の目的は「自然の仕組み」を解明し、認識することである。自然の仕組みとは、「何がいかにあるか」すなわち物質の存在様式と、宇宙の構造（階層性など）を解明すること、およびその発展進化の原理、法則を見いだすことである。

　科学が対象とする自然は、人類生存の以前からすでに存在するもの、つまり人類の目の前に与えられた「在るがままの自然」であった。しかもその仕組みを支配する原理、法則は不変であることを、少なくとも現代科学までは前提としていた。

　しかし、この宇宙はビッグバン以後、約120億年以上の間、自己発展によって進化をとげて現在の状態になった。宇宙の進化は宇宙を構成する物質

と時空の自己運動によるものである。宇宙進化は物質的進化のみか、<u>自然法則自体も宇宙進化とともに変わりうることが、自然認識の進歩により明らかになった</u>。ビッグバン初期の宇宙と成長した現在の宇宙とでは、重力定数や光速度の値が変化している可能性があるなど、自然法則も変化する可能性があるというわけである。

　物質には自己組織化と発展、進化の能力が具わっている。それゆえ、自然科学の目的は物質の存在様式と運動法則、および発展、進化の法則の両方を解明することである。前者の課題は「何がいかに在るか」を追究することであるが、後者の課題は物質自身の有する組織化能力と自然法則自体の変化をも含めて、発展、進化の原理とその機構を解明することである。この両者を解明しなければ、前者のみの自然科学では自然の仕組みに関して半分しか認識しないことになる[6]。それゆえ、存在の科学と発展、進化の科学を合わせて自然認識は十全となりうる。こうして、２０世紀の後半から、自然科学の新たな局面が始まったのである。２１世紀の科学は「創発」により生まれる新たな世界の可能性を追求する科学となるであろう。

　「発展の科学」（複雑系科学）は、「存在の科学」とは質的に異なるもので、新たな科学の論理と方法が必要である。だが２１世紀の科学においても、これまでの「存在の科学」が当然ながら存続するゆえ、「発展、進化の科学」が大きく成長して両者が肩を並べ、相補的に協力し合って発展するであろう。

（1）第三科学革命：複雑系科学、認知科学の誕生

　物理学はこれまで２回の科学革命を経てきた。次に２０世紀後半から始まった「複雑系科学」と「認知科学」は、新たな科学の論理と方法を必要とするから第三科学革命といえるであろう。

　２０世紀には、機械論的自然観に代わり進化的自然観が定着したが、発展進化を扱う科学理論はまだ現象論の域を出なかった。つまり、発展、進化の本質的機構や論理の解明にはまだ至らなかった。複雑系科学は、これまでの科学の流れを引き継いではいるが，宇宙（物質、時空間）の発展進化、およ

び生命の発生、進化の機構と法則に関し、現象論を超えて実体論から本質論を追究しようとするものである。

　この複雑系科学には、「存在の科学」とは異なる新たな視点、および科学の論理と方法が必要であることがしばしば強調される。そのことを強調するのはよいが、あまり行き過ぎて既存の科学の論理、方法は通用しないとまでいわれることがある。しかし、複雑系科学の論理と方法は、既存の「存在の科学」の論理と方法を基礎にしてその上に築かれるはずである。なぜならば、複雑系の現象といえども、その基礎にあるミクロ実体の運動の素過程は、単体運動の法則と相互作用の機構に従っているからである。よくいわれるように「全体は部分の単純和ではない」から、構成要素にはない新たな高度の質や機能が複合系には創発される。だが、その創発も素過程の複合によって現れるものである。構成要素の素過程のことを十分知らずに全体は語れない。

　物質のこの自己組織化と発展、進化の能力を解明する科学は、その後研究の視点を拡げて、物質（生物を含める）の発展、進化の法則のみならず、生物界の生態系や人類社会の現象をも対象とする「複雑系科学」へと進展した。

　自然科学の探究には「自然誌」的方法と「自然史」的方法とがある。風土論のところで指摘したように、自然誌と自然史との統一という複眼的観点が自然科学には必要である。「複雑系の科学」は「自然誌」と「自然史」を統一した科学といえるであろう。

　複雑系科学は一時期非常な関心を呼び、研究も盛んになったが、まだ開発途上の段階であり、その論理と方法の確かな形成はこれからの研究にまたねばならない。いずれにせよ、複雑系科学は自然科学のみでなく、情報科学、脳科学、社会科学までも対象とする広く横断的学際的な科学となるだろうから、科学の論理の面からもその発展進歩は大いに期待される。

　複雑系科学と並んで注目すべき新たな研究分野は認知科学である。1950年代に人の知的活動を情報処理の視点から解明しようとする研究が現われた。認知科学の発祥と見られているのは、1956年に開催されたダートマス会議であるといわれる。その会議にミンスキー、チョムスキー、ブルーナーなど、

275

後の人工知能研究や認知心理学に大きな影響を与えた研究者が参加し、人工知能をはじめとする重要な認識概念が議論された。

　認知科学は、情報処理の観点から知的システムと知能の性質を理解しようとする研究分野であり、人間がその知的能力を用いていかにして世界を認知するのかその機構を分析解明しようとする学際的学問領域である。それは、具体的には人間の「心」「意識」「思考」「行為」「知覚」といったものを情報処理的な過程として研究する広い学問であり、工学、心理学、哲学など幅広い分野にまたがる。それゆえ、複雑系科学と密接に関連し、重複する部分が多い。

　人工知能（Artificial Intelligence）の基礎研究と技術開発は、急速に発展し、人間社会を根本的に変えるであろう。

　認知科学によって人間が己を知ることで、自然界における人類の地位を改めて自覚するだろう。それによって、人類はいかにあるべきか、そしていかに行動すべきか、そのための指針をえるであろう。

（2）２１世紀の科学は名実ともに「世界科学」となりうるか

　古典科学から近代科学までは、その科学の誕生した文化圏の風土や自然観の上に築かれた科学であった。それゆえに、その文化圏の名前を付けて「○○科学」と呼んでいた。ギリシア科学、インド科学、中国科学、アラビア科学などと。近代科学も西欧近代科学と呼ばれる。

　科学の進歩とともに、それぞれの「地域科学」はその受容領域を徐々に拡張してきた。２０世紀の現代科学は世界中に拡がり発達したゆえに「世界科学」といってもよいだろう。しかし前章で述べたように、現代科学の論理と基礎的理論の形成は西欧中心であった。それにもかかわらず、世界中に受容され定着したということは、それに値する客観性と普遍性を有する内容の科学であるからだといえる。

　だが、第２次世界大戦の後、事態は変化した。２０世紀の後半では、科学・技術はアメリカ中心に急速に進歩発展した。アメリカは自由思想と経済力によって世界中の頭脳を呼び寄せ科学・技術研究の拠点となった。このこと

276

の意義は、世界中の勝れた頭脳を集めたというだけでなく、多民族の多彩な思考形式や発想の相互交流の「場」を作ったところにある。それによって、新たな視野が拓かれ、第三科学革命の基礎が築かれたといっても過言ではないだろう。２１世紀には中国が、今後学問、思想の自由を認めるようになるならば、その中心的役割に参入してくるだろう。

今や文化、経済、情報など、あらゆる分野でグローバル化が進み、情報と人的交流は極めて盛んである。科学・技術も必然的にその波に飲み込まれている。というよりも、先頭を切ってその道を拓く役割をしているともいえる。このような状況の中で、次代の科学は、その活動領域のみでなく、研究内容において論理や方法への本質的寄与も含めて、名実ともに「世界科学」となるであろうか。

情報化社会とグローバル化により、研究資金も含めて情報と人的交流は目覚ましく進んだので、世界科学となる基盤（インフラ）はすでに存在する。しかし、実質的世界科学は政策的に意図して作ろうとしてもできるものではない。上記の基盤に加えて、学術の内容と学会活動が備わらねばならない。そのためには、自然科学のみでなく、人文・社会科学も含めてバランスある総合的学術文化の発達が必要である。そのことは「自然との共生のための科学」と「自然の自己実現の一環としての科学」を築くためにも欠かせない。

今後２１世紀の科学は、発展進化の現象を対象とする複雑系科学と人間の思考や精神活動を対象とする認知科学が隆盛となるだろうが、その論理と方法は未熟でありこれから形成されていく。この分野の論理では自己言及型という性格が前面に現れるので、「自然論（じねんろん）」や「自然との一体感」といった東洋的自然観や思考法が有効に働きうるだろうか。

東洋的自然観のなかで、これからの科学に活かせる可能性のあるものは、現代科学の論理と方法を纏った新たな姿の「自然論」と「自然との一体感」であろう。「自然論」を現代科学の理論をもった目で見直せば、「創発論」となりうるだろうから、この自然観は複雑系科学の科学観に相応しいものと

いえるだろう。自己組織化や自己発展、進化は、環境との相互作用を無視できないが、内部の条件に規制される自己運動が主体である。すなわち複雑系科学の理論には「自ずから然る」の観点が必要であろう。全体性を重視する複雑系の発展進化の過程において肝要な「創発」概念は、この「自ずから然る」である。それにしても、それが有効性を発揮できるためには、新たな思考形式、論理、着眼点、発想が必要である。自然科学は実証科学であるから、自然観や抽象論理のみでは築かれない。実証可能な演繹的理論体系を築かなければならない。それには実証を伴う分析、総合の論理と数学的定式化の能力が求められる。

東洋人の思考法は、概して抽象化、普遍化が不得意ゆえ、実学向き、技術向きであって抽象科学向きではなかった。だが、科学と技術の結合が強化され緊密化される時代には、技術からえられる知識や発想が科学の新分野を拓く可能性もある。それゆえ、技術向き思考でもその特性を活かせばオリジナルな科学の開発に寄与しうるであろう。

２１世紀の科学は、非常に多面的多彩な分野に展開される。複雑系科学や認知科学以外にも未知の科学分野が拓かれてゆき、まさに全面開花の時代を迎えるだろう。それには「現在の自然」を超えた自然の状態と仕組みを想像する強大な想像力が必要であり、ＳＦ的想像力、空想力も求められる。そのような科学を開花させるには、東洋思想といわず、世界の諸民族や文化圏の自然観と思考法を活かした科学研究が必要であろう。それでこそ名実ともに「世界科学」となりうる。

そのためには新しい科学のための哲学も求められる。近代科学（第一科学革命）の前夜には、デカルトとＦ．ベーコンの自然観と科学の方法が提唱された。現代科学の形成過程（第二科学革命）では、科学の適用限界が認識され、科学的認識の意義が再検討された。第三科学革命に相応しい新科学哲学は、自然における人類の占める位置を科学を通して明らかにし、科学の存在意義（科学の価値）を示すものでなければならない。それは自然の自己実現の一環として、科学を通して人類の役割を示すことでもある。

いかなる科学の姿が望ましいか、科学をいかなる方向に発展させるべきか
が今後強く問われるだろう。認知科学や情報科学は、技術を通して人間生活
や社会活動が直接反映されるからである。そのために「科学研究を制御する
科学」が必要である。科学は精神文明の一翼を担う「思想」であり「文化」
である。それゆえ、文化としての科学が受け容れられ、定着する社会が望ま
れる。科学・技術が人類の生活を心身ともに豊かにするために活用される社
会が求められているが、その様な望ましい科学と技術の関係が維持される社
会制度も科学的に追求しなければならない。

文献

重複引用を避けるため、同一文献は一度だけここに掲示する。それゆえ、本文中の引用番号の順序は前後するものがある。

序章

1. 村上陽一郎『西欧近代科学－その自然観の歴史と構造』新曜社 1971.
2. 広重　徹『近代科学再考』（ちくま学芸文庫）筑摩書房 2008.
3. 田中　正『物理学的世界像の発展』岩波書店 1988.
4. 伊東俊太郎『比較文明』東京大学出版会 1985.
5. 菅野礼司他『東の科学　西の科学』東方出版 1988.
6. 菅野礼司「近代科学はなぜ東洋でなく西洋で誕生したか」『比較文明』1999.
7. J.D.バナール『歴史における科学』鎮目恭夫・長野敬訳 みすず書房 1954.
8. 牧　二郎　岩波講座『哲学』Ⅰ, 1967.
9. 和辻哲郎　『風土』岩波書店 1935.
10. 菅野礼司　『科学は「自然」をどう語ってきたか』ミネルヴァ書房 1999.
    『科学はこうして発展した－科学革命の論理』せせらぎ出版 2002.
11. 「ゲーデルの不完全性定理」の英訳：J.von Heijenoort , ed.　From Frege to Gdel(Harvard Univ.Press 1967).　解説は神野慧一郎・内井惣七『論理学』ミネルヴァ書房 1976.
12. 中村　元選集『東洋人の思惟方法』春秋社 1961～77.

第1章

1. J.D.バナール『歴史における科学』鎮目恭夫・長野敬訳　みすず書房 1954.
2. H.　ウーリッヒ『シュメール文明』戸叶勝也訳　佑学社 1979.
3. メイスン『科学の歴史　上』矢島祐利訳　岩波書店 1955.
4. ドロシイ・マッケイ『インダス文明の謎』宮坂宥勝・佐藤任訳　山喜房佛書林 1984.
5. 藪内　清『科学史からみた中国文明』ＮＨＫブック 1982.
6. Ｊ．ニーダム『中国の科学と文明』思索社 1977.
7. 『科学の名著2』：「中国天文学・数学集－巻末付録」　朝日出版社 1989.
8. 吉田忠編『東アジアの科学』所収　第5章「中国の本草学と本草学者」森村謙一
    勁草書房 1982.
9. 小森田精子「第3章　物質科学」『東の科学　西の科学』東方出版 1988.
10. 日原利国編『中国思想史　上』ぺりかん社 1987.
11. 小倉金之助「支那数学の社会性」『数学史研究・第1輯』　1934.
12. 牧野　哲「第4章　中国伝統数学について」『東の科学　西の科学』東方出版 1988.
    「中国伝統数学について」（大阪産業大学会報 1986 年）
13. 載念祖『中国力学史』河北教育出版社 1988.
14. Ｊ．ニーダム『中国の科学と文明』第7巻　物理学編 1977.
15. 佐藤任『古代インドの科学思想』東京書籍 1988.
16. 矢野道雄『科学の名著 I』朝日出版社 1980.
    『科学史技術史事典』「インドの科学」弘文堂 1983.

17. A Concise History of Sciense in India 1971.

18. 『科学の名著1』「インド天文学・数学集」朝日出版社 1980.

19. M. Gangopadhyaya:" Indian Atomism" K. P. BAGCHI & COMPANY, Calcutta, 1980.

20. 山口義久「インドとギリシアの古代原子論」人文学論集第14集　大阪府立大学人
    文学会

21. 『科学史技術史事典』「インドの数学」弘文堂 1983.

22. 伊東俊太郎『近代科学の源流』中央公論社 1978.

23. W.W. ターン著『ヘレニズム文明』角田有智子・中井義昭訳　思索社 1987.

24. ルクレチウス『物の本性について』（岩波文庫）　2010.

25. 岩崎允胤「インドとギリシアにおける論理的思惟の比較」『東の科学　西の科学』
    東方出版 1988.

26. 佐々木力『数学史』岩波書店 2010.

27. A. サボー著，中村幸四郎・中村清・村田全訳『ギリシア数学の始原』玉川大学出版部
    1978.

28. G.E.R.ロイド著、山野耕治・山口義久訳『初期ギリシア科学』法政大学出版部 1994.

第2章

1. 日原利国編『中国思想史下』ぺりかん社 1987.

2. 山田慶児『朱子の自然学』岩波書店 1978.

3. 牧野哲「第4章 中国伝統数学について」『東の科学　西の科学』 1988.

4. 『科学史技術史事典』「インドの数学」弘文堂 1983.

5. 中村　元選集『東洋人の思惟方法』春秋社 1961~77.

6. 伊東俊太郎『12世紀ルネサンス』講談社学術文庫 2006.

7. Sigrid Hunke "Allahs Sonne Uber dem Abendland Unser Arabishes Erbe" Deutshe
   Verlags-Anstalt, Stuttgart, 1960,　高尾利数訳『アラビア文化の遺産』みすず書房 1981.

8. 和辻哲郎『風土』岩波書店 1935.

9. 伊東俊太郎『文明における科学』勁草書房 1976.

10. 矢島祐利『アラビア科学史序説』岩波書店 1977.

11. 伊東俊太郎『近代科学の源流』中央公論社 1978.

12. 佐々木力『数学史』岩波書店 2010.

13. F. フント著・井上・山崎訳『思想としての物理学の歩み』吉岡書店 1982.

14. J. D. バナール著、鎮目恭夫・長野敬訳『歴史における科学』みすず書房 1955.

第3章

1. 小林道夫『デカルト哲学の体系』勁草書房 1995.
   『デカルトの自然」哲学』岩波書店 1996.

2. 広重徹『物理学史Ⅰ』培風館 1968.

3. 菅野礼司『科学は「自然」をどう語ってきたか』ミネルヴァ書房 1999.

4. ニコライ・A. ベルジャーエフ著、水上英広訳『歴史の意味』イデー選書 1998.

5. 菅野礼司『科学はこうして発展した－科学革命の論理』せせらぎ出版 2002.

281

6．佐藤文隆『宇宙論への招待』岩波新書 1988.

7．J.D. バナール『歴史における科学』鎮目恭夫・長野敬訳　みすず書房 1954.

8．P. デュエム著、小林道夫他訳『物理理論の目的と構造』勁草書房 1991.

9．佐々木力『数学史』岩波書店 2010.

10．広重徹『物理学史 II』培風館 1968,

11．菅野礼司 『東の科学。西の科学』序章、1988.

第4章

1．E. マッハ『力学の批判的発展史』，伏見譲訳『マッハ力学』講談社 1969.

2．P.A.M.Dirac,"Quantum Mechanics", 朝永，玉木，木庭，大塚訳『量子力学』岩波書店

3．H. Yukawa, Proc. Phys-Math. Soc. Japan, 17, (1935).

4．高林武彦 『素粒子論の展開』みすず書房 1987.

5．S. Sakata, Prog. Theor. Phys. 21, 209, (1956).

6．S. Ogawa,　Prog. Theor. Phys. 22, 715, (1959).

7．M. Gel-Mann, Phys. Lett.ers 8, (1946).

8．G. Zweik, CERN Report (1946).

9．J. D. Watson, F.H.C. Crick, Nature 171, No.1356, 1953.

10．C. E. Shannon. Bell System Technical Journal ,1948 "A Mathematical Theory of Communication"

11．菅野礼司『物理学の論理と方法』上巻大月書店 1963、『科学は自然をどう語ってきたか』ミネルヴァ書房 1999.

終章

1．菅野礼司「物理学の理論体系とその転換」『科学基礎論研究』Vol.20,No.4（1992）.「自然科学の完全性と不完全性について」『日本の科学者』Vol.28,No,6（1993）.

2．菅野礼司『科学はこうして発展した－科学革命の論理』せせらぎ出版 2002.

3．「ゲーデルの不完全性定理」の英訳：J .von Heijenoort , ed.　From Frege to Gdel(Harvard Univ.Press 1967), 解説は神野慧一郎・内井惣七『論理学』ミネルヴァ書房 1976.

4．P. Duhem,"La Theorie Physique"Paris (1914).

5．N.R..Hanson "Patterns of Discovery "1962, 村上陽一郎訳『科学理論はいかにして生まれるか』講談社.

6．I . プリゴジン著、小出庄一郎・我孫子誠也訳『存在から発展へ』 みすず書房 1984.

282

著者略歴

菅野礼司　（すがの　れいじ）

1930 年：誕生、千葉県。

1954 年：京都大学理学部物理学科卒業

1959 年：京都大学理学研究科博士課程修了、理学博士。

1959～ 1960 年：湯川財団奨学生として基礎物理学研究所で研究

1960 年：大阪市立大学理学部物理学科助手、助教授、教授を経て

1994 年：同上定年退職。

現在：大阪市立大学名誉教授

専門分野：素粒子理論、科学論

定年退職後、科学論、科学教育を主に研究。

主な著書

・「物理学の論理と方法」上、下、大月書店、１９８３年

・「素粒子・クォークのはなし」新日本出版社、１９８５年

・「微分形式による解析力学」マグロウヒル出版社、１９８８年

・「力とは何か」丸善株式会社、１９９５年

・「改訂増補版　微分形式による解析力学」吉岡書店、１９９６年

・「科学は自然をどう語ってきたか」ミネルヴァ書房、１９９９年６月

　　　（日刊工業新聞「技術・科学図書出版優秀賞」受賞）

・「科学はこうして発展した－物理革命の論理」せせらぎ出版、２００２年

・「相対性理論：3 分間雑学ビジュアル図解」ＰＨＰ研究所、２００４年

・「ゲージ理論の解析力学」吉岡書店、２００７年

・「物理学とは何かを理解するために」吉岡書店、２０１２年

近代科学はなぜ東洋でなく
西欧で誕生したか
　　　　　　　　　　　　　　　　　　　　　　©2019

2019年1月20日　第1刷発行

　　　　　　　　　　　　　著　者　菅　野　礼　司

　　　　　　　　　　　　　発行者　吉　岡　　　誠

　　　　〒606-8225 京都府京都市左京区田中門前町87

　　　　　　　　　　　株式
　　　　　　　　　　　会社　吉　岡　書　店

　　　　　　　　電話(075)781-4747／振込　01030-8-4624

　　　　　　　　　　印刷・製本　亜細亜印刷㈱